U0181136

液态金属物质科学与技术研究丛书

液态金属微流体学

桂林 高猛 叶子 李雷 编著

LIQUID METAL

上海科学技术出版社

图书在版编目（CIP）数据

液态金属微流体学 / 桂林等编著. -- 上海 : 上海科学技术出版社, 2021.1
（液态金属物质科学与技术研究丛书）
ISBN 978-7-5478-5184-5

Ⅰ. ①液… Ⅱ. ①桂… Ⅲ. ①液体金属－流体力学 Ⅳ. ①TG111.4

中国版本图书馆CIP数据核字(2020)第259709号

液态金属微流体学
桂林　高猛　叶子　李雷　编著

上海世纪出版(集团)有限公司
上 海 科 学 技 术 出 版 社 出版、发行
(上海钦州南路 71 号　邮政编码 200235　www.sstp.cn)
上海中华商务联合印刷有限公司印刷
开本 787×1092　1/16　印张 16.25
字数 260 千字
2021 年 1 月第 1 版　2021 年 1 月第 1 次印刷
ISBN 978－7－5478－5184－5/O・96
定价：145.00 元

序

液态金属如镓基、铋基合金等，是一大类物理、化学行为十分独特的新兴功能材料。常温下呈液态，具有沸点高、导电性强、热导率高、安全无毒等属性，同时还具备常规高熔点金属材料所没有的低熔点特性，其熔融状态下的塑形能力更为快捷打造不同形态的功能电子器件创造了条件。然而，由于国内外学术界以往在此方面研究上的缺失，致使液态金属蕴藏着的诸多新奇的物理、化学乃至生物学特性长期鲜为人知，应用更无从谈起。这种境况直到近年来才逐步得到改观，相应突破为众多新兴学科前沿的发展提供了十分重要的启示和极为丰富的研究空间，正在催生出一系列战略性新兴产业，将有助于推动国家尖端科技水平的提高乃至人类社会物质文明的进步。

早在2001年前后，时任中国科学院理化技术研究所研究员的刘静博士就敏锐地意识到液态金属研究的重大价值，他带领团队围绕当时在国内外均尚未触及的液态金属芯片冷却展开基础与应用探索，以后又开辟了系列新的研究方向，他在清华大学创建的实验室随后也取得众多可喜成果。这些工作涉及液态金属芯片冷却、先进能源、印刷电子与3D打印、生命健康以及柔性智能机器等十分宽广的领域。经过十多年坚持不懈的努力，由刘静教授带领的中国科学院理化技术研究所与清华大学联合实验室在世界上率先发现了液态金属诸多有着重要科学意义的基础现象和效应，发明了一系列底层核心技术和装备，建立了相应学科的理论与技术体系，系列工作成为领域发展开端，成果在国内外业界产生了持续广泛的影响。

当前，随着国内外众多实验室和工业界研发机构的纷纷介入，液态金属研究已从最初的冷门发展成当前备受国际瞩目的战略性新兴科技前沿和热点，科学及产业价值日益显著。可以说，一场研究与技术应用的大幕已然拉开。毫无疑问，液态金属自身蕴藏着十分丰富的物质科学属性，是一个基础探索与实际应用交相辉映、极具发展前景的重大科学领域。然而，遗憾的是，国内外学术界迄今在此领域却缺乏相应的系统性著述，这在很大程度上制约了研究与应用的开展。

为此，作为国际常温液态金属物质科学领域的先行者和开拓者，刘静教授及其合作者基于实验室近十七八年来的研究积淀和第一手资料，从液态金属学科发展的角度出发，系统而深入地提炼和总结了液态金属物质科学前沿涌现出的代表性基础发现和重要进展，编撰了这套《液态金属物质科学与技术研究丛书》，这是十分及时而富有现实意义的。

本丛书中的每一本著作均系国内外该领域内的首次尝试，学术内容崭新独到，所涉及的学科领域跨度大，基本涵盖了液态金属近年来衍生出来的代表性科学与应用技术主题，具有十分重要的科学意义和实际参考价值。丛书的出版填补了国内外相应著作空白，将有助于学术界和工业界快速了解液态金属前沿研究概况，为进一步工作的开展和有关技术成果的普及应用打下基础。为此，我很乐意向读者推荐这套丛书。

周　远
中国科学院院士
中国科学院理化技术研究所研究员

前　言

液态金属作为一种特殊的流体从引入微流体领域的那一天起，就开始给微流体赋予了很多不寻常的含义。

液态金属的流动性给微流体的电极制造带来诸多可能性，人们可以通过注射液态金属的方式在传统的微流控芯片上加入高精度的电极，使得之前极难在流道两侧加入金属电极的技术变得水到渠成。

液态金属电阻率随温度变化的特性被运用到微流体领域，催生出一种特殊的微流体的温度测量方法。同样，在液态金属灌注的加持下，微观的温度测量点的布置也变得更加多样化。液态金属的塞贝克效应(Seebeck effect)虽然和铜康铜相比还有很大差距，但是液态金属热电偶很容易在微观范围内通过灌注的方式进行热电偶的精准布置却是传统热电偶难以做到的。

液态金属由于同时具有大尺度变形效应和导电效应，意味着它可以在诸多领域内作为高精度传感材料而存在，在微观领域，特别是微流体领域也必然有着一番其他传感材料不能企及的作为。

在驱动领域，液态金属可以很容易在流道内精确布置电极，让电渗和电泳的实现变得更为容易和高效，为片上集成驱动掀开了新的篇章。用液态金属电极加持的电渗泵可以让电渗驱动电压更低，泵的体积更小，同时电泳的控制更为灵活，不管是粒子群还是单个粒子，液态金属微电极都有非常灵活的方式对其进行精确的操控。

液态金属这种特殊的材质使得其液滴在微流道中，不管是产生方式还是控制方式都会和常规液滴有很大的不同。

本书总结了笔者从2011年回国以后实验室近9年来在液态金属和微流体领域的相关工作，对上述液态金属引入微流体领域所带来的各种效应进行了较为细致的分析。其中实验室许多同志为此做出了大量贡献，包括高猛、李雷、叶子、田露、周旭艳、张仁昌、张伦嘉、王荣航、詹士会、王启富、刘冰心、高畅、龚佳豪、洪洁、张攀等，其中高猛、叶子参与第6章撰写，李雷参与编撰第8章。另外，邓中山老师在本书的写作中提供了很多有益的建议。本书提到的相关研究先后得到中国科学院百人计划择优启动项目、中国科学院理化技术研究所所长基金、国家自然科学基金面上项目(51276189)、中国科学院重点部署项目(KJZD-EW-TZ-L03)、国家自然科学重大科学仪器专项(31427801)、国家电网科技项目(5700-201955318A-0-0-00)、科技部重点研发计划(2019YFB2204903)的资助。在此谨一并致谢！

限于时间，加之作者水平有限，本书不足和错漏之处敬请读者批评指正。

桂　林

2020年8月

目录

Contents

第1章 概论

1.1 引言

液态金属微流体是一门新兴的高度交叉的前沿学科，它是由两门非常新的领域——微流体领域和液态金属领域交叉而来。

微流体领域本身也属于交叉领域，其涉及流体力学、热学、光学、电学、化学、生物学、医学等领域的众多知识，特别是当把液态金属的概念引入微流体领域只有短短不到10年的时间，液态金属微流体就已经有了相当多的应用，有些应用可以说是对现有的认知领域产生了质的推动。

一般而言，液态金属领域根据其研究范畴可以分为高温液态金属和低温（常温）液态金属。其中高温液态金属领域主要涉及绝大多数金属在高温下为熔融状态的性质研究，而低温（常温）液态金属领域则主要涉及少数几种金属其单质或者共晶合金在常温或者类常温区域为液体的性质研究。由于微流体领域现阶段主要用于常规化学或者生物医学等常温领域，因此本书所说的液态金属指的都是低温（常温）液态金属。

因此，要学习液态金属微流体这一门新兴学科，首先就需要了解微流体和液态金属。

1.2 微流体

在介绍什么是微流体之前，我们有必要对微流体的发展历程进行简要梳理。

1.2.1 微流体的发展历程

1.2.1.1 电子电路微型化

人们对微观世界的探索从很早就开始了，而第一个揭开电子电路微型化研究序幕的则是纳米技术之父费曼(R. Feynman)。他在1959年的美国物理学会会议上发表的著名演讲“微观世界里有无垠空间”(*There's Plenty of Room at the Bottom*)中提出,如果我们能对原子进行随心所欲的操控,那么就可以把《大不列颠百科全书》的内容全部都写在一个针尖上,他还提出了可能的方法。之后他甚至个人设立了一个奖学金用于奖励第一个将此目标实现的人。可以说,费曼的这一次演讲拉开了此后电子电路微型化领域将近50年井喷式发展的序幕。

我们知道,在电子电路微型化的进程中有一个非常有名的定律:摩尔定律。摩尔定律是由英特尔的创始人之一摩尔(G. Moore)提出。该定律认为当价格不变的时候,集成电路上可以容纳的元器件的数量,大约每隔18～24个月便会翻一番,性能也会提升1倍。虽然摩尔定律到了后期,其所描述的发展速度有所放缓,但是电子电路芯片微型化指数式的发展速度却是从当年一直持续到今天。随着摩尔定律所描述的发展速度的不断增快,其产生的经济学效益也很惊人。在20世纪60年代初,一个晶体管的价格在10美元左右,但随着晶体管越做越小,直到现在一根头发丝上可以放1 000个晶体管时,每个晶体管的价格已然只有千分之一美分。

人类第一台计算机“ENIAC”,于1946年2月15日在美国宾夕法尼亚大学诞生。这台计算机长30.48米,宽1米,占地面积70平方米,有30个操作台,相当于10个房间的大小,重达30吨,造价48万美元。而70多年后的今天,平板电脑已经可以拿在手上,其运算能力也远远超过ENIAC。电子电路的微型化进程可见一斑。

1.2.1.2 非电子设备的微型化

电子电路的微型化后面紧跟着的就是非电子设备的微型化。非电子设备的微型化,或者说机械系统的微型化发展较电子电路微型化发展晚。20世纪70年代末,硅的引入极大地刺激了非电子设备微型化的发展,而非电子设备的微型化是从机电系统的微型化开始的,这种技术俗称为微机电系统,又叫作微电子机械系统(MEMS)、微系统、微机械等。它是指尺寸在几毫米乃至更小的结合了电子和机械部件并用IC集成工艺加工的装置,其内部结构一般在微米甚至纳米量级[1]。一般微机电系统是一个独立的智能系统,主要由传感器、执行器和微能源三大部分组成。

如图1.1所示是一个通过MEMS技术制作的微型隐形眼镜,可用于显像和拍摄。MEMS技术是在微电子技术(半导体制造技术)基础上发展起来的,融合了光刻、腐蚀、薄膜、LIGA、硅微加工、非硅微加工和精密机械加工等技术制作的高科技电子机械器件。和纯电子电路微型化不同,MEMS技术里开始大量出现微型的机械运动部件,系统更为复杂和多样。

图1.1 利用MEMS技术制作的隐形眼镜

图1.2是利用MEMS技术制作的双金属膜触发器,该触发器利用两种金属在温升的时候因不同的膨胀系数产生弯曲式触发,完成阀的开通和闭合操作。

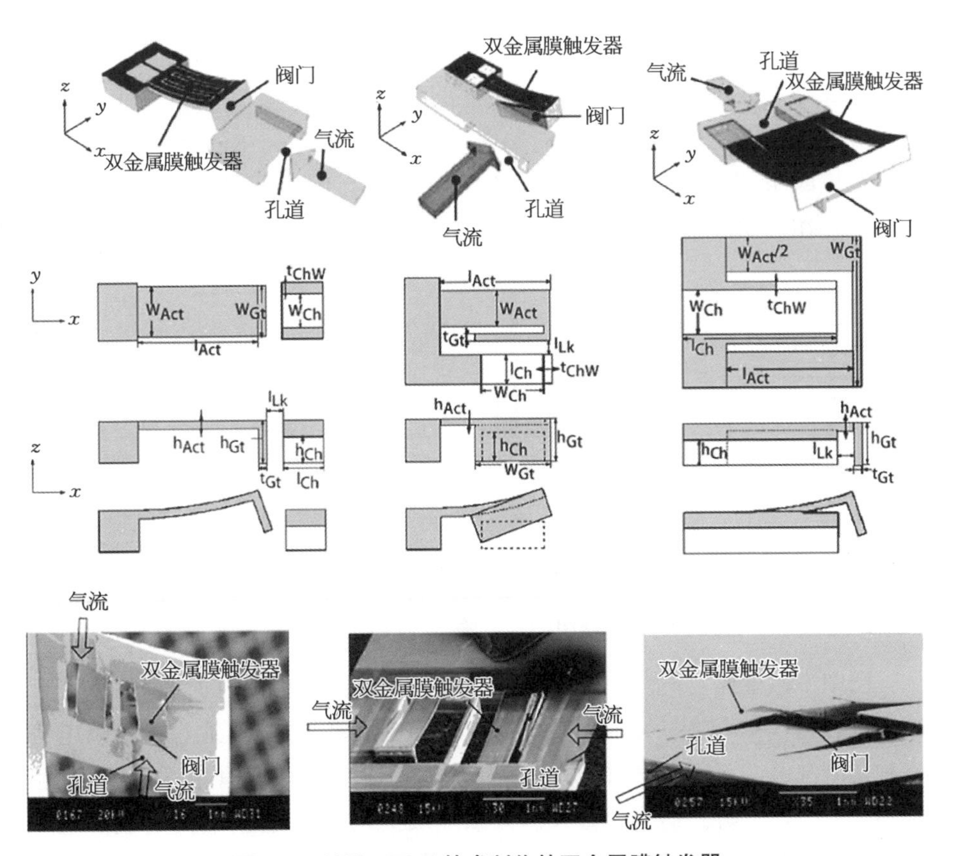

图1.2 利用MEMS技术制作的双金属膜触发器

值得一提的是，正是在 MEMS 技术的不断发展中，人们逐渐开始认识微观世界的一些独特规律，意识到微观世界很多情况下并不是宏观世界的等比例缩小，而是与宏观世界中的常识有很多不同，并由此催生了一个崭新的研究领域：尺寸效应。由于尺寸的缩小带来的影响，在微观领域中很多物理现象与宏观世界有很大的区别，因此许多原来适用于宏观世界的理论基础都会发生变化，如力的尺寸效应、微结构的表面效应、微观摩擦机理等。很多传统学科，如动力学、流体力学、热力学、摩擦学、光学和结构学等都需要对尺寸效应进行深入的研究，液态金属微流体学也不例外，这个尺寸效应在后续介绍的液态金属微流体中也会有诸多表现。

人们通过研究电子机械系统的微型化认识到尺寸效应，并对尺寸效应进行了一系列的研究，而尺寸效应的研究又会反过来影响微电子机械系统的发展，为其发展提供新的思路和途径。其中最为典型的例子就是塞贝克效应(Seebeck effect)的尺寸效应的发现。

塞贝克效应又称作第一热电效应，它是指由于两种不同电导体或者半导体的温度差而引起两种物质间的电压差的热电现象。该现象于 1821 年由德国物理学家塞贝克(Seebeck)首先发现，在实验中，他将不同金属导线连接在一起构成回路，当两条不同金属的导线的节点处于不同温度时，塞贝克发现导线周围存在磁场。虽然当时他没有将这种磁场与电流联系起来并做出了错误的解释，但是却因此引出了整个热电研究领域。在塞贝克效应的研究初期，人们普遍认为两种不同金属和不同温度是产生电动势不可或缺的两个条件，人们还利用不同金属的塞贝克效应制作出热电偶，通过测量热电势进行高精度测温。图 1.3 是一个典型的热电偶测量温度的原理图。

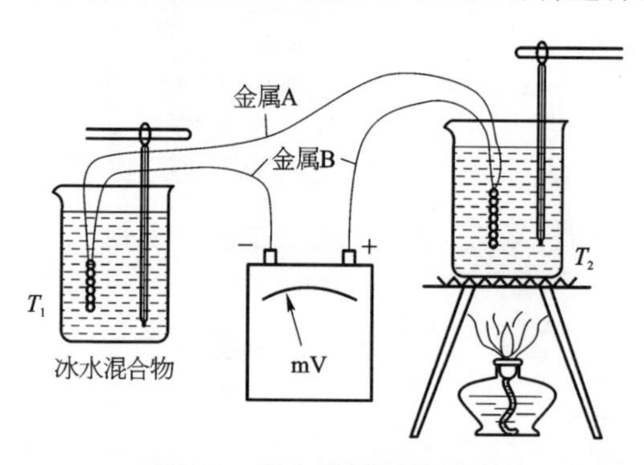

图 1.3 热电偶测温原理图

图中不同金属，如金属 A 和金属 B 连接在一起，将其中的一个结放置于冰水混合物(0℃)之中，另一个结则放在待测温度环境之中，通过测量热电势得到待测温度。一般而言，金属 A 和金属 B 必须不同，否则不管温差有多大，都不会产生热电势。而当随着人们对系统微型化研究的逐渐深入，发现这一个原理在微观中有了特例，当金属 A 和金属 B 为同种金属但尺寸不同的时候，仍然会产生电势，如图 1.4 所示。

图中臂 A 和臂 B 的材料相同，但是尺寸不同的时候（臂 A 为纳米量级，臂 B 为亚微米量级），T_1端和 T_2端如果温度不同，仍然会产生纳伏量级的电势。而这种尺寸效应的发现，将热电偶的尺寸一下降到纳米量级，被认为是最有希望真实测量细胞内温度分布的途径，而之前，细胞内温度分布能否进行准确的测量已经在科学界争论已久。

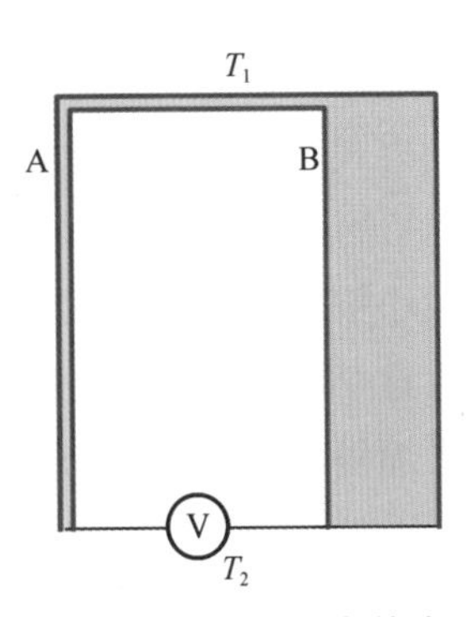

图 1.4 基于塞贝克效应的尺寸效应的纳米同金属热电偶

1.2.1.3 生物芯片

随着 20 世纪 70 年代 MEMS 的迅猛发展，MEMS 开始在生物领域崭露头角。MEMS 技术和生物技术的结合诞生了生物芯片。到了 80 年代末，生物芯片的问世，将微观研究推向了另一个高峰，并给我们的生活带来一场深刻的革命。同时生物芯片也是微流控芯片的前身。

生物芯片，又称微阵列芯片，一般是通过微阵列的形式将生物信息分子（如 DNA 片段或多肽等）高密度地固定在互相支持介质上的杂交型芯片，这些固定在微阵列位置上的分子序列都是已知并且是预先设定好的。一般而言，这些技术源自 DNA 杂交探针技术与半导体工业技术。通过将大量探针分子固定于支持物上后并与带荧光标记的 DNA 或其他样品分子（例如蛋白质或小分子）进行杂交反应，通过测定每个探针分子的杂交信号强度，就可以得出样品分子相应的数量和序列信息。典型的生物芯片如图 1.5 所示。

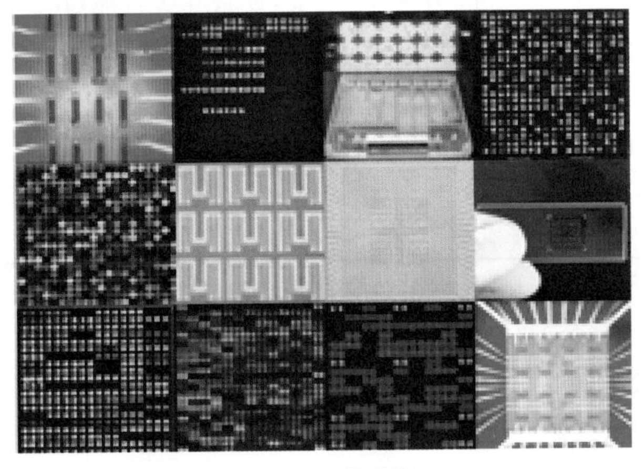

图 1.5 生物芯片

图 1.5 显示了生物芯片的常见形态。一般生物芯片通过在芯片上以阵列的方式布置海量的生物探针分子,通过计算机批量收集信号的方式对海量信息进行快速分析,使得工作效率有着数量级的提升。生物芯片在方寸之间的微小空间上通过阵列的方式富集海量信息和电子芯片有着异曲同工之妙。因为这个原因,生物芯片技术在破解人类基因组计划中大放异彩,将测序周期大大缩短,让科研工作者在微观世界的工作效率可以比在宏观世界的高出成千上万倍。

而由于杂交反应以及芯片制作过程往往都会用到流体,所以也可以说生物芯片在某种程度上是微流控芯片的雏形。当流体被当作一种介质引入到生物芯片领域,生物芯片的发展就进入了微流控芯片的时代。在微流控芯片的时代,生物芯片的应用从简单的生化分子分析的层面上升到了整个微观流式研究的层面,生物芯片技术有了质的飞跃。

1.2.2 微流控芯片

微阵列芯片虽然可以大大缩短实验时间,但是功能太过单一,满足不了日益复杂的实际需求。1990 年,Manz 和 Widmer 首次提出微型全分析系统(miniaturized total analysis system)的概念,获得广泛的响应,微流体随之正式登上科学的舞台[2]。

微流体或者微流控顾名思义就是微小流体的科学,指的是使用微管道(尺寸一般在微米量级)处理或控制微小流体(体积为纳升到阿升)的系统所涉及的科学和技术,是一门涉及化学、流体物理、微电子、新材料、生物学和生物医学工程的新兴交叉学科。因为具有微型化、集成化等特征,其装置一般采用芯片形式,因而微流控装置通常被称为微流控芯片,也被称为芯片实验室和微全分析系统。如图 1.6 所示为一个典型的微流控芯片系统。

其实,早在 20 世纪 50 年代,Skeggs 就已经提出了用间隔式连续流动分析来替代延续了 200 年的传统化学实验中的“瓶瓶罐罐”[3],他把分析化学转移到有流体连续流动的流道之中,但是当时他做的管道系统很难被称为“微流体”,因为他所用的玻璃或者聚合物管道长达数米,为了让化学反应充分反应,系统中还加入了气泡用于混合搅拌,整个系统极其复杂,这个想法虽然在溶液分析的自动化方面取得了成功,也对实验所需的空间的减少有贡献,但是它在设备和试剂消耗的微型化方面却没有特别大的推动,分析速度和传统的手工操作也没有明显的提高。

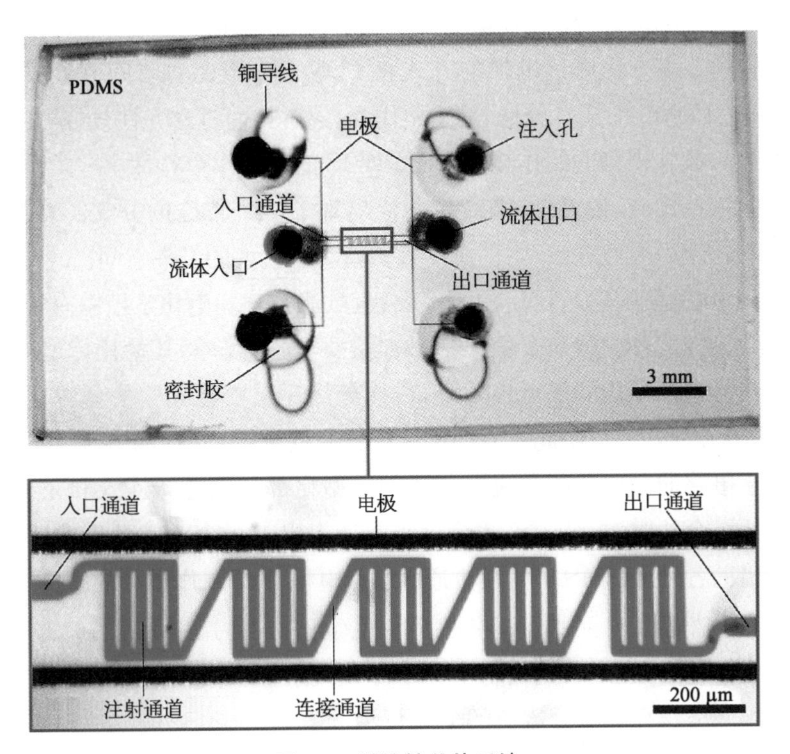

图 1.6 微流控芯片系统

1975 年，Ruzicka 和 Hansen 在 Skeggs 研究的基础上彻底抛弃了流动中必须实现完全混合和反应完全的观念[4]，去除了管道中气泡的间隔和搅动作用，提出了在非平衡（不完全混合、不完全反应）的条件下进行重现性定量分析的技术条件，流道直径首次小于 1 mm，用不完全反应替代管道内的反应。此举将系统大为简化，之后他们又在 1984 年提出集成化的微管道系统[5]，但是很可惜这个做法并没有受到学界的重视。之后 Manz 和 Widmen 首先将流式反应转移到多层微加工的芯片上[2]，但是当时的装置复杂得没有人对此产生兴趣，直到 1992 年，Manz 和 Harrison 首次用微加工芯片完成电泳分离[6]，展示出了该方法的巨大潜力，这种微流控的方法才作为一种特殊的实验手段开始受到学界的重视。

微流控的方法，通过将化学或者生物分析设备进行微型化和集成化，最大限度地把分析实验室的功能转移到便携的分析设备中，甚至集成到厘米大小的芯片上。由于这个特征，微流控有一个更为通俗的名称——“芯片实验室”。目前，微流体被认为在生物医学研究中具有巨大的发展潜力和应用前景。

1998年，Whitesides等开始用聚二甲基硅氧烷（俗称PDMS）材料进行软光刻制作[7]。该方法通过倒模的方式将PDMS转印光刻的流道形成PDMS芯片，由于PDMS的成本较低、易于制作和易获得，而且透光性较好，在微流控领域掀起一股软光刻的制作热潮。而PDMS的另外一个特性——柔性也正在影响着微流控领域，慢慢地，微流控芯片出现了一个特殊的分支：柔性芯片，这个分支在今后柔性穿戴、柔性机器人领域有着更大的发挥空间。

其实，从微流控芯片诞生的第一天起，微流控就和电化学控制有着紧密的联系。微流控芯片内的众多生化信息都需要电学信号将其量化传出，少量通过光学信号进行量化的微流控系统，往往最终还是要将光学信号转变为电学信号，才能方便处理。因此微流控芯片领域处处可以见到微电子电路的身影。虽然电子电路的微型化和微流控芯片的微型化都分别进行深入和完善，但当二者开始结合的时候，结合工艺给科研人员提出了一个非常棘手的课题。人们开始借助各种MEMS工艺在流道内制作电极[8-12]，制作微小的电路[13,14]，例如磁控溅射[15]等。一种典型的检测流体电学信号的方法，就是在玻璃上通过溅射制作微电极，通过软光刻制作PDMS微流道，然后通过等离子键合将制作有微电极的玻璃片和有微流道的PDMS片键合在一起，形成流道底部有电极的特殊检测流道，如图1.7所示。

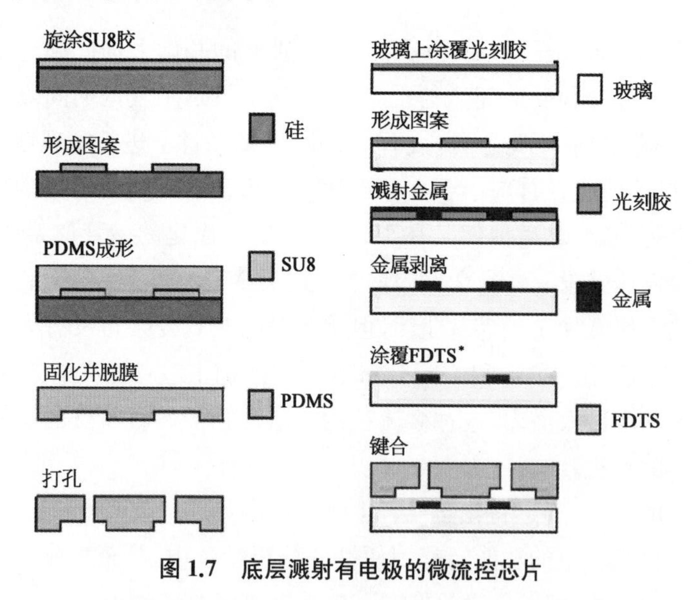

图1.7 底层溅射有电极的微流控芯片

* FDTS：1H，1H，2H，2H-全氟癸基三氯硅烷，用来隔绝电极和流体。

这些用 MEMS 技术制作出来的电极一般都是非柔性材料，当芯片有柔性需求的时候，在柔性的流道内布置微电极几乎是不可能完成的。

常温液态金属的出现和引入让这一切迎刃而解。液态金属兼具流动性和导电性两重特点，当它和微流控芯片结合，微流控芯片发展就产生了第二次飞跃，电子电路和微流控芯片第一次因为液态金属的加入而从根本上开始完美结合起来。这也是本书将重点阐述的内容。

1.3 常温液态金属

其实所有的金属都会有液态，而本书主要讨论的则是在常温或者类常温区域(－30～200℃)呈液态的金属或者金属合金。

1.3.1 汞

汞是一种非常特殊的金属，在－39℃以上就呈现液态，直到 356.7℃才气化，而且它在公元前 16～15 世纪就已经被人们所发现。汞看起来像流动的银，所以又俗称水银。

汞在自然界中分布极少，而且基本上都是以化合物的形式存在。汞亲铜和硫，汞大部分都是以硫化汞的形式分布，而硫化汞的另一个名称为朱砂。朱砂由于其鲜红的颜色，在很早以前就被人们当作颜料。汞最早的提炼方法就是将朱砂在空气中高温煅烧，再通过收集蒸发的汞蒸气并冷凝得到金属汞。汞是人们发现的第一个在常温下处于液态的金属。

汞元素在化学周期表第 80 位。由于汞的冶炼和使用在中国有悠久的历史，所以除了俗称水银，在中国还有“白澒、姹女、澒、神胶、元水、铅精、流珠、元珠、赤汞、砂汞、灵液、活宝、子明”等诸多别称。汞在中世纪炼金术中与硫磺、盐共称炼金术神圣三元素。

汞是银白色闪亮的重质液体，化学性质稳定，不溶于酸也不溶于碱。汞常温下即可蒸发，但是，很可惜，汞蒸气和汞的化合物多有慢性剧毒[16]。也正是由于汞的毒性，在人们日常生活中，近年来汞的使用越来越少。

1.3.2 钠钾合金和铯基合金

钠钾合金是除了汞以外第二个被发现的常温液态金属。至于为什么把后发现的铯基合金和钠钾合金放在一起是因为它们有一个共同的特点：化学性质极为活泼。这和汞的毒性一样，太活泼的化学性质限制了它们在日常生活中的进一步应用。

钠钾合金和空气或者水都会发生剧烈的反应，即使少至 1 g 的钠钾合金，如果操作不慎，都会造成火灾或者爆炸。钠钾合金中钠和钾的质量比为 1∶3，熔点低于－10℃，一般都保存在惰性气体中。值得一提的是，钠钾合金和水发生爆炸的机理曾有人专门做过研究，虽然钠和钾遇水都会产生可燃的氢气，但是人们发现钠钾合金与水接触后发生的爆炸却明显高于氢气发生爆炸的程度，而且产生的氢气会隔绝钠钾和水的进一步接触使得爆炸程度降低。Ball 使用固体的金属钠，不过有时候金属钠的表面会在空气中被氧化，被氧化的部分遇水并不会发生非常剧烈的反应[17]。为了更好地观察剧烈的“爆炸”反应，Mason 等使用液态的钠钾合金进行实验，将这种爆炸放大到极致[18]。

借助高速摄像机，他们发现，在钾钠合金液滴从注射器滴入水中后不到 1 ms 的时间内，反应便开始了[18]。在短短的 0.4 ms 后，合金液滴表面就开始向外喷射，形成“尖刺”状。由于热的传播过程往往较为缓慢，这个“爆炸”过程发生的速度却明显超越了放热反应所能造成的速度。更重要的是，高速摄影机拍到的影像显示，在 0.3～0.5 ms 之间，在这个带有“尖刺”的金属液滴周围，呈现出了深蓝色和紫色的水溶液，而这个颜色与“溶剂化电子”(solvated electron)极为相似，因为此前科学家们就已经发现，在水中溶剂化的电子会呈现出深蓝色。反应发生的过程，如图 1.8 所示。

为了揭示其中的原理，Mason 等利用计算机模拟了由 19 个钠原子组成的原子簇的反应，在此之后，上述现象背后的原因终于得以显现：这些原子簇表面的钠原子会在几皮秒(10^{-12} s)内就失去一个电子，而这些电子会跑到周围的水里面，并被水分子包围，形成“溶剂化电子”。

溶剂化电子是自由电子“溶解”于溶液中的一种现象，电子与周围的溶剂分子形成平衡态构型的定域化电子。这种现象时常发生，但持续时间很短，难以被直接观察到。碱金属与水反应时，电子浓度偏低时呈现为深蓝色，电子浓度偏高(＞3 mol)时则呈现为铜褐色。

当电子离开金属进入水中时，钠原子簇就变成了一堆带正电的钠离子。这些离子彼此之间会产生强烈的排斥，这种排斥力转化为动能，由此就引发了“库伦爆炸”(Coulomb explosion)。密歇根州立大学无机化学家戴伊(J. Dye)表示：“我已经进行了许多次这样的实验展示，我也很想知道究竟为什么金属

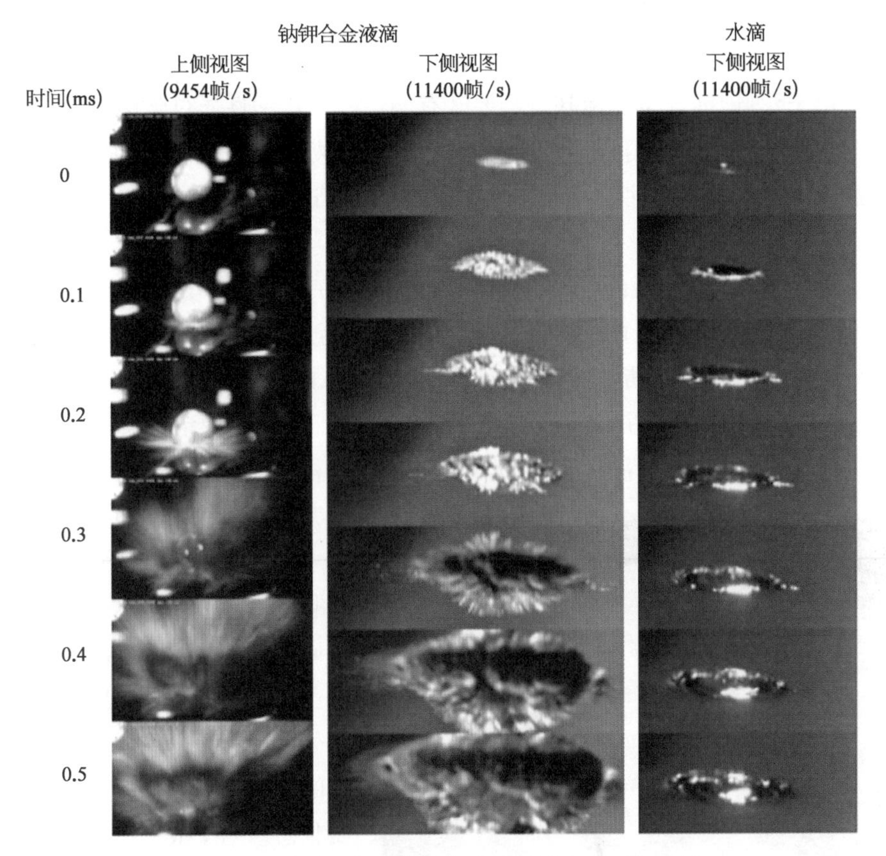

图 1.8 实验中拍摄到的钠钾合金液滴入水时的变化，右侧为作为对照的水滴[18]

钠会在水面上‘跳舞’,而金属钾则会发生‘爆炸’。这篇论文对这一反应的早期阶段给出了完整而有趣的解释。”[19]

另外,钠钾合金由于其非常宽的液态温度范围(一般液体在高温下即气化,液态温度范围窄)和极低的蒸汽压(可用于真空中),在快中子反应器中还会被用作冷却剂。此外,钠钾合金还会被用作一些反应的催化剂和干燥剂。

而金属铯(1860 年被发现)是一种金黄色、熔点低(熔点 28.4℃)的活泼金属。铯在碱金属中是最活泼的,在空气中极易被氧化生成一层灰蓝色的氧化铯,不到一分钟就会自燃,发出深紫红色火焰,生成铯的氧化物。铯能与水剧烈反应生成氢气并爆炸。故铯在自然界没有单质形态,铯元素以盐的形式极少分布于陆地和海洋中。铯也极少作为一种单质进行应用。

1.3.3 镓基合金

由于汞、钠钾合金和铯基合金要么有剧毒要么化学性质过于活泼，无法在日常生活中安全地使用，如果需要在常温下利用液态的金属，就必须寻找能在常温稳定存在的无毒性或者低毒性的液态金属。这便是下文重点介绍的镓基合金和铋基合金。

1875 年，布瓦博得朗(Lecoq de Boisbaudran)在闪锌矿矿石(ZnS)中提取锌的原子光谱上观察到了两条从未见过的新谱线，其波长在 417 nm 处。经过细致的分析之后，他确定这是一个新的元素，从而发现了金属镓(Gallium)。1875 年 11 月，布瓦博得朗提取并提纯了这种新的金属，并证明了它像铝，也证明了门捷列夫对“类铝”元素的猜想。同年 12 月，他向法国科学院公布了这一发现。

图 1.9　镓在手中便可融化

镓是一种淡蓝色金属，在 29.76℃ 时变成银白色的液体(图 1.9)，到 2 200℃才会气化，所以金属镓的液态温区相当长。镓在地壳中的浓度很低，在地壳中占其重量的 0.001 5%。它的分布很广泛，但不以纯金属状态存在，而是以硫镓铜矿($CuGaS_2$)形式存在，不过很稀少，之前在经济上也不重要，直到近年来液态金属的重要性逐渐被人发现，其经济地位逐渐有所提升。镓是闪锌矿、黄铁矿、矾土、锗石工业处理过程中的副产品。

镓在自然界中常以微量分散于铝土矿、闪锌矿等矿石中。在高温灼烧锌矿时，镓就以化合物的形式挥发出来，在烟道里凝结，镓常与铟和铊共生。经电解、洗涤可以制得粗镓，再经提炼可得高纯度镓。

当前，世界上 90%以上的原生镓都是在生产氧化铝过程中提取的，是对矿产资源的一种综合利用，通过提取金属镓增加了矿产资源的附加值，提高氧化铝的品质并降低了废弃物“赤泥”的污染，因此非常符合当前低碳经济以最小的自然资源代价获取最大利用价值的原则。镓在其他金属矿床中的含量极低，经过一定富集后也只能达到几百克/吨，因而镓的提取非常困难。另一方面，由于伴生关系，镓的产量很难由于镓价格上涨而被大幅拉动，因此，原生镓的年产量极少，全球年产量不足 300 吨，是原生铟产量的一半，如果这种状况不能得到改善，未来 20～30 年这些金属镓将会出现严重短缺。

一般来说，镓被认为是一种无毒的金属，单质镓也不会在生物组织内聚集。有些医学工作者甚至将镓作为一种体内示踪的材料[20]。镓和多种金属形成的合金也有低熔点的特性。一些典型的镓基合金的熔点见下表[21]：

表 1.1　一些典型镓基合金的熔点(℃)

镓基合金(其中的数字为质量分数)	熔　点	镓基合金(其中的数字为质量分数)	熔　点
Ga	29.8	$Ga_{66.4}In_{20.9}Sn_{9.7}Zn_3$	8.5
$Ga_{75.5}In_{24.5}$	15.5	$Ga_{68}In_{21}Sn_{9.5}Bi_{1.5}$	11
$Ga_{67}In_{20.5}Sn_{12.5}$	10.5	$Ga_{68}In_{21}Sn_{9.5}Bi_{0.75}Zn_{0.75}$	9
$Ga_{61}In_{25}Sn_{15}Zn_1$	7.6		

从表中可以看出，在成分相同的时候，质量比例不同会导致合金具有不同的性质，即使比例变化很小也可能会出现变化。所以在实际应用中可以根据具体需要，通过改变合金的质量配比或者在其中添加其他微量元素来调整其熔点和其他性质。

镓在常温下表面就会氧化，和铝一样，镓生成的氧化膜会阻止其进一步氧化[22]。但是和铝不一样的，液态的镓可以通过搅拌将表面的氧化膜不断打破使得内部的未氧化镓不断暴露到空气中继续氧化。因此搅拌成为调控镓氧化的一个重要手段，而含有不同氧化镓的镓的性质也会有很大的不同。如图 1.10 所示，为纯镓铟($GaIn_{24.5}$)和仅仅含有 0.02%质量分数氧的镓铟的对比，可以看出两者形貌大不相同。

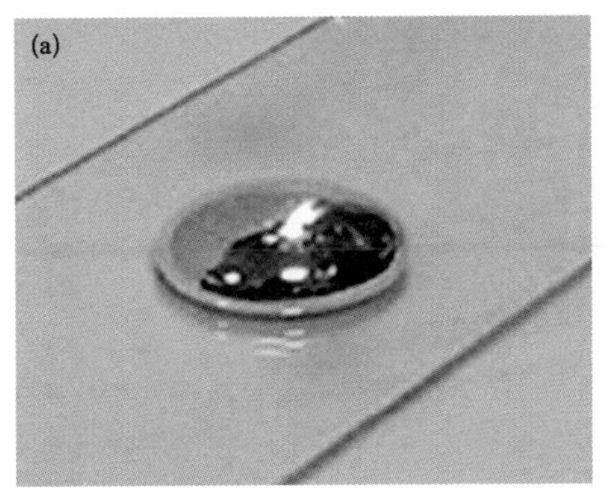

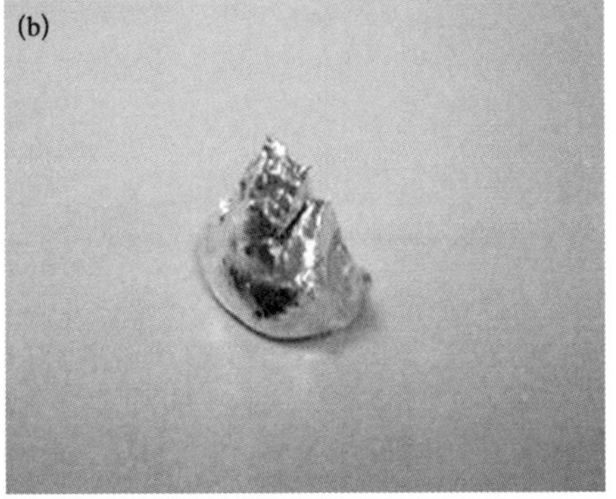

图 1.10　纯镓铟金属(a)和搅拌约 1 h 后含 0.02%质量分数氧的镓铟金属(b)的形貌对比图[23]

从图 1.10 中可明显看出经过长时间搅拌后，含 0.02%质量分数氧的镓铟从液态逐渐变为半固态，黏度远大于纯镓铟金属。根据经验发现，通过控制搅拌时间，可以得到不同黏度的镓铟。

除了搅拌时间，温度也会影响镓的黏度，从图 1.11 可以看出，随着温度升高，镓的黏度逐渐降低。同时，镓的表面张力则几乎不随温度变化(图 1.12)。结合这两种性质，镓往往可以被用来进行温度的测量，这一点已经在液态金属微流体中被用来进行微观温度的测量。

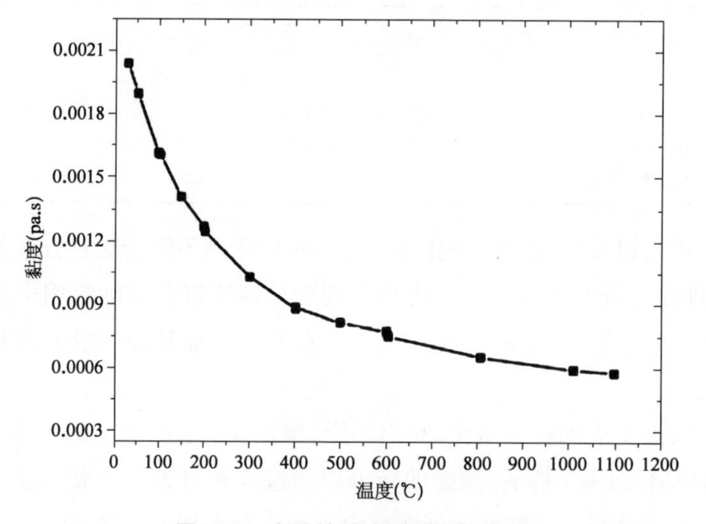

图 1.11　金属镓黏度随温度的变化

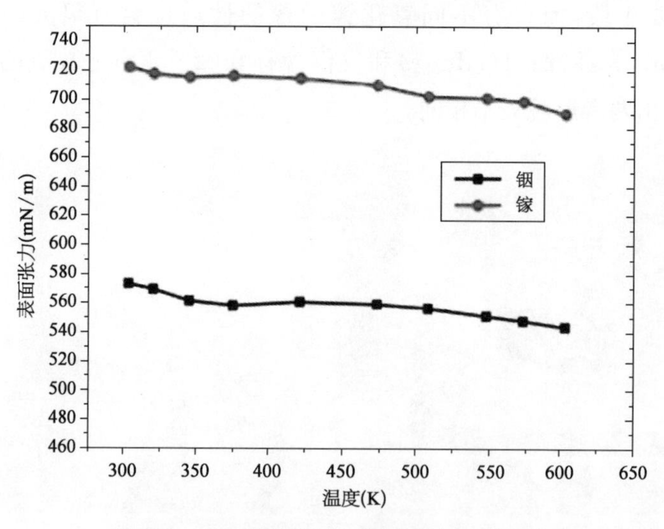

图 1.12　金属镓和铟表面张力随温度的变化

由于液态金属兼具流体和金属的双重性质，随着它被引入微流体的世界，笔者相信微流体和微电子将会在液态金属微流体领域发生完美的结合。

参 考 文 献

[1] Korvink J G, Paul O. MEMS: A Practical Guide to Design, Analysis, and Applications. Berlin Heidelberg: Springer, 2006.

[2] Manz A, Grabber N, Widmer H M. Miniaturized Total Chemical Analysis Systems: a Novel Concept for Chemical Sensing. Sensors & Actuators B Chemical, 1990: 244 - 248.

[3] Skeggs L T. An automatic method for colorimetric analysis. American Journal of Clinical Pathology, 1957, 28: 311 - 322.

[4] Ṙužička J, Hansen E H. Flow injection analyses: Part I. A new concept of fast continuous flow analysis. Analytica Chimica Acta, 1975, 78(1): 145 - 154.

[5] Ṙužička J, Hansen E H. Integrated microconduits for flow injection analysis. Analytica Chimica Acta, 1984, 161: 1 - 25.

[6] Harrison D J, Manz A, Fan Z H, *et al*. Capillary electrophoresis and sample injection system integrate on a planar glass chip. Analytical Chemistry, 1992, 64(17): 1926 - 1932.

[7] Xia Y N, Whitesides G M. Soft Lithography. Angewandte Chemie International (Edition in English), 1998, 37(1): 550 - 575.

[8] Temiz Y, Ferretti A, Leblebici Y, *et al*. A comparative study on fabrication techniques for on-chip microelectrodes. Lab Chip, 2012, 12: 4920 - 4928.

[9] Gao K, Li G, Liao L, *et al*. Fabrication of flexible microelectrode arrays integrated with microfluidic channels for stable neural interfaces. Sensors and Actuators A: Physical, 2013, 197: 9 - 14.

[10] Jin Y, Mao M, Ge Y, *et al*. Fabrication of surface renewable carbon microelectrode arrays and their application in heavy metal ion sensing. Analytical Methods, 2019, 11: 1284 - 1288.

[11] Ma W, Shi T, Tang Z, *et al*. High-throughput dielectrophoretic manipulation of bioparticles within fluids through biocompatible three-dimensional microelectrode array. Electrophoresis, 2011, 32: 494 - 505.

[12] Bello-Rodriguez B, Schneider A, Hassel A W. Preparation of Ultramicroelectrode Array of Gold Hemispheres on Nanostructured NiAl-Re. Journal of The Electrochemical Society, 2006: 33 - 36.

[13] Ho C T, Lin R Z, Chang H Y, *et al*. Micromachined electrochemical T-switches for cell sorting applications. Lab Chip, 2005, 5: 1248 - 1258.

[14] Pandya H J, Park K, Chen W, *et al*. Simultaneous MEMS-based electro-mechanical

phenotyping of breast cancer. Lab Chip, 2015, 15: 3695 - 3706.

[15] 尚正国,李东玲,佘引,等.磁控溅射制备 Mo 电极实验设计与研究.实验科学与技术,2020.

[16] Liu T, Sen P, Kim J. Characterization of Nontoxic Liquid-Metal Alloy Galinstan for Applications in Microdevices. Journal of Microelectromechanical Systems, 2012, 21: 443 - 450.

[17] Ball P. Sodium's explosive secrets revealed. Nature, 2015: 16771.

[18] Mason P E, Uhlig F, Vaněk V, *et al*. Coulomb explosion during the early stages of the reaction of alkali metals with water. Nature Chemistry, 2015, 7(3): 250 - 254.

[19] Dye J. Anionic electrons in electrides. Nature, 1993, 365: 10 - 11.

[20] https://astounde.com/gallium-metal-that-melts-in-your-hands/.

[21] Yi L, Liu J. Liquid metal biomaterials: a newly emerging area to tackle modern biomedical challenges. International Materials Reviews, 2017, 62: 415 - 440.

[22] Wang Q, Yu Y, Liu J. Preparations, Characteristics and Applications of the Functional Liquid Metal Materials. Advanced Engineering Material, 2017.

[23] Dickey M D. Emerging applications of liquid metals featuring surface oxides. ACS Appl Mater Interfaces, 2014, 6: 18369 - 18379.

第2章 液态金属微流体芯片及其电极制作技术

2.1 引言

当液态金属作为一种特殊的流体被引入到微流体芯片之中，传统的微流体芯片在功能上向电子芯片发生了倾斜。由于这种特殊流体的导电属性，使得传统的微流道不仅仅作为液体流过的流道，还可以成为电子流过的“河道”或者“渡口”。而电子流过的“河道”或者“渡口”还有着一个更为专业的名字：“电极”。本章将着重介绍液态金属微流体芯片和微电极的一些基本知识。

2.2 液态金属微流控芯片制作技术

2.2.1 液体金属微流控芯片概述

微流控技术是一门涉及生物、化学、医学、微电子学、光学、信息学等诸多学科的前沿交叉学科[1-3]，在生化分析、疾病诊断治疗、药物筛选输运、环境检测、食品安全、司法鉴定、体育竞技等领域有广泛的应用需求[4-7]，其概念已拓展到生命科学、集成电路[8,9]。目前该领域的研究工作尚处于起步阶段，从纯应用角度分析，微流控芯片及其元器件的发展与应用是实现微流控技术及微流控分析的前提和基础，也是制约微流控技术发展的重要因素。作为微流控芯片实验室的基本操作单元，微流控元器件是具有特定功能及工艺的微流控设备或元件。

微流控芯片实验室的特征在于将生物或化学领域所涉及的样本试剂制备、进样、筛选、驱动、控制、混合、分离、反应及检测等基本操作单元，集成到一块数平方厘米甚至更小的芯片上，以实现微型化、集成化、快响应、高通量、稳定的微流控生物或化学分析。微流控元器件的微型化程度及集成组合方式是影响高通量的微流控生物或化学分析的关键因素，元器件功能的材料选择及技术实现措施对微流控技术亦有重要影响。与此同时，在关注微流控芯片及其元器件微型化、集成化、高通量的同时，也要考虑其加工制作的难度。

微流控芯片实验室高度集成化的集中体现在芯片上集成的元器件有时并非仅具有一个单独的功能，根据需要，某些元器件可兼具多种元器件功能，如微泵/微混合元器件、微混合/微反应元器件，这种集成化方式可大大节约微流道空间，提高微流控分析效率，有利于芯片微型化。同时，微流控元器件的尺寸也要与芯片尺寸相适应，且元器件材料的选择及技术实现措施不能影响芯片的功能，否则将严重制约微流控芯片发挥微型化、集成化及高通量优势。

液态金属微流控芯片是以操控液态金属微尺度流体为目标，实现以液态金属为材料制作微电极等微流体器件的微流控芯片平台，近年来得到业内广泛关注。

2.2.2 液态金属微流控芯片制作方法及流程

微流控芯片是实现微流控技术及微流控芯片分析的操作平台，是当前微全分析系统领域发展的重点，也是实现微流控芯片实验室的基础。因此，熟悉微流控芯片制作流程和熟练掌握其制作方法是必须的。PDMS是一种高分子有机硅化合物，中文名称为聚二甲基硅氧烷。液态PDMS为黏稠状，是一种具有不同聚合度链状结构的有机硅氧烷混合物，无色、无味、无毒、不易挥发；固态PDMS为一种透明、弹性的硅胶，无毒、疏水、不易燃烧。PDMS由于成本低，使用简单，与硅片之间具有良好的黏附性，同时具有良好的化学惰性、生物相容性，且易与多种材质在室温条件下键合封装，是一种广泛应用于微流控领域的聚合物材料[10,11]。本节将介绍以软刻蚀技术制作PDMS微流控芯片的制作方法和流程。

软刻蚀是一种采用弹性材料(如SU8 2000系列负性光刻胶)作为基膜的光学刻蚀技术。通过软刻蚀可将掩膜图形转移到硅片表面黏附的光刻胶胶膜上，成为注塑PDMS的基膜，注塑成的PDMS与载玻片进行键合封装，就可得到PDMS微流控芯片[12]。相比传统的光刻蚀技术，软刻蚀技术可有效避免光散射效应，刻蚀精度能达到纳米量级，且能够灵活制作出复杂的三维结构，成本低。PDMS微流控芯片的制作是一项系统而细致的工作，所用到的仪器设备、材料试剂比较多,文中不再一一列出和详述。下面主要介绍 PDMS 微流控芯片的基本制作方法和流程,包括采用软刻蚀技术制作基膜、PDMS 的注塑、芯片的封装。

2.2.2.1　基膜制作

基膜是注塑 PDMS 微流控芯片的模板,基膜的制作就是通过涂胶、前烘、曝光、后烘、显影及坚膜等过程,将设计的掩膜图形刻蚀在硅片胶膜上,如图 2.1 所示。曝光前对 SU8 光刻胶的实验操作均需在避紫外光条件下进行,以免 SU8 光刻胶在曝光前被紫外光照射发生交联反应。同时硅片及硅片基膜表面要时刻保持清洁,不能有任何灰尘等污染物落在硅片及硅片基膜表面,否则会降低胶膜在硅片上的黏附性及均匀稳定性。

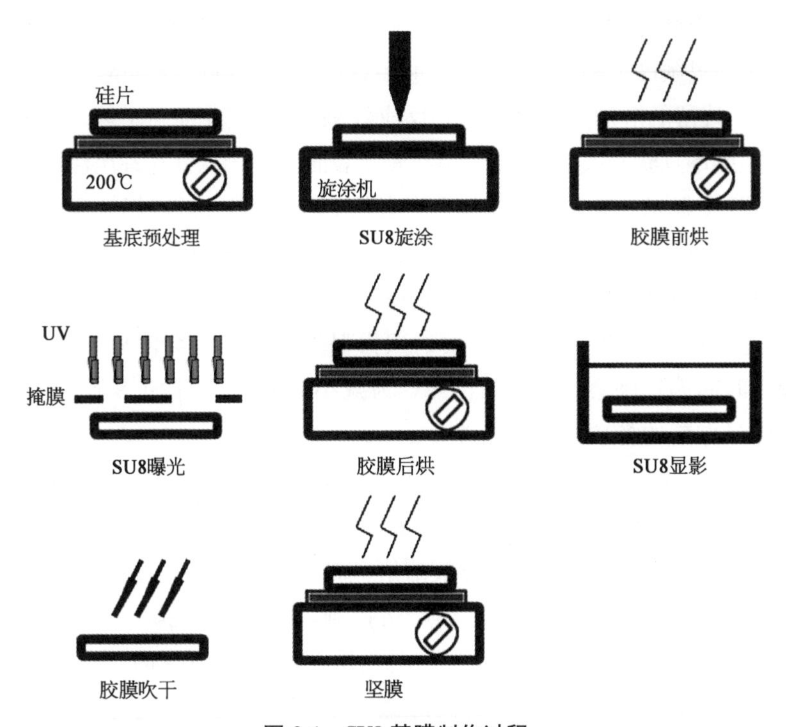

图 2.1　SU8 基膜制作过程

① 基底预处理:硅片在涂胶前,其抛光面要进行清洁、干燥处理,彻底去除尘埃及水汽等,以使 SU8 光刻胶在涂胶时能够非常好地黏附在硅片抛光面上。通常用氮气或过滤空气先清除硅片表面尘埃等颗粒物,再将其放在 200℃ 下烘烤(30 min)以去除硅片表面水汽。同时为增加 SU8 在硅片表面的黏附

性，也可预先在硅片抛光面涂覆一层 SU8 2005 光刻胶，并对其进行前烘、曝光、后烘及坚膜以形成一层稳定的薄膜。

② SU8 旋涂：涂胶就是将光刻胶均匀地涂覆在硅片表面，获得一定厚度的光刻胶胶膜。旋转法原理为利用转动时产生的离心力，将滴在硅片表面的多余光刻胶甩去，在光刻胶表面张力和旋转离心力的共同作用下，扩展成为厚度均匀的光刻胶胶膜。胶膜厚度与光刻胶在硅片表面的黏附作用与匀胶机旋转速度有关，对于特定的 SU8 光刻胶，可通过调节旋转速度获得特定厚度的光刻胶胶膜。

③ 胶膜前烘：涂胶后，需采用电热板烘烤 SU8 胶膜，以使胶膜内残留的大部分溶剂挥发，增强胶膜的耐磨性，同时也可增强胶膜在硅片表面的黏附性，促进胶膜的均匀性和稳定性。烘烤温度及时间必须严格控制，烘烤温度过高或时间过长均会引起光刻胶胶膜的热交联，显影后会留下底膜，甚至使增感剂升华挥发导致感光灵敏度下降；而烘烤温度过低或时间过短，则胶膜内的溶剂不能得到有效挥发，残留的溶剂分子会降低光反应效果，导致基膜质量下降。另外，烘烤过程中温度不宜骤升或骤降，以免引起胶膜表面鼓泡产生针孔甚至浮胶。

④ SU8 曝光：曝光是对硅片上涂有的 SU8 胶膜进行选择性光化学反应，使曝光部分的胶膜发生化学反应且显影后黏附在硅片上形成基膜，而未曝光的部分在显影液中被溶解掉。在曝光操作中，为给定厚度的 SU8 胶膜选择准确的曝光剂量(曝光时间)至关重要。因为曝光时间不足会使显影后的基膜翘起，曝光时间偏长则会加宽基膜尺寸。为减小曝光光源对 SU8 胶膜的不利影响，曝光操作前的各项操作要迅速。

⑤ 胶膜后烘：曝光后 SU8 胶膜仍需烘烤，一方面使胶膜内残留溶剂继续挥发，另一方面增强 SU8 胶膜在硅片表面的黏附性，减少驻波。

⑥ SU8 显影：显影是用显影液溶解硅片上不需要的胶膜，将胶片上的掩膜图形转移到胶膜上。显影时间须严格控制，实验中采用异丙醇试剂检验显影是否完毕(异丙醇与 SU8 反应生成白色物质)。初次显影时可适当缩短参考显影时间，去离子水清洗之后用异丙醇做检验，若有白色物质出现，表明未显影完毕，去离子水清洗后滴几滴显影液使其显影一段时间；之后再用去离子水清洗，滴几滴异丙醇检验，若仍有白色物质出现，重复上一步直至显影完毕。

⑦ 胶膜吹干：显影后的胶膜用去离子水充分冲洗后，用高纯氮气吹干。

⑧ 坚膜：坚膜是对显影后的基膜进行烘烤，其目的是使残留的光刻胶溶剂全部挥发，提高光刻胶与硅片表面的黏附性以及光刻胶的抗腐蚀能力，使光

刻胶能确实起到保护图形的作用。坚膜同时也能除去剩余的显影液和水。坚膜温度及时间应适当控制，坚膜不足，光刻胶基膜未烘透，基膜与硅片黏附性差，易脱落；坚膜过量，基膜容易膨胀脱落甚至裂解。坚膜过程中，温度可缓慢升高。由此获得可供转印至 PDMS 芯片上的 SU8 模具。

2.2.2.2　PDMS 注塑和芯片封装

PDMS 注塑是将 PDMS 硅油（固化剂和基液以适当比例混合而成）浇注在 SU8 基膜上，经真空干燥处理便可将基膜图形成形在 PDMS 硅胶表面。PDMS 硅胶弹性可通过混合液比例及真空干燥处理时间来调整，比如，PDMS 由固化剂和基液以 1∶10 的比例混合而成，80℃真空干燥箱内烘烤 2～3 h。PDMS 固化剂和基液在混合过程中，需避免杂质的污染，混合容器、搅拌器要保持清洁。在芯片键合封装前，需在微流道进出口打孔。采用点胶针头直接在打孔位置钻孔，打孔时对点胶针头的用力及用力方向要准确把握，以防打歪甚至损坏芯片，如图 2.2(a)所示。PDMS 芯片与载玻片等芯片基底在等离子

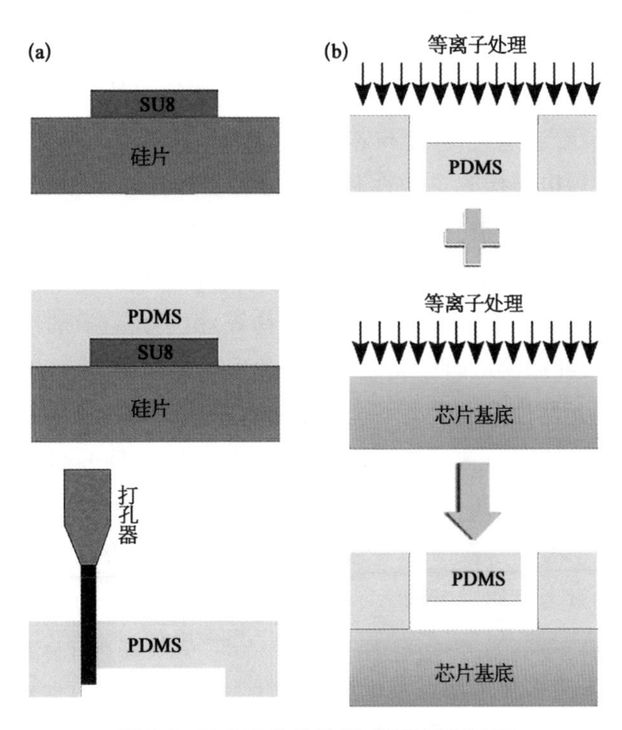

图 2.2　PDMS 芯片注塑、封装制作过程

(a) PDMS 浇筑成形；(b) 芯片封装。

清洗机中进行键合封装，如图 2.2(b)所示。其键合原理是两键合表面在等离子清洗机中受到等离子体轰击，化学键断裂，活性增强，键合时两键合表面的化学键重新组合黏附在一起[11]。

2.3 液态金属微电极制作技术

2.3.1 液态金属微电极研究现状

微流控领域内的微电极主要用于电学检测微传感器(检测温度、电阻、电容、电压等信号)，其电极形式多为薄膜形[13,14]。薄膜电极加工制作方法通常包括物理方法和化学方法，物理方法有溅射镀膜、真空镀膜、离子镀膜，化学方法有化学镀、电镀等。通过镀膜将薄膜材料紧密贴附在微流控芯片基片上形成微电极，并通过芯片的封装使薄膜电极与芯片检测区域接触。薄膜电极材料通常采用金[13]、铂[14]或其他材料[15,16]，要求电极材料具有良好的导电特性，且其化学、物理性质稳定，不易受微流体腐蚀，同时也要有较好的机械强度。薄膜电极作为温度传感器时，还要具有良好的导热特性，其热响应速度要快。薄膜微电极在厚度方向上虽与芯片微流道尺度能够保持相适应，但其膜的大小通常要比芯片微流道大，甚至与芯片尺度相当，这对微电极用于传感器方面有不少限制，且微电极检测灵敏性和稳定性易受外界环境影响。由于这些金属薄膜加工制作工艺复杂、镀膜设备昂贵、封装对准精度要求精确到微米级，使得薄膜微电极制作成本非常高昂，难以在微电极技术中普及使用。

导电液体(如离子液体、导电液体聚合物等)由于具有流动性，可采用简单的注射方法直接在微流道内形成电阻微加热器等功能微结构，操作简单，制作成本低，微流控元器件集成度高[17]。但是这些导电液体的导热、导电性能往往比较差且不稳定，原材料合成成本高昂，在微流控元器件方面无法推广应用。常温液态金属由于同样具有流动性，而且导电、导热性能优异、稳定，原材料容易获得，因此可借鉴离子液体等导电液体的微注射成形方法，在微流道内注射液态金属，获得液态金属微电极。

由于具有熔点低、氧化、低黏流动等特点，镓基合金液态金属在微电极应用方面具有以下诸多技术特点及优势[18]。

① 液态金属熔点可调，原材料易得。可通过注射方法在微流道内成形，操作简单，可重复制作，可靠性高。这种注射微加工制作工艺无须昂贵的镀膜

等设备，一次性注射器即可实现，制作成本低廉，可普及推广使用。

② 液态金属微流道与流体微流道可进行同步设计、制作，芯片封装过程中无须微米量级对准系统，液态金属微流道在设计阶段就可实现与流体微流道的自动定位、对准[19]。液态金属微注射成形后，可直接在注射进口和出口插入金属导线作为引线与外部设备连接，由于金属引线浸没在液态金属中，金属引线接触电阻和接触热阻都很小，导电、导热性能稳定性非常好。

③ 液态金属微流道与流体微流道不直接接触，可有效避免液态金属对微流体的污染，同时也能够使液态金属微结构保持稳定。

④ 液态金属微流道容易设计成任意形状和布置在芯片的任何位置，这就使液态金属微流控元器件具有实现更多微流体操控功能的应用潜力。

2.3.2 液态金属微电极制作方法

液态金属微电极的微加工制作方法主要包括以下 6 种：微注射成形法[20,21]、负压灌注成形法[22,23]、掩膜沉积成形法[24,25]、微接触印刷成形法[26]、冷冻铸模成形法[27]和多孔薄膜辅助注射成形法[28]。

2.3.2.1 微注射成形法

对于结构较为简单的液态金属功能微结构（如 2 - D 微电极），微注射成形是操作最为简单、精度最高的一种液态金属微结构成形方法，如图 2.3 所示。液态金属在注射器正压作用下由芯片流体进口进入填充于微流道，多余金属由芯片流体出口溢出，流体进出口插入金属引线后由封装胶密封。液态金属微流道可与流体微流道同步设计、制作，两者在设计过程中就可实现自动定位、对准。微注射成形方法能够很容易地将镓基液态金属注射进入狭窄截面微流道形成结构稳定的微电极。

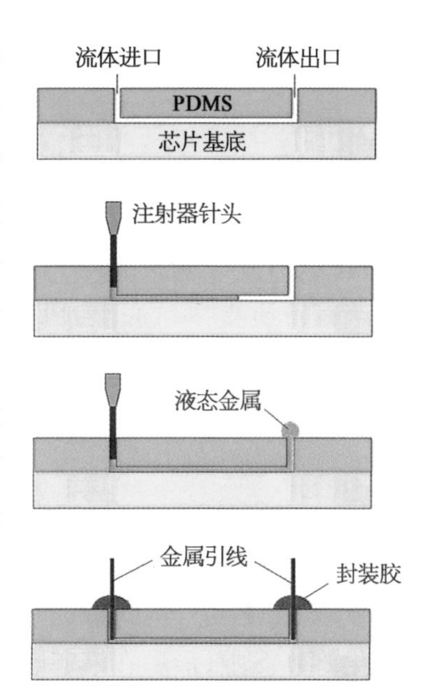

图 2.3　液态金属微电极微注射成形制作过程示意图

2.3.2.2 负压灌注成形法

对于结构复杂的微电极，采用正压注射灌注液态金属直接填充满电极微通道是很困难的，微通道交叉处、窄通道处等会有死角空隙灌不进液态金属。采用负压灌注方法，在负压下微通道仅有一个进口即可在微通道内填充满液态金属。在负压灌注液态金属制作电极时，首先将电极微通道放入真空箱中排空微流道内空气，而后在负压状态下将液态金属滴在微流道进口处，最后向真空箱中重新注入空气将微流道进口处液态金属挤压进入负压的微流道内，如图2.4所示。这种负压灌注成形的液态金属电极，不会留有死角空隙，非常适于复杂结构的微通道，有利于电极的微型化集成。

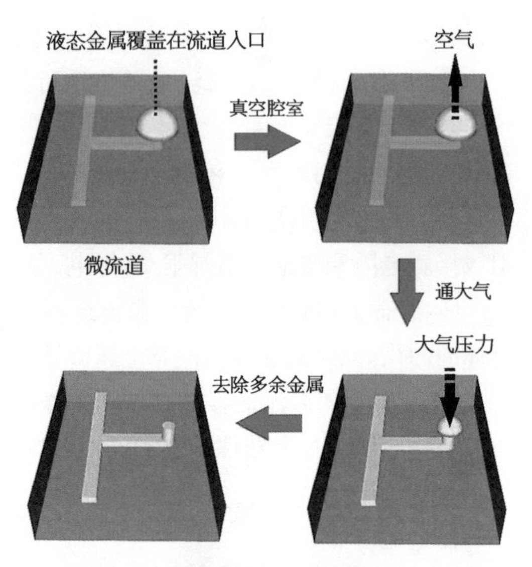

图 2.4　液态金属微电极负压灌注成形制作过程示意图[22]

2.3.2.3　掩膜沉积成形法

由于液态金属表面张力较大，掩膜沉积成形法制作的微电极尺寸一般在100 μm以上。具体过程如下：首先将液体PDMS浇筑在硬质支撑衬底上，PDMS半固化后上方贴附掩膜；然后将液态金属滴在掩膜上用压印转子挤压进入掩膜镂空腔内；由于半固化PDMS对液态金属具有较好的黏附作用，在取下掩膜后，液态金属依然能够很好地黏附在半固化PDMS上；最后在液态金属上浇筑一层液体PDMS来封装即可，如图2.5所示。

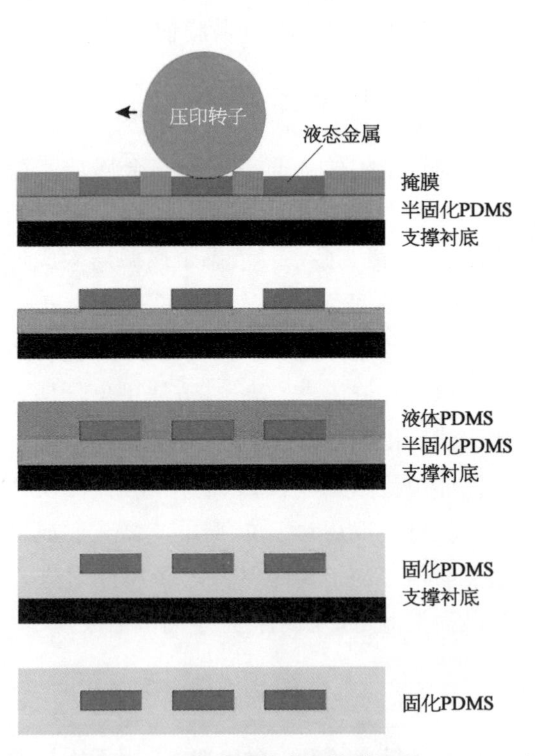

图 2.5　液态金属微电极掩膜沉积成形制作过程示意图[26]

2.3.2.4　微接触印刷成形法

这种方法是直接利用沾有或储存有液态金属的微型笔头在硬质基底上接触印刷出微电极，而后再用 PDMS 等硅胶封装，如图 2.6 所示。笔头是这种制作技术的核心，笔头尺寸决定制作的微电极尺寸大小，笔头越小，微电极线宽越小。笔头通常可重复使用，并能固定在打印机上智能化印刷，是自动化程度最高的一种液态金属制作方法。

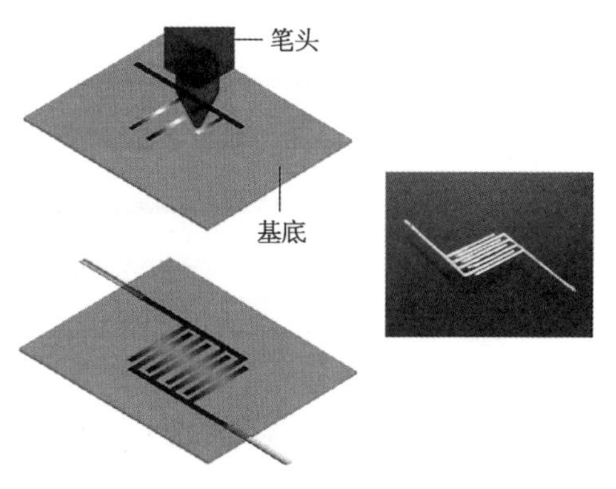

图 2.6　液态金属微电极微接触印刷成形制作过程示意图[27]

2.3.2.5　冷冻铸模成形法

这种方法是将液态金属灌注填充在非永久性封装（盖玻片直接由夹具贴附在 PDMS 微流道一侧）的微流道内，降温固化后从微流道内剥离下来，再由 PDMS 硅橡胶封装起来，如图 2.7 所示。

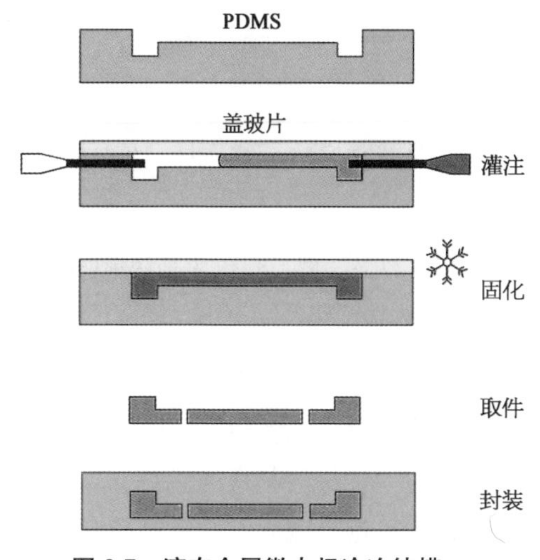

图 2.7　液态金属微电极冷冻铸模成形制作过程示意图

2.3.2.6　多孔薄膜辅助注射成形法

很多液态金属微电极有着极其复杂的拓扑结构，而灌注口却非常有限，做不到一个入口匹配一个出口，很多情况下只有单注入口。负压灌注成形法虽然可以通过单一注入口，利用流道材质的弹性和真空可以将液态金属灌入微小流道内，但是这种灌注方法需要流道有一定弹性，被灌注的流道需要有一定的厚度，使得其恢复过程中能够产生足够的吸力将液态金属吸入，因此有人提出了多孔薄膜辅助的单注射口灌注法，可以制作出非常复杂，但是超薄的微液态金属电极[28]。

这种灌注方法的流程如图 2.8 所示。制作芯片的第一步是利用标准软光刻技术来制作 SU8 2050 光刻胶模具（高为 50 μm）。然后用 PDMS 进行注塑倒模，PDMS 中基液和固化剂的质量比为 10∶1，经搅拌均匀后置于真空干燥

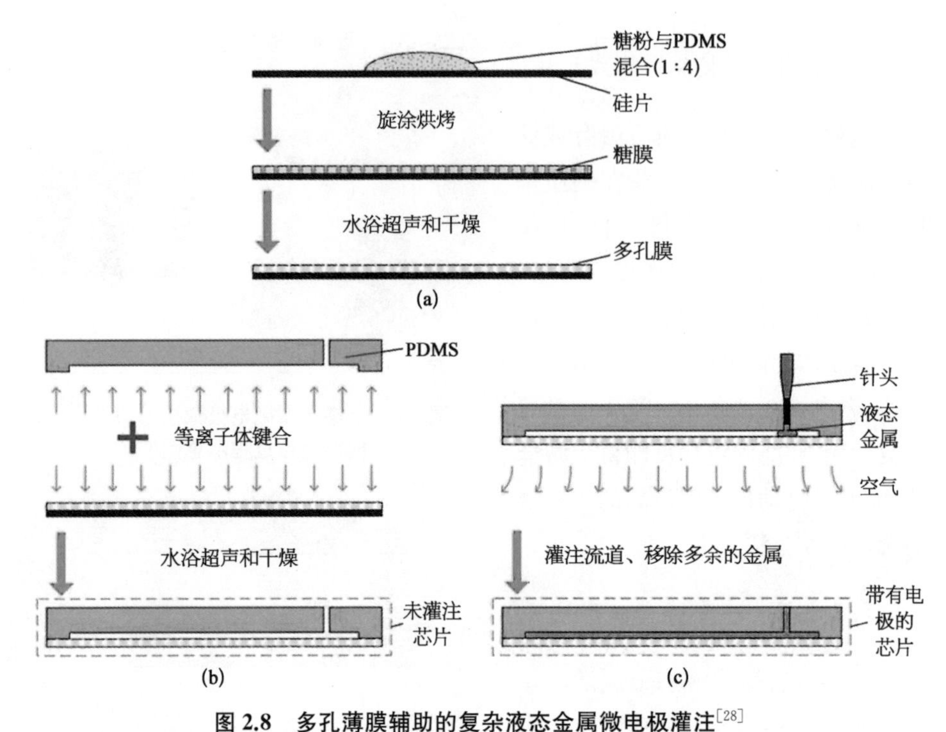

图 2.8　多孔薄膜辅助的复杂液态金属微电极灌注[28]

(a) 多孔膜制作;(b) PDMS 和多孔膜键合处理;(c) 液态金属微电极灌注。

箱中抽真空 30～40 min,将空气排净后才能进行注塑倒模。

与此同时,亦需进行多孔薄膜的制作。如图 2.8(a)所示,多孔膜是以颗粒状的糖为牺牲材料制得的。首先,把方糖在碾钵里磨成细小的颗粒或者是直接用打粉机进行破碎。再将糖粉与 PDMS 以质量比 1∶4 进行混合,并用玻璃棒在烧杯中搅拌约 3 min 直至有大量均匀的气泡产生。然后,将其放入真空干燥箱中抽真空以排除溶液中的气体。待其无气泡后取出,并在直径为 7 cm 的单抛光面硅片上用匀胶机以 4 000 r/s 的速度进行旋涂,所得膜的厚度约为 10 μm。其中,点胶时间为 120 s,匀胶时间为 60 s。紧接着将旋涂有糖膜的硅片在烤板上以 75℃烘烤 35 min。接着将其放入装有 20%酒精水溶液的超声机中进行超声水浴约 30 min。之后,将超声机中的溶液倒掉并更换新的溶液。反复进行超声水浴直至膜变得完全透明。将此带有多孔膜的硅片取出并用无尘纸吸干水后置于烤板上 65℃烘烤 5 min。

接下去如图 2.8(b)所示,将带有注射孔流道的 PDMS 块和多孔膜经等离子机处理(处理时间约 20 s)后进行键合(以后需放置于烤板上 95℃烘烤约 10 min)。为了保证所有的糖粉都被清除掉,键合后的芯片需要在装有同样溶度的酒精水溶液的超声机中进行超声约20 min。最后将芯片在加热板上以65℃烘烤10 min以上。

液态金属电极的灌注如图2.8(c)所示。在芯片注射孔所对应的多孔膜下方垫一个PDMS小块，使其紧密结合，并将芯片置于平整的工作台面上。将外部注射器的针头插入芯片注射孔内，并由手动控制外部压力缓慢推注液态金属进入并充满整个流道。液态金属电极灌注完成后，需从注射孔缓慢地旋转拔出，以防因外力的作用而使芯片损坏。

图2.9给出了用这种方法进行灌注制作出的单注射口的超薄复杂液态金属微电极结构。

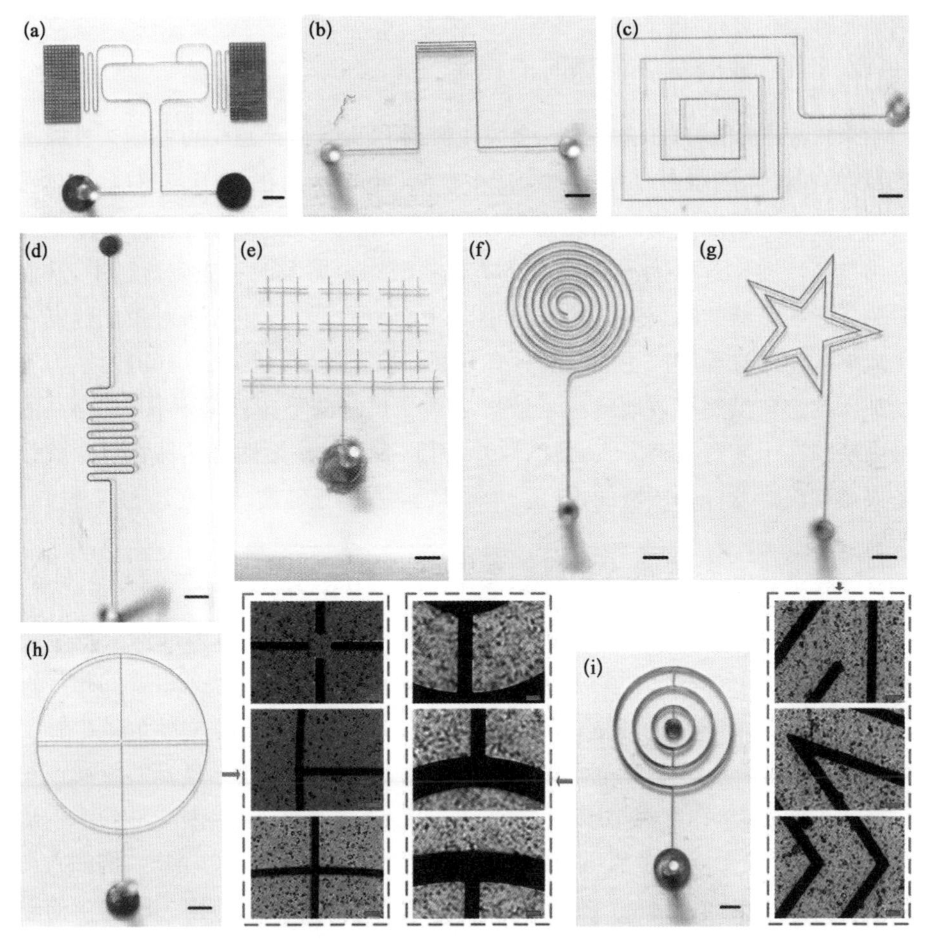

图2.9　使用多孔薄膜辅助灌注的不同形状的超薄液态金属电极结构[28]

(a)～(i)：9种不同形状的超薄液态金属电极结构。

2.4 液态金属电极稳定性探讨

镓基液态金属在常温下为液态这一特殊性质在保证电极柔性的同时，也带来了电极稳定性等潜在问题，例如镓基合金对于许多常见的合金或金属都具有腐蚀性，如铜[29]、铝[30]、不锈钢[31]等；镓基液态金属在受力时极易产生形变，从而出现液态金属在微流道中发生颈缩[32]、断裂[33]等现象，进而可能引起电极失效；镓铟液态金属在 PDMS 微流道内受热时会在较低温(不超过100℃)下断裂[34,35]。因此，研究并提升液态金属电极在高温高压下的稳定性具有重要的意义。

2.4.1 液态金属受热时的稳定性

采用注射成形的方法将液态金属注射到 PDMS 微流道中可制成柔性微加热器，然而该加热器在约 60℃时会产生空洞(voids)，而在 100℃左右微加热器会由于液态金属加热丝的断裂而失效[34,35]。Jinsol 等提出将液态金属流道的进出口与气动装置相接，通过气压的方法将液态金属及时补充到流道中，从而避免了微加热器的断裂，具体装置如图 2.10(a)所示[34]。该方法对微加热器在生成焦耳热的过程中产生的空洞具有很好的填充效果，如图 2.10(b)所示。气动加压的方法虽然有效地解决了液态金属受热时的稳定性问题，但是存在的最大缺陷在于装置复杂庞大，便携性差，因此不利于该柔性加热器在可穿戴设备或微型医疗器件等领域的推广。

2.4.2 液态金属受压时的稳定性

镓基液态金属是制作压力传感器的理想电极材料之一，因此研究液态金属受压时的稳定性对设计基于液态金属电极的力学传感器具有重要的指导价值。目前，基于镓基液态金属的柔性压力传感器大多关注的是对于微小触觉或小压力(小于 5 N 或 0.1 MPa)的感知[36-39]，液态金属由于其良好的流动性和较高的表面张力，在此类小压力下发生的变形通常是可逆的，因此不会产生永久性形变；而基于液态金属电极的传感器对于大压力(大于 0.1 MPa，例如人在走路时脚尖与地面接触的压强可达到 0.1 MPa 以上)检测的相关研究当前较少[40]，且这些研究没有关注液态金属在大压力下可能出现的永久形变，例如溢出或者颈缩等，这些永久形变导致了液态金属电极的性能下降，甚至直接失

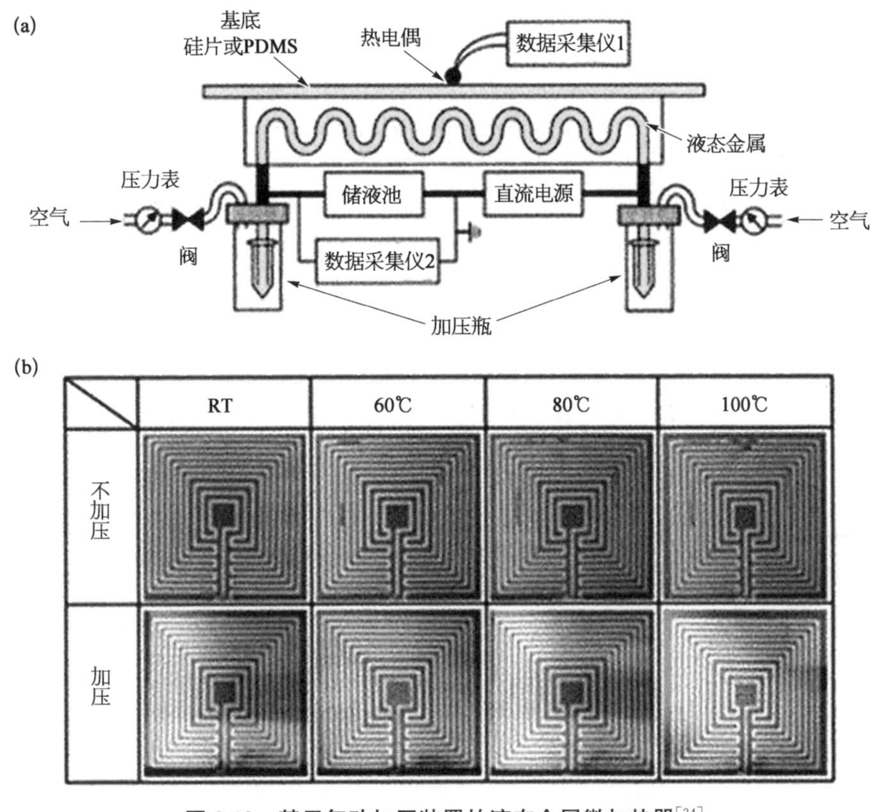

图 2.10　基于气动加压装置的液态金属微加热器[34]

(a) 气动加压装置示意图;(b) 没有气动加压装置的微加热器在受热时空洞逐渐增多。

效,严重制约了液态金属在大压力情况下的使用。

将液态金属注射到微流道时存在某一注射压力临界值,大于临界值时液态金属会发生屈服并展现出流动性,进而从入口进入到微流道中。因此,当一外界压力直接施加在柔性体上并将其传递到液态金属上时,液态金属会在该压力大于某一临界值时发生永久形变,甚至直接从流道中溢出。图 2.11 所示为一填充了液态金属的 PDMS 微流道,流道内除液态金属外填充了硅油进行润湿,当流道受到的拉伸形变超过某一值时,液态金属首先出现颈缩;随着应变的增加,最终将被拉断。液态金属受压与受拉时的情形类似,对于所施加的压力存在能承受的极限;此外液态金属对于基底的润湿行为也会影响其在流道内的稳定性。因此,用于力学传感器的液态金属电极在压力尤其是大压力下的稳定性,直接影响了该传感器的最终性能。

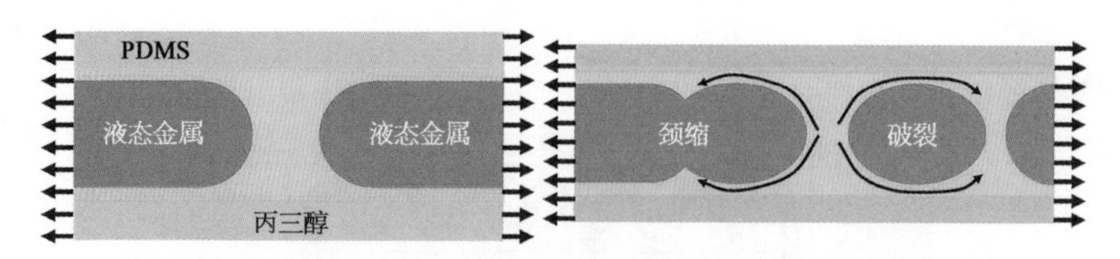

图 2.11　液态金属在 PDMS 微流道内受拉发生颈缩与断裂[33]

2.5　液态金属柔性微加热器高温断裂机理探究

2.5.1　液态金属高温断裂现象与现有解释

目前,已有相关研究通过将镓铟液态金属注射到 PDMS 微流道中,形成基于液态金属的柔性微加热器,且研究都指出了液态金属加热丝由于空洞产生导致的断裂问题[34,41-43]。

2.5.1.1　高温断裂现象

PDMS 微流道中的液态金属在通电产生焦耳热的过程中会出现断裂的现象,该断裂是由于流道中的液态金属产生空洞导致的。如图 2.12 所示为镓铟合

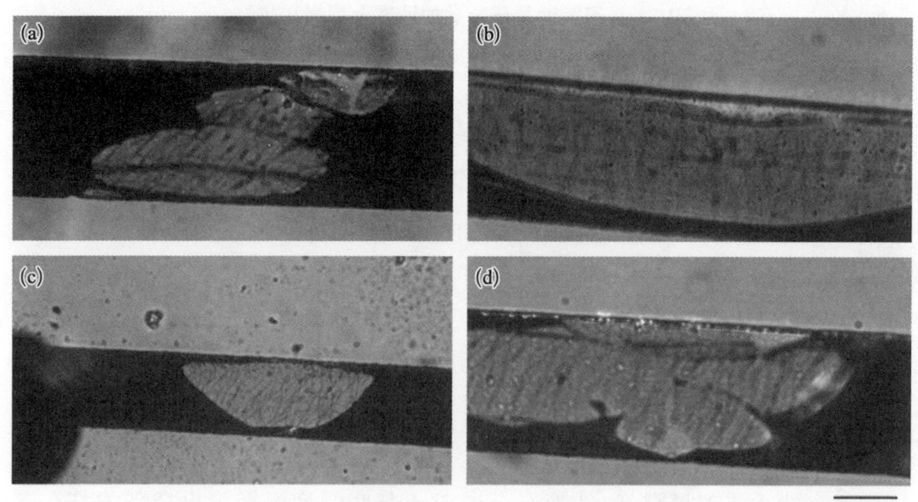

图 2.12　液态金属在 PDMS 微流道内各种由空洞引起的断裂[43]

(a)～(d): 4 种由空洞引起的断裂。

金($Ga_{75.5}In_{24.5}$,下标为质量比)加热丝在PDMS流道中由于空洞引起的断裂,其断裂的位置通常都发生在流道内部,而不是在与引线接触的位置。该空洞通常在50℃左右出现,并在约100℃时导致加热丝断裂。液态金属低温下的断裂严重地制约了该加热器的应用。目前,关于该柔性加热器断裂的解决方案较少有研究工作涉及,前面介绍了Jinsol等提出用气动加压装置循环新的液态金属到微流道中以及时填充空洞的解决方法[34],但该办法最大的不足就是装置复杂,便携性差。因此,针对微加热器本身而不是借助外界设备进行优化,对液态金属微加热器的应用推广具有重要意义。

2.5.1.2 现有解释——PDMS热膨胀理论

PDMS热膨胀理论认为由于PDMS的热膨胀系数(thermal expansion coefficient,TEC,3.0×10^{-4})大于液态金属的热膨胀系数(约10^{-5}量级),因此基于液态金属加热丝和PDMS基材的微加热器会在受热膨胀的过程中产生空洞。PDMS热膨胀导致的液态金属断裂主要基于热应力的分布不均假设,主要包括挤压断裂[35]和热失配断裂[34]两种方式。该解释存在以下两个疑点:

① 液态金属的挤压断裂通常在较大的形变下才会发生,20~100℃的温度变化引起的形变很难引起挤压效应导致的断裂;

② 热失配断裂指的是金属薄膜附着在衬底上时,由于衬底的热膨胀系数大于金属薄膜的热膨胀系数,因此导致金属薄膜在热应力的拉伸作用下发生断裂,这一点在固态金属薄膜中是常见问题。然而由于液态金属在实验温度范围内始终保持液态,且采用的均是注射到PDMS微流道成形的方法制作,因此与衬底并不存在紧密贴合的前提。

2.5.1.3 现有解释——电迁移理论

电迁移是指金属薄膜的原子在电场的作用下发生运动,基于此理论的电极失效机理通常认为金属离子在“电子风”的作用下发生运动的同时引起质量输运,随着时间和作用力的累积最终导致材料出现空洞和丘凸(hillock)等缺陷。电迁移导致的断裂发生在固态金属薄膜中已经被广泛证实并研究,而且通常情况下断裂的位置都发生在焊点、电路交叉点等两种界面相接触的位置。然而,该机理解释镓铟液态金属在PDMS流道中的断裂存在以下几个问题:

① 目前已有的研究在设计实验时存在液态金属氧化问题[42]。由于镓基

液态金属表面张力较大,因此在制备液态金属薄膜时通常需要先在基底表面上刷涂一层液态金属的氧化物薄膜以对基底进行润湿,然后在氧化物上反复刷涂液态金属最终形成薄膜。但是在利用此方法研究液态金属的电迁移时,氧化物的含量一开始就较高,而实验进行中液态金属薄膜经过通电后温度又上升,空气会加速对液态金属的氧化,因此最终观察到的断裂现象可能发生在液态金属氧化物而非液态金属本身上,因此该研究不能说明液态金属发生了电迁移现象。而该实验的断裂现象可能是由于液态金属全变成了氧化物或是由于样本整体包括基底在内的温度不均匀导致的。

② 目前最新的研究报告了镓基液态金属在阴阳极的位置发生了电迁移[41],该研究通过对阴极和阳极位置镓颜色的深浅与成分来证明液态金属的电迁移方向。然而该研究仅仅证明了电极与液态金属接触的位置发生了电迁移现象,但不能用于解释图 2.12 所示的液态金属在流道内部的大面积断裂。

③ 电迁移的方向和加电的方向强相关,而液态金属在 PDMS 流道内断裂发生的方向与电极方向无关,为帮助理解这一点在后面的实验中将给出相关的实验证明。

2.5.2 基于空气热膨胀的液态金属高温断裂机理

2.5.2.1 提出猜想

2.5.1 中指出了 PDMS 热膨胀理论与电迁移理论在解释液态金属高温断裂时存在的不足,并提出了液态金属在微流道内部的断裂是由于流道中气体的热膨胀导致的新猜想[43]。

本实验首先制作了常见的液态金属加热丝,即将液态金属直接注射到 PDMS 微流道中形成液态金属热电阻,该热电阻一经通电便产生焦耳热。图 2.13 所示为该液态金属微加热丝在产生焦耳热时空洞逐渐扩大并最终断裂的过程,该过程用光学显微镜拍摄。为了便于比较,选取了始终在同一画面内的区域,实际形成的空洞应大于图中所展示的程度。在图 2.13(a)中,液态金属加热流道左边连接的是电源正极,右边连接的是电源负极,此时的电压和温度分别为 0.45 V 和 50℃左右,空洞往电源负极的方向膨胀;在图 2.13(b)中,电源正负极被调换,电压和温度基本保持不变,空洞又往电源正极的方向膨胀。在上述过程中,空洞始终往加热流道的右侧扩张,说明空洞膨胀的方向与通过液态金属的电流方向无关；同时，对比这几组图片发现，整个过程中PDMS 流道的几何尺寸几乎不发生变化。大量的实验观察表明，当焦耳热产生的温度接近或超过 100℃时，可以在显微镜下明显观察到 PDMS 的热膨胀，而图 2.13 所示的过程中 PDMS 的热变形不明显但空洞的生成却十分剧烈。根据以上分析可知，图中液态金属的断裂方向与电流的方向无关，说明了电迁移不能用于解释液态金属在流道中的断裂；而断裂过程中 PDMS 几乎没有发生任何形变，因此基于 PDMS 热膨胀率大于液态金属或 PDMS 热膨胀挤压液态金属断裂的说法也不足以解释液态金属的断裂。

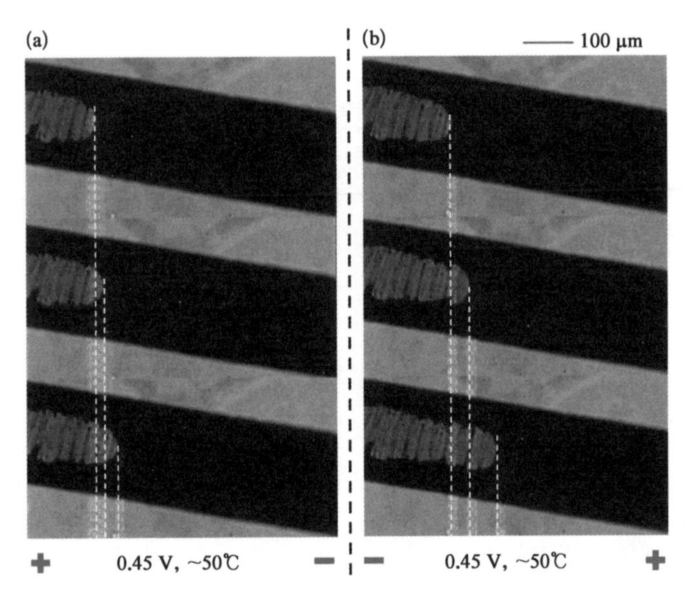

图 2.13　空洞在填充了液态金属的 PDMS 微流道内扩张[43]

(a) 左边为正极，右边为负极；(b) 左边为负极，右边为正极。

综合以上实验现象分析，可以认为液态金属在 PDMS 微流道内的断裂主要由于微流道内的气体热膨胀导致空洞扩张，最终引起液态金属加热丝的断裂，如图 2.14 所示。而微流道内气体的来源主要包括以下两种方式：

① PDMS 为多孔且透气性良好的材料，在焦耳热生成过程中，由于材料的热膨胀导致微流道内产生了富余的空间，气体进入到富余空间内并在高温下膨胀导致了空洞扩张，引起液态金属断裂。

② 在液态金属注射到 PDMS 微流道的过程中，有残余气体被束缚在流道内部，在升温过程中残余气体发生膨胀并引起液态金属最终的断裂。

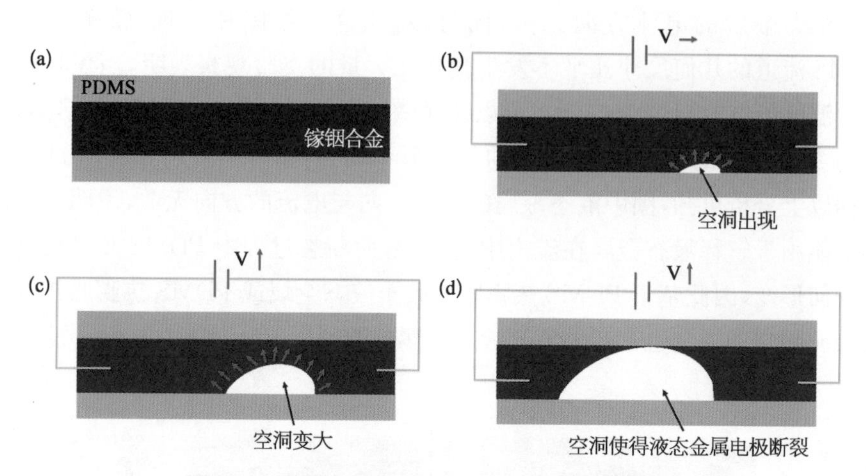

图 2.14 空洞在微流道内产生及扩张的示意图[43]

(a) 加电前;(b) 加电初期,空洞出现;(c) 电压增加,空洞变大;
(d) 电压继续增加,空洞变得越来越大,最终电极断裂。

最后,将液态金属加热丝的断裂归纳为以下两个过程:

① 50℃左右时,空洞的产生是PDMS以及微流道内气体发生热膨胀共同作用的结果。

② 50～100℃时,空洞的扩张则是微流道内气体发生热膨胀主导的结果,并由此导致了液态金属加热丝的断裂。

2.5.2.2 验证猜想

本节就气体膨胀引起断裂的假说提出了新的微加热器结构,即在原来的液态金属加热流道两侧增加通气流道用于及时释放加热过程中的膨胀气体,然后观察是否能够缓解液态金属电极高温断裂的现象。

如图2.15(a)所示,为验证空气膨胀机理,在常规的液态金属流道两侧分别加工了一排通气流道。该通气流道的进出口两端均打孔,以保持与外界大气相通,可以尽可能地将加热过程中产生的气体进行及时的释放。通气流道与液态金属流道之间有一排PDMS微柱用于隔绝液态金属进入通气流道中,而相邻PDMS微柱之间存在极小的间距用于提供通道,以便将液态金属流道中残留的气体及时排放到通气流道中,进而减小了液态金属被膨胀气体冲断的概率。图2.15(b)所示为显微镜下观察到的液态金属注射到中间加热流道后的微结构图,由于液态金属较大的表面张力以及微柱的隔绝效果,液态金属在注射过程中不会溢出到两侧的平行通气流道中。

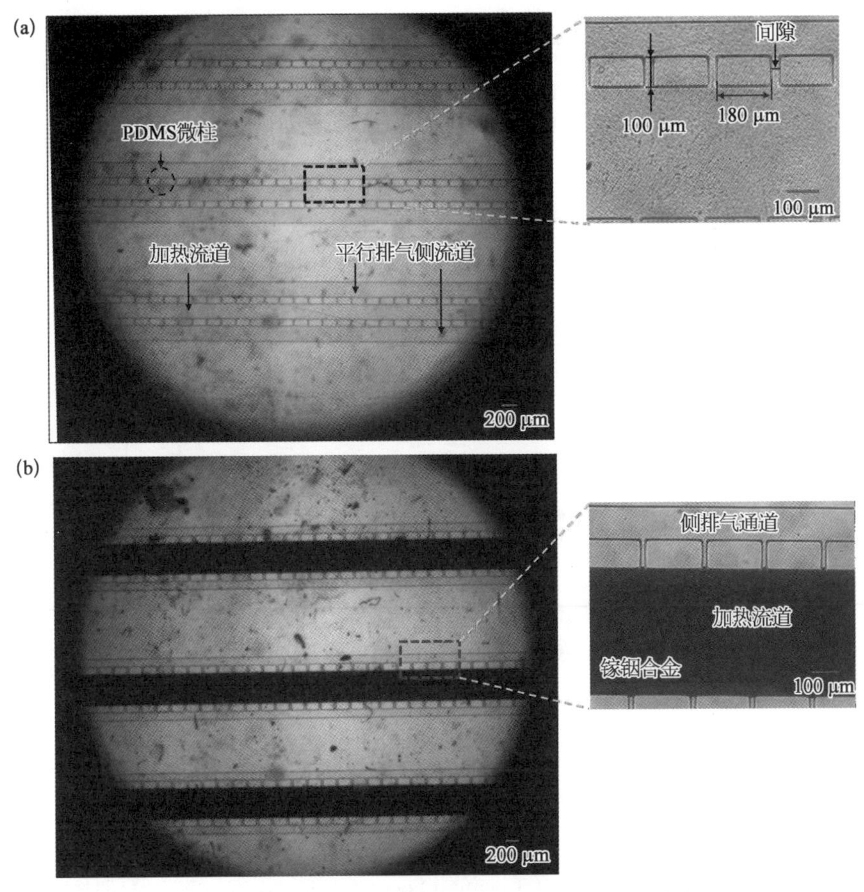

图 2.15　带平行通气流道的液态金属微加热器[43]

(a) 注射镓铟前；(b) 注射镓铟后。

验证实验将加热流道宽度为 200 μm、相邻 PDMS 微柱间隙为 0 μm(无通气流道)、10 μm、20 μm 的三组微加热器(加热流道的几何尺寸相同，即初始电阻相等)均同时放置在同一加热板上，通过比较三组微加热器在相同温度下的电阻来验证通气流道的作用，其中每次测量的停留时间约为 7 min，相邻两次的温升为 10℃，每组温度下对应的电阻值取中间 3 min 的平均值。图 2.16 所示为温度从 25℃(室温)上升到 210℃(加热板提供的最高温度)的过程中微加热器的电阻变化，从图中可以明显看出无通气流道微加热器的阻值在 45℃时就开始显著增大，即空洞开始产生，到 195℃时液态金属基本已断裂；而带有通气流道的微加热器在烤板温度达到 210℃时电阻值依然保持稳定，加了排气措施后的液态金属电极的特性有了极大的提高。

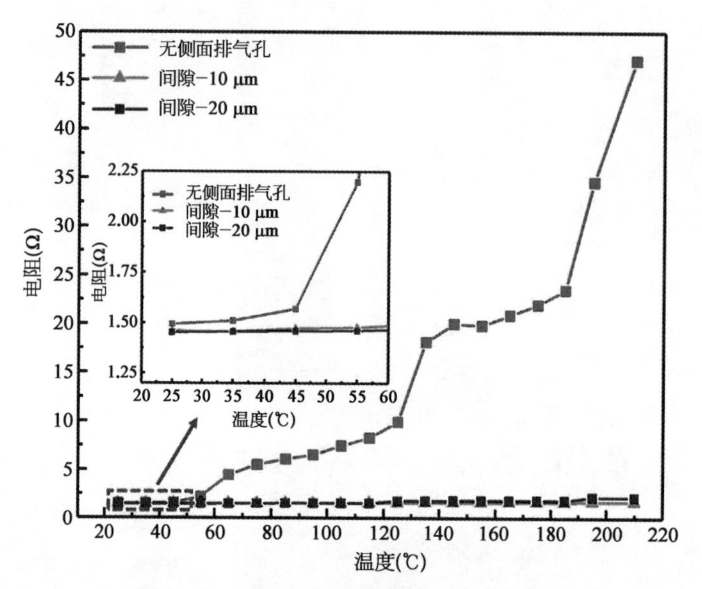

图 2.16　有/无通气流道的液态金属微加热器在加热板上电阻随温度的变化对比[43]

参考文献

[1] Mark D, Haeberle S, Roth G, *et al*. Microfluidic lab-on-a-chip platforms: requirements, characteristics and applications. Chemical Society Reviews, 2010, 39: 1153 - 1182.

[2] Shrivastava S, Trung T Q, Lee N E. Recent progress, challenges, and prospects of fully integrated mobile and wearable point-of-care testing systems for self-testing. Chemical Society Reviews, 2020, 49: 1812 - 1866.

[3] Yang H, Gijs M A M. Micro-optics for microfluidic analytical applications. Chemical Society Reviews, 2018, 47: 1391 - 1458.

[4] Yang Z, Wang H, Dong X, *et al*. Giant magnetoimpedance based immunoassay for cardiac biomarker myoglobin. Analytical Methods, 2017, 9: 3636 - 3642.

[5] Chen X, Cui D F, Liu C C. On-line cell lysis and DNA extraction on a microfluidic biochip fabricated by microelectromechanical system technology. Electrophoresis, 2008, 29: 1844 - 1851.

[6] Chaudhuri P K, Ebrahimi Warkiani M, Jing T, *et al*. Microfluidics for research and applications in oncology. Analyst, 2016, 141: 504 - 524.

[7] Sassa F, Biswas G C, Suzuki H. Microfabricated electrochemical sensing devices. Lab on a Chip, 2020, 20: 1358 - 1389.

[8] Virumbrales-Muñoz M, Ayuso J M, Gong M M, *et al*. Microfluidic lumen-based

systems for advancing tubular organ modeling. Chemical Society Reviews, 2020, 49: 6402 - 6442.

[9] Lee S, Ko J, Park D, *et al*. Microfluidic-based vascularized microphysiological systems. Lab on a Chip, 2018, 18: 2686 - 2709.

[10] McDonald J C, David C D, Janelle R A, *et al*. Fabrication of microfluidic systems in poly (dimethylsiloxane). Electrophoresis, 2000, 21(1): 27 - 41.

[11] Oyama T G, Oyama K, Taguchi M. A simple method for production of hydrophilic, rigid, and sterilized multi-layer 3D integrated polydimethylsiloxane microfluidic chips. Lab on a Chip, 2020, 20: 2354 - 2363.

[12] Whitesides Y X.a.G.M. Soft Lithography. Angew. Chem. Int. Ed, 1998, 550 - 575.

[13] Buk V, Pemble M E, Twomey K. Fabrication and evaluation of a carbon quantum dot/gold nanoparticle nanohybrid material integrated onto planar micro gold electrodes for potential bioelectrochemical sensing applications. Electrochimica Acta, 2019, 293: 307 - 317.

[14] Garraud A, Combette P, Giani A. Thermal stability of Pt/Cr and Pt/Cr_2O_3 thin-film layers on a SiNx/Si substrate for thermal sensor applications. Thin Solid Films, 2013, 540: 256 - 260.

[15] Eda G, Fanchini G, Chhowalla M. Large-area ultrathin films of reduced graphene oxide as a transparent and flexible electronic material. Nat Nanotechnol, 2008, 3: 270 - 274.

[16] Xian H J, Cao C R, Shi J A, *et al*. Flexible strain sensors with high performance based on metallic glass thin film. Applied Physics Letters, 2017, 111: 121906.

[17] de Mello A J, Habgood M, Lancaster N L, *et al*. Precise temperature control in microfluidic devices using Joule heating of ionic liquids. Lab on a Chip, 2004, 4: 417 - 419.

[18] Gao M, Gui L, Liu J. Study of Liquid-Metal Based Heating Method for Temperature Gradient Focusing Purpose. Journal of Heat Transfer, 2013: 135.

[19] Siegel A C, Tang S K Y, Nijhuis C A, *et al*. Cofabrication: A Strategy for Building Multicomponent Microsystems. Accounts of Chemical Research, 2010, 43: 518 - 528.

[20] Gao M, Gui L. A handy liquid metal based electroosmotic flow pump. Lab on a Chip, 2014, 14: 1866 - 1872.

[21] Jin C, Zhang J, Li X, *et al*. Injectable 3 - D Fabrication of Medical Electronics at the Target Biological Tissues. Scientific Reports, 2013, 3: 3442.

[22] Lin Y, Gordon O, Khan M R, *et al*. Vacuum filling of complex microchannels with liquid metal. Lab on a Chip, 2017, 17: 3043 - 3050.

[23] Chatzimichail S, Supramaniam P, Ces O, *et al*. Micropatterning of planar metal electrodes by vacuum filling microfluidic channel geometries. Sci Rep, 2018, 8: 14380.

[24] Wang L, Liu J. Pressured liquid metal screen printing for rapid manufacture of high resolution electronic patterns. RSC Advances, 2015, 5: 57686 - 57691.

[25] Gozen B A, Tabatabai A, Ozdoganlar O B, *et al*. High-Density Soft-Matter Electronics with Micron-Scale Line Width. Advanced Materials, 2014, 26: 5211 - 5216.
[26] Jeong S H, Hagman A, Hjort K, *et al*. Liquid alloy printing of microfluidic stretchable electronics. Lab on a Chip, 2012, 12: 4657 - 4664.
[27] Tabatabai A, Fassler A, Usiak C, *et al*. Liquid-phase gallium-indium alloy electronics with microcontact printing. Langmuir, 2013, 29: 6194 - 6200.
[28] Wang R, Gui L, Zhang L, *et al*. Porous Membrane-Enabled Fast Liquid Metal Patterning in Thin Blind-Ended Microchannels. Advanced Materials Technologies, 2019, 4: 1900256.
[29] Deng Y G, Liu J. Corrosion development between liquid gallium and four typical metal substrates used in chip cooling device. Applied Physics A, 2009, 95: 907 - 915.
[30] Senel E, Walmsley J C, Diplas S, *et al*. Liquid metal embrittlement of aluminium by segregation of trace element gallium. Corrosion Science, 2014, 85: 167 - 173.
[31] Cui Y T, Ding Y J, Xu S, *et al*. Liquid Metal Corrosion Effects on Conventional Metallic Alloys Exposed to Eutectic Gallium-Indium Alloy Under Various Temperature States. International Journal of Thermophysics, 2018, 39(113): 1 - 14.
[32] Ladd C, So J H, Muth J, *et al*. 3D Printing of Free Standing Liquid Metal Microstructures. Advanced Materials, 2013, 25: 5081 - 5085.
[33] Liu S, Sun X, Hildreth O J, *et al*. Design and characterization of a single channel two-liquid capacitor and its application to hyperelastic strain sensing. Lab on a Chip, 2015, 15: 1376 - 1384.
[34] Jinsol, Je, Jungchul, *et al*. Design, Fabrication, and Characterization of Liquid Metal Microheaters. Journal of Microelectromechanical Systems, 2014, 23: 1156 - 1163.
[35] 高猛.基于液态金属的热学微流控系统的研究(博士学位论文).北京：中国科学院大学,2014.
[36] Yeo J C, Yu J, Koh Z M, *et al*. Wearable tactile sensor based on flexible microfluidics. Lab on a Chip, 2016, 16: 3244 - 3250.
[37] Baek S, Won D J, Kim J G, *et al*. Development and analysis of a capacitive touch sensor using a liquid metal droplet. Journal of Micromechanics and Microengineering, 2015, 25: 095015.
[38] Wong R D P, Posner J D, Santos V J. Flexible microfluidic normal force sensor skin for tactile feedback. Sensors & Actuators A Physical, 2012, 179: 62 - 69.
[39] Won D J, Baek S, Huh M, *et al*. Robust capacitive touch sensor using liquid metal droplets with large dynamic range. Sensors and Actuators A: Physical, 2015, 235: 151 - 157.
[40] Ali S, Maddipatla D, Narakathu B B, *et al*. Flexible Capacitive Pressure Sensor Based on PDMS Substrate and Ga-In Liquid Metal. IEEE Sensors Journal, 2019, 19: 97 - 104.
[41] Michaud H O, Lacour S P. Liquid electromigration in gallium-based biphasic thin

films. APL Materials，2019，7(3)：031504.
[42] Ma R，Guo C，Zhou Y，*et al*. Electromigration Induced Break-up Phenomena in Liquid Metal Printed Thin Films. Journal of Electronic Materials，2014，43：4255－4261.
[43] Zhang L，Zhang P，Wang R，*et al*. A Performance-Enhanced Liquid Metal-Based Microheater with Parallel Ventilating Side-Channels. Micromachines (Basel)，2020，11(2)：133.

第3章 液态金属微流体温度测量

3.1 引言

在微流体领域内温度的测量是一项必不可少的技术,往往关系着微流控芯片功能的成败。很多情况下都需要对微观温度进行测量,例如:众多生化过程需要严格的温度环境,如PCR、细胞培养等;众多流体(比如液态金属)的状态高度依赖温度环境;某些科学问题本身就是针对温度测量,如单细胞温度测量。因此,微观温度的测量从微流控芯片诞生开始就牵动着研究人员关注的神经。

微观温度测量的方法多种多样。根据感温元件是否集成在微流控芯片上,微流体测温技术可分为外部测温和内部测温两种方式。外部测温以热电偶、热电阻应用居多,热电偶、热电阻感温区域贴附于微流控芯片基底外侧壁面,测量芯片表面温度,属于外部接触式测温方式。近年来,随着测温技术的发展,布朗运动测温、红外测温、热敏荧光测温、热色液晶测温、核磁/拉曼光谱测温和激光界面测温等外部非接触测温方式在微流体测温方面得到了应用。而内部测温方式类似于微流体内部加热方式,采用固态金属薄膜[如惰性金属铂(Pt)等]作为热电阻微型温度传感器,测量微流体的温度。内部测温方式有利于感温单元在微流控芯片内的集成,测温精准,因此在微流体测温方面有广泛的应用和发展前景。

依据其测温原理及方式,微流体测温技术还可分为热电偶测温、热电阻测温、布朗运动测温、红外测温、热敏荧光测温、热色液晶测温、核磁/拉曼光谱测温、激光界面测温技术等,本章将依次介绍这些测温方式。

3.2 热电偶测温

热电偶测温是目前最常用的微流体测温技术之一,属于接触式测温方式。

根据热电偶尺寸及加工制作方式可分为热电偶丝测温和薄膜热电偶测温。

3.2.1　热电偶丝测温

这种测温方法通常将焊接好的热电偶丝温度探头贴附在微流控芯片基底外部或外部加热单元上，测量微流体外侧温度，并以此来表示微流体温度[1,2]。热电偶丝测温方法简单，测温设备操控方便，容易实现，可对微流体温度进行实时测量显示。由于热电偶丝测温为外部测温方法，且热电偶丝探头尺寸较大(外径为 400～1 000 μm)，难以精确反映微流体内部温度。因此，热电偶丝测温多用于监测微流控芯片外部加热单元的加热温度。

3.2.2　薄膜热电偶测温

薄膜热电偶是由两种热电材料通过沉积或溅射等工艺在芯片基底表面形成，两种材料薄膜的连接区域为薄膜热电偶的感温区域[3-5]。

如图 3.1 所示为 Kim 等人[3]提出的一种铜(Cu)-铜镍(CuNi)薄膜(膜厚 1 μm)热电偶。薄膜热电偶探头布置在微流道底部，与微流体直接接触，可精确测量测温点的温度。薄膜热电偶由于尺寸较小，集成在微流控芯片内部，可使芯片微型化。从图 3.1 可以看出，薄膜热电偶结点尺寸与微流道宽度相当，因此热电偶仅能测量热电偶温度探头与微流道交界处的平均温度。与热电偶丝温度探头的简单焊接工艺不同，这种薄膜热电偶中两种热电材料在探头位置处必须紧密结合，为此需要特殊沉积或溅射工艺对其进行处理。由于铜和镍化学活性较强，易氧化，在与腐蚀性微流体接触时，薄膜探头与微流体之间需要涂层保护膜。

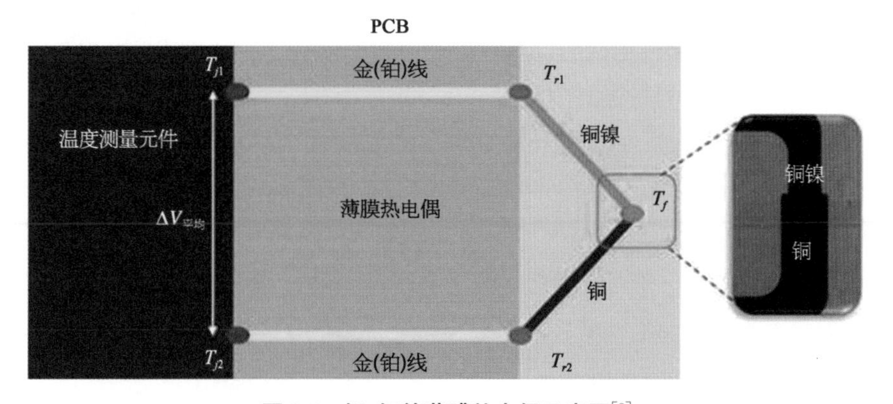

图 3.1　铜-铜镍薄膜热电偶示意图[3]

3.3 薄膜热电阻测温

热电阻测温也是目前最常用的微流体温度测量技术之一，属于接触式测温方式。热电阻可以布置在芯片外部或内部，也可以布置在微流道底部或微流道两侧；既可以与微流体直接接触，也可以与微流体不直接接触。

薄膜热电阻[惰性贵重金属金(Au)、铂]是热电阻微流体测温技术中最常用的一类热电阻[6-13]，采用沉积或溅射等制作工艺在芯片基底表面形成。这种金属薄膜还可以作为薄膜电阻加热器，为微流体加热。

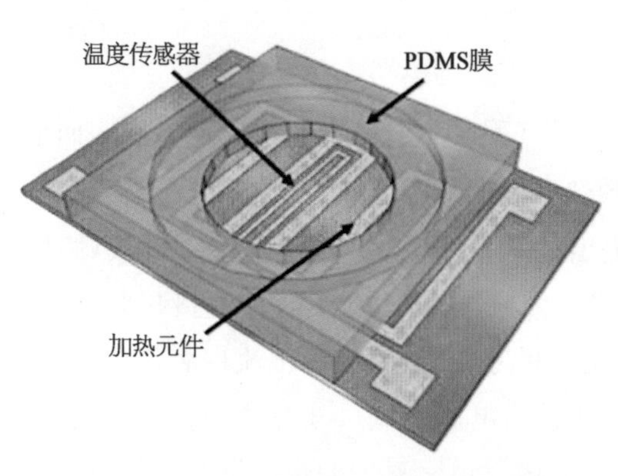

图 3.2　基于金薄膜热电阻和电阻微加热器的 PCR 微流控芯片示意图[9]

如图 3.2 所示为 Hilton 等人[9]提出的用于 PCR 微流控芯片的金薄膜热电阻和电阻微加热器(厚 200 nm)，热电阻和微加热器薄膜采用相同的光刻工艺同步设计、制作。热电阻与微流体直接接触，测温精度高，热响应快，且集成性好，适用于微小型微流控芯片的测温。这里薄膜热电阻所测得的温度是 PCR 反应腔内微流体的平均温度。即使是惰性金属金或铂薄膜热电阻，长期与微流体接触，也会发生微弱氧化、腐蚀等问题，其测温灵敏度就会有所下降。为避免这些问题，可在热电阻薄膜表面旋涂一种保护薄层，隔绝薄膜与微流体。如图 3.3 所示，El - Ali 等人[7]采用 5 μm 厚的 SU8 2005 保护层将铂薄膜(厚 200 nm)与 PCR 反应液隔开，SU8 2005 薄膜

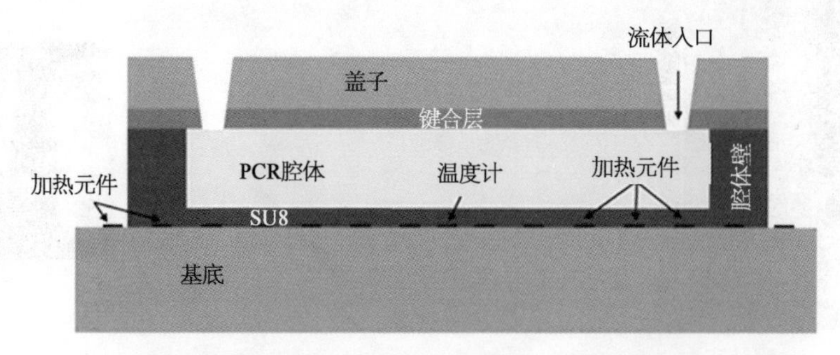

图 3.3　基于铂薄膜热电阻和电阻微加热器的 PCR 微流控芯片示意图[7]

采用旋涂工艺在铂薄膜表面形成。金属薄膜热电阻制作工艺与薄膜电阻微加热器基本相同，两者常同时应用于热学微流控制系统，控制微流体的温度。当然，薄膜热电阻也具有制作工艺复杂、成本高昂等问题。

3.4　布朗运动测温

布朗运动是指悬浮在液体中的微粒永不停息地做无规则运动的现象，布朗运动的强度与温度、微粒浓度有关，温度越高，微粒布朗运动越剧烈。因此，可以采用一定浓度的微粒对流体中的温度分布进行标示。

Chung 等人[14]提出一种基于荧光纳米颗粒布朗运动的三维微流体温度测量技术。荧光纳米颗粒为经羧酸盐修饰的聚苯乙烯球形颗粒(外径 0.25 μm)，均匀悬浮于去离子水中(质量/体积浓度 0.02%)，纳米颗粒布朗运动强度由颗粒的振荡频率来衡量，颗粒振荡运动轨迹由高分辨率荧光显微镜实时跟踪记录。该测温技术最大的特点是可实时测量显示微流体内部三维空间温度分布，空间分辨率可达 1 μm。目前这种布朗运动测温方法只能用于静止微流体温度的测量，加上测温设备价格特别昂贵，并没有得到广泛关注。

3.5　红外测温

红外测温是一种常用的非接触温度测量技术，在微流体测温方面多用于测量显示微流控芯片整体温度分布情况[15-17]。2011 年 Hetsroni 等人[16]提出了一种用于测量微流体(数十至数百微米尺度)温度分布的红外测温方法，测温空间分辨率为 10 μm，测温误差±1.5℃。这种微尺度红外测温方法需特制的微型红外探测器，探测器在与微流道匹配测温时需准确定位，并且每次测温时都要用热电偶或热电阻进行温度校准，测温成本高。

3.6　热敏荧光测温

荧光染料是一种在不同温度下可被激发出不同强度荧光的有机材料，如罗丹明(Rhodamine)B，当激发光强度及染料浓度恒定时，荧光强度会随温度的变化而变化。因此可以依据此特性，将荧光染料溶解在微流体中对流体的温度场进行测量显示[18]。热敏荧光测温是一种较容易实现的非接触测温技术，普通荧光显微镜即可实现，在微流体温度场的测量显示中有非常广泛的应用。该测温技术空间分辨率高，响应速度快，测量温度范围宽，如罗丹明 B 在 20～90℃温度范围都具有较灵敏的荧光强度变化[19,20]。

由于荧光强度与激发光强度、温度、染料浓度、微流道材料及结构有直接关系，因此在进行热敏荧光测温前，必须选择一个温度参考点进行荧光强度和温度之间的校正，这就使得热敏荧光测温可重复性较差，测量准确度不高。另外，热敏荧光染料分子(如罗丹明 B)容易吸附在 PDMS 微流道壁面，而且热敏荧光测温中常会发生荧光漂白现象，即荧光物质在激发光长期或高强度激发光激发下，其激发态分子容易被破坏，被激发出的荧光会随时间逐渐变弱甚至消失，造成测温精度下降甚至失效[21,22]。为避免荧光漂白现象，Glawdel 等人[23]提出一种经罗丹明 B 溶液浸泡的 PDMS 薄膜，将该薄膜封装在芯片基底底部，与被测微流体保持非接触，该荧光测温方法还可降低荧光染料分子在微流道壁面的吸附。Gui 等人[24]后来提出利用不同温度下荧光漂白的速率不同的现象，进行微观的温度测量，解决了荧光漂白对测温的影响。

3.7 热色液晶测温

热色液晶测温是一种基于液晶热色效应(thermochromic effect)的测温技术，在 PCR 等生化反应测温中有较多应用[25]。热色液晶[26,27]是一种具有螺旋结构的手性液晶物质，其螺距随温度改变而改变，由于螺距的改变，液晶就会呈现出特殊的颜色变化，并具有可逆性。也就是说，在不同温度下，液晶可反射不同波长的光，从而呈现出不同颜色，液晶颜色与其温度有一个对应关系。热色液晶通常以微胶囊的形式均匀混合在微流体内，因此可直接测量显示流道内流体的温度场，测量灵敏度高达 0.1℃。但其测温范围较窄，通常在 5～25℃。另外由于常用的液晶微胶囊尺寸都在几十微米范围，热色液晶测温难以应用于几十微米甚至更小的流道。

3.8 核磁、拉曼光谱测温

核磁、拉曼光谱测温均是非接触测温技术，适用于水基微流体的温度测量。

由于水中 1H 核的核磁共振信号频率与温度之间存在线性依赖关系，因此可采用核磁共振(NMR)监测水基微流体中水的质子共振频率变化来间接测量其温度的变化[28,29]。核磁光谱测温速度快、精度高,但核磁共振设备价格昂贵,体积庞大,测温操作十分烦琐。由于核磁探头较大(1～2 mm),核磁光谱测温空间分辨率非常低,其测得的温度是探头感应区域的平均温度。

类似于核磁光谱测温原理,还可以依据水的拉曼温度变化特性对水基微流体进行拉曼光谱测温[30,32]。拉曼光谱测温灵敏度较高(±0.1℃),空间分辨率也比较高(5 μm),但测温速度较慢,而且拉曼设备价格昂贵,测温操作非常复杂。

3.9　激光界面测温

激光界面测温[33]是一种非接触测温方法,仅可用于透明芯片的温度测量。其测温原理是:当温度发生变化时,激光在固-液界面处的折射率和反射光强度会随之发生变化,并呈现特定变化规律。激光界面测温可实现实时、快速的芯片微流道固-液界面处温度测量,测温空间分辨率为 10～20 μm,是一种很好的测量微流道固-液界面处温度的方法。由于激光强度较小,测温过程中微流体和芯片几乎不受任何影响。激光界面测温由于需要激光发射及折射光接收设备,价格昂贵、操作烦琐,目前在微流体加热方面无法得到推广应用。

3.10　超声波测温

超声波除具有加热功能外,还可用于温度测量,其测温原理是:基于超声波在液体中传播的速度随温度的上升而增加的现象。Yaralioglu[34]在采用超声波加热微流体的同时,对超声波测温也进行了研究,其测温分辨率可达 0.1℃。这种超声波测温方法仅能测量超声波通过的微流体区域的平均温度,相比微型热电偶,超声波测温误差要大得多(±1℃)。

从上述微流体测温方法中可以得出,内置微型热电阻测温是一种结构简单、集成度高、操控方便的温度微传感器,也将是实现集成型温度微传感器的理想选择。这类温度微传感器能够对定点或微小区域微流体直接测温,具有测温复现性好、稳定性好等特点,但是这类温度微传感器制作工艺往往非常复杂、成本也比较高。因此,探索开发易制作、低成本的集成型热电阻是当前微型温度传感器发展所面临的主要挑战。

3.11 液态金属微流体测温技术

3.11.1 液态金属热电阻温度传感器

3.11.1.1 液态金属热电阻温度传感器的结构与工作原理

图 3.4 所示为用于感知测量热学微流控芯片微腔内流体温度的液态金属热电阻温度传感器示意图，液态金属热电阻（thermal sensor）通过微注射制作方式集成并嵌入在 PDMS/玻璃板微流控芯片中。如图 3.4 所示的热学微系统芯片中，液态金属热电阻还具有为热学微腔内微流体加热的功能（热电阻即电阻微加热器）。

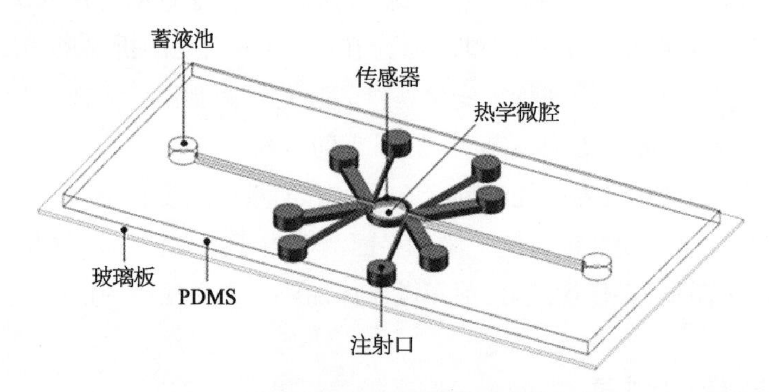

图 3.4 液态金属热电阻温度传感器示意图

从图中可以看出，PDMS/玻璃板微流控芯片 PDMS 层中间具有一个圆形微腔，即热学微腔（thermal micro chamber），该微腔是可为热学微流控芯片提供恒定温度的热流体。热学微腔两端分别通过两段直流道与样本试剂加载进口（fluid inlet reservoir）和废液出口（fluid outlet reservoir）连接。两对相同的液态金属热电阻微流道（thermal sensor channel）在同一水平面上对称布置在热学微腔的两侧，并且与热学微腔微流道保持不直接接触，两者之间由 PDMS 微间隙隔开。液态金属热电阻测温原理是：当微腔内微流体的温度发生变化时，液态金属热电阻的电阻值会随之发生变化，故通过（间接）测量液态金属热电阻电阻值的变化，可得到微腔内微流体的温度变化。

液态金属在外部注射器的注射压力作用下，通过微流道注射口进入并充满 PDMS 微流道，形成热电阻液态微结构。靠近热学微腔的微小半圆弧状液态金属微结构是液态金属热电阻的感温区域，用于感知测量热学微腔内微流体的温度。在液态金属热电阻感温区域与液态金属注射口之间设计两对液态金属直流道，作为液态金属热电阻感温区域的引线，与芯片外部设备进行连接。较粗的液态金属直流道为加热电流加载引线，用于向液态金属热电阻感温区域提供加热电流信号；而较细的液态金属直流道为电压监测引线，用于监测液态金属热电阻感温区域的电压。

图3.5所示为液态金属热电阻温度传感器四线温度控制方法示意图。恒流电源设备通过一对液态金属粗引线（并联连接）向液态金属电阻微加热器提供恒定电流，加热热学微腔内的微流体。当通过液态金属微加热器的加热电流值恒定时，液态金属热电阻两端的电压值会随着电阻值的变化而变化。由于液态金属热电阻的电阻值随着温度的变化而变化，在微加热过程中液态金属热电阻两端的电压值也会随着加热温度的变化而变化。因此，在液态金属微加热电流值恒定的情况下，可通过测量液态金属热电阻两端的电压值（间接）得到微加热器的加热温度值。

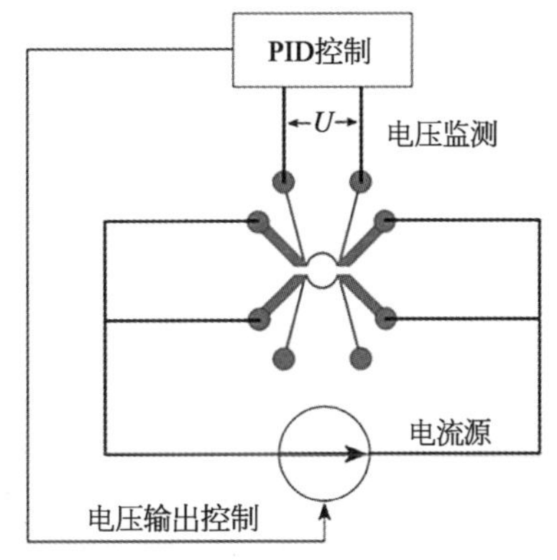

图3.5 液态金属热电阻温度传感器四线温度控制方法示意图

在温度控制方面，可通过微控制设备设定液态金属热电阻两端的电压上限值来控制加热电源设备的电流输出大小，从而使微加热器保持恒定的加热温度。图3.5所示为PID温度控制器对液态金属微加热器（热电阻）进行加热和温度控制的原理示意图，PID控制过程及操作步骤大致如下：

① 确定并在恒流电源上设定微加热器的加热电流大小。本章以数值模拟方式确定稳态加热条件下获得最大加热温度时所需最小加热电流值。

② 确定在①加热电流条件下热电阻目标温度值所对应的电压值（即电压上限值），并在PID温度控制器上设定此电压值。

③ 经过一定时间，液态金属电阻微加热器就可得到恒定的目标加热温度。

3.11.1.2 液态金属热电阻温度传感器的特点及优势

相比铂、金等薄膜热电阻，液态金属热电阻温度传感器在热学微流控芯片温度感知测量及反馈控制应用方面具有以下几方面特点及优势。

① 液态金属合金原材料价格便宜,容易获得,配制方法简单。

② 制作和封装工艺操作方便,易于实现,成本低廉。

③ 液态金属热电阻微流道与微流体由 PDMS 薄膜间隙天然隔开,热电阻微结构可有效避免微流体的腐蚀等问题。

④ 外部金属引线直接浸没于液态金属,金属引线和液态金属之间的接触电阻和接触热阻非常小,热电阻性能稳定。

⑤ 通过微量调控液态金属中的镓氧化物含量,容易获得不同电阻率变化范围的液态金属合金材料。

3.11.1.3 液态金属电阻率温度依赖性的实验测量

电阻率是热电阻材料的重要物性参数,其温度依赖性是衡量热电阻测温性能的重要参考和依据。性能优异的热电阻通常要求原材料具有较高的电阻率,而且其电阻率随温度的变化具有非常好的线性依赖关系,以使热电阻在测温过程中容易通过简单的线性差值方法获得准确的温度值。

通过微量氧化方法调控镓基液态金属中的镓氧化物含量,并采用四线探针法对镓基液态金属的电阻率进行测量,一方面考察镓氧化物含量对镓基液态金属电阻率的影响,另一方面为液态金属热电阻的温度校正提供数据参考。

3.11.1.4 液态金属的微量氧化实验

相比惰性金属铂,液态金属镓的化学性质较为活泼,在空气中容易氧化形成镓氧化物即氧化镓(Ga_2O_3),并且氧化程度会随着空气温度和湿度的增加而加剧。镓氧化物的存在会使镓基合金液态金属的电阻率发生明显变化,而且液态金属电阻率随着镓氧化物含量的增加而增加。因此,可通过在液态金属中添加镓氧化物来调控镓基液态金属的电阻率,以获得适于热电阻应用的镓基液态金属材料。镓氧化物同样会使液态金属的黏附性增强,适宜的黏附作用可有助于液态金属在微流道内的注射成形以及液态微结构保持稳定。但若镓氧化物含量过多,就会使液态金属变得黏稠,无法通过注射方式在微流道内成形,为此需要适量控制镓氧化物在液态金属中的含量。值得一提的是,电阻率高的液态金属合金容易使液态金属电阻微加热器在较小的加热电流条件下就可产生适宜的电流焦耳热。另外,高电阻率液态金属还可使液态金属热电阻在较小长度的微流道内获得适宜的电阻值,较小长度的液态金属热电阻温度均匀性更好,同时还有助于热学微流控芯片的微型化和集成。

通过微量氧化方法，使液态金属合金中的镓发生微量氧化产生适量镓氧化物，从而提高液态金属电阻率。这里选择三元镓基合金液态金属镓铟锡($GaIn_{20.5}Sn_{13.5}$)作为热电阻材料。镓铟锡在配制完成后储存密封在干净的塑料罐内，由于镓的氧化作用，镓铟锡与空气接触面处会形成一层极薄的镓氧化物薄膜，这层镓氧化物薄膜密实不透气，可有效阻止液态金属内部的镓与空气接触而发生氧化反应，从而起到保护液态金属内部镓的作用。

为使镓铟锡合金中的镓能够均匀氧化，实验中采用磁力搅拌的操作方式进行镓微量氧化实验。实验中，保持室温为25℃，空气相对湿度为75%～80%。实验操作步骤大致如下：

① 用一次性注射器从液态金属合金存储塑料罐内部抽取40 g干净的镓铟锡，将其注入40 mL玻璃烧杯内。

② 选取大小适中的磁力转子，用于搅拌玻璃烧杯中的液态金属合金。磁力转子长度约为玻璃烧杯内径的3/4，并恰好浸没在液态金属中。

③ 测量并记录玻璃烧杯内的液态金属合金净重。

④ 将玻璃烧杯平放在磁力搅拌器托盘上进行磁力搅拌，搅拌转速设定为600 r/min。在磁力搅拌下，液态金属合金中镓能够与周围的空气均匀混合，发生氧化反应生成氧化镓。磁力搅拌时间分别设定为1、3、5、7、10、12、15、20、22、25、27 min。

⑤ 精确测量搅拌后玻璃烧杯中液态金属的净重，从而计算确定氧化镓含量，即氧化镓在液态金属中的质量分数。

经过微量氧化处理的镓铟锡合金储存在塑料罐内，并在塑料罐上标记氧化镓含量、配制时间及温湿度条件，以备后用。

图3.6所示为镓铟锡合金中氧化镓含量(质量分数)随磁力搅拌时间的变化曲线。从图中可见，氧化镓含量随着磁力搅拌时间的增加而逐渐增加，当搅拌时间≤5 min时，氧化镓含量随磁力搅拌时间的增加速率比较快；而当搅拌时间>5 min时，氧化镓含量随磁力搅拌时间的增加速率比较缓慢。特别是当磁力搅拌时间≥12 min时，可以清楚地看到镓铟锡合金已经变得比较黏稠，流动性变差，已无法采用注射方式在微流道内灌注成形。而搅拌时间<12 min时的镓铟锡合金在微流道内则非常容易注射灌注成形。

为考察镓铟锡合金在PDMS微流道内的注射灌注微成形效果，选择磁力搅拌时间分别为1、3、5、7、10 min的镓铟锡合金进行注射灌注试验，液态金属通过手动操控注射器由液态金属电压引线微流道(实验芯片参考图3.9，图中

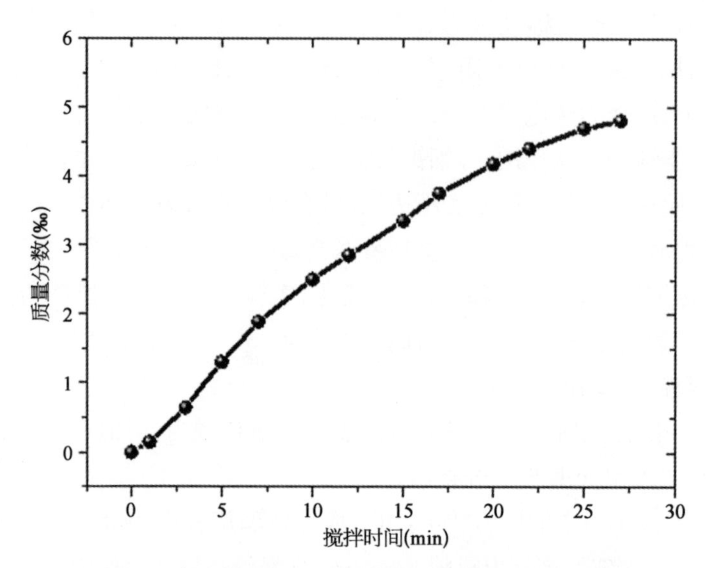

图 3.6 镓铟锡中氧化镓含量随搅拌时间的变化曲线

所示较细流道为注射流道)注射口灌入微流道。灌注试验结果表明,搅拌时间<12 min 的镓铟锡合金在注射过程中均非常容易充满整个微流道,并能在微流道内形成结构稳定的液态金属热电阻。液态金属热电阻微结构在热学微腔内有样本试剂高速流过时也不会发生挤压损坏现象。

3.11.1.5 液态金属电阻率的测量方法及实验装置

采用四线探针方法对镓铟锡合金的电阻率进行测量实验,测量温度范围为 25~100℃。如图 3.7 所示,电阻率测量仪器为 Agilent 34420A 纳伏/微欧表。液态金属通过注射方式灌注封装在 40 cm 长的硅胶管(内径 2 mm)内,硅胶管两端由铜质圆柱体封堵,这两个封堵口用铜质圆柱体同时还作为电流引线。另外,在铜质圆柱体引线与液态金属接触面处插入两根细铜丝作为电压引线。在液态金属电阻率测量过程中,恒定温度环境由真空干燥箱提供。为确保测量系统热平衡,获得精确测量精度,需将灌有液态金属的硅胶管平放在真空干燥箱内水平铝板托盘上,并至少保持 2 h 的热稳定平衡时间。

本章所有涉及精确测量液态金属电阻率和液态金属微流控元器件电阻值的研究均采用这种四线探针方法。

由于纳伏/微欧表仅能测量得到硅胶管内圆柱体状液态金属的电阻值,要获得液态金属的电阻率值,还需经过电阻率计算公式 $\rho=R\cdot A/L$ 间接计算得

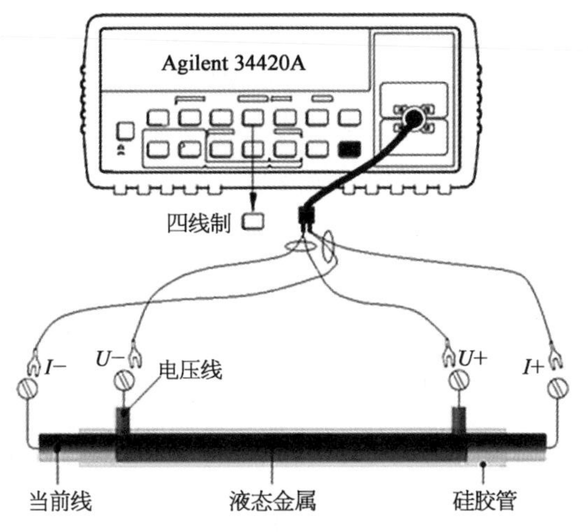

图 3.7　液态金属电阻率四线探针法测量实验装置示意图

到，式中 R 为测得的电阻值，A 为硅胶管内截面积，L 为硅胶管内圆柱体状液态金属的有效长度。由于硅胶管内截面积较大，液态金属因温升引起的热膨胀对电阻测量结果影响较小，可忽略不计。

3.11.1.6　液态金属电阻率的实验测量结果

图 3.8 所示为含不同质量分数镓氧化物的镓铟锡合金电阻率随温度的变化曲线，实验中选择 4 种镓氧化物含量(0，0.08%，0.15%，0.25%)的镓铟锡

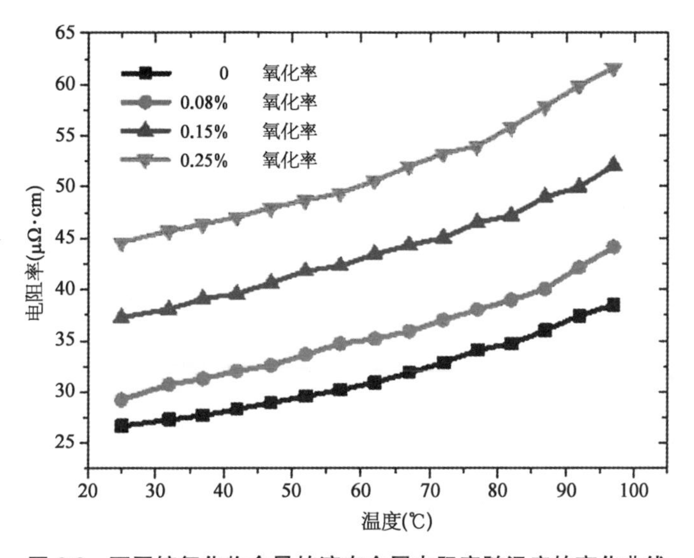

图 3.8　不同镓氧化物含量的液态金属电阻率随温度的变化曲线

合金作为测量对象，测量温度范围为 25～100℃。

由图 3.8 可以看出，在 25～100℃测量温度范围内，4 种液态金属电阻率都随着温度的增加几乎呈线性增加的趋势，这非常有利于通过简单的线性差值方法获得液态金属热电阻所测得的温度值。在 25℃条件下，0.25%镓氧化物就可使液态金属合金电阻率从 26.7 μΩ・cm 提高到 44.6 μΩ・cm。由此可见，通过液态金属合金内部镓的微量氧化作用可有效提高液态金属的电阻率，重要的是微量氧化操作方法简单。本章选择含 0.25%镓氧化物（磁力搅拌时间为 10 min）的液态金属合金作为热电阻材料。

3.11.1.7 液态金属热电阻温度控制方法的实验测试

PDMS/玻璃微流控芯片采用标准的软刻蚀工艺制作。采用 SU8 2050（MicroChem）光刻胶在四寸单抛硅片表面上制作 50 μm 高的液态金属热电阻微流道和热学微腔微流道倒模图形（凸图形），并通过倒模过程将硅片表面微流道图形（凸图形）倒印在 PDMS 上（凹图形）。PDMS（Dow Corning）由基液和固化剂以 10∶1 的质量比均匀混合而成，干燥烘烤时间为 2 h，以使其完全固化。采用打孔器在 PDMS 微流道进出口（液态金属微流道注射口及热学微腔进出口）处打孔，作为微流道封装后与外部流体泵送设备的连接口。PDMS 微流道采用等离子键合方式与载玻片用玻璃进行永久性封装，形成 PDMS/玻璃微流控芯片。

PDMS/玻璃微流控芯片中，PDMS 层尺寸为：长度 4 cm、宽度 2.5 cm、厚度 3 mm，封装玻璃尺寸为：长度 7.6 cm、宽度 2.5 cm、厚度 1 mm。热学微腔内半径尺寸为：500 μm，热学微腔两端通过两段宽 100 μm、长 1 cm 的直流体微流道与进、出口储液池相连。液态金属感温区域半圆弧状微流道宽度为 100 μm，液态金属电流引线微流道宽 500 μm、长 1 cm，液态金属电压引线微流道宽 100 μm、长 1 cm。液态金属微流道和微腔微流道高度尺寸均为 50 μm。液态金属感温区域半圆弧状微流道与热学微腔之间的 PDMS 薄膜间隙尺寸为 100 μm。

为减小 PDMS 热膨胀对液态金属微结构的挤压影响，对键合封装完成的 PDMS/玻璃微流控芯片进行热处理，以使 PDMS 微流道在温升过程中热膨胀形变程度降低。

PDMS 微流道热处理过程大致如下：

① 将 PDMS/玻璃微流控芯片水平放入处于室温状态下（25℃）的真空干

燥箱内，芯片封装玻璃底部贴附于干燥箱内水平铝板托盘上。

② 将真空干燥箱加热温度设定为 250℃。

③ 当箱内温度升至 250℃时，保持 250℃恒温状态，分别将微流控芯片加热烘烤 2 h 和 4 h。

④ 加热烘烤完毕后，将微流控芯片从真空干燥箱内取出并放在室温环境下冷却，使其温度缓慢降至室温。

PDMS 微流道热处理完成后，通过注射方法在 PDMS 微流道内注射灌注充满镓铟锡合金，制作液态金属热电阻微结构。图 3.9 所示为集成有液态金属热电阻温度传感器的 PDMS/玻璃微流控芯片实物图，镓铟锡合金通过注射器由注射口在微流道内灌注成形，注射器的注射压力可由微量注射泵提供，也可由手动操控产生。液态金属灌注入口选择液态金属电压引线注射口(较细流道)，以使液态金属能够在注射压力作用下容易充满较细流道(电压引线流道和热电阻感温区域流道)。

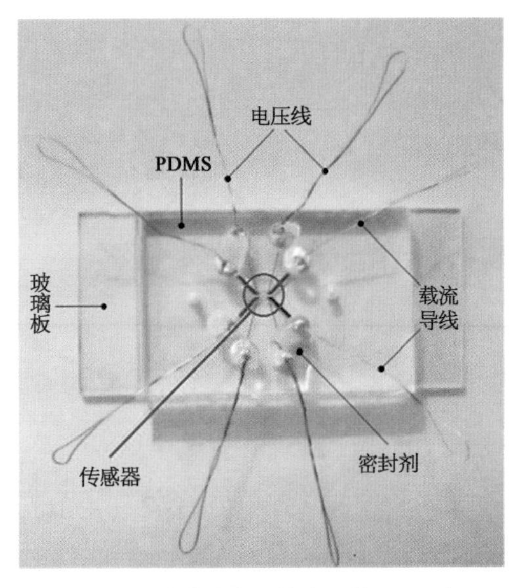

图 3.9　集成液态金属热电阻的 PDMS/玻璃微流控芯片实物图

两股铜质导线(外径 150 μm)同时插入液态金属微流道灌注口作为液态金属热电阻的外部引线，与芯片外部的电源设备、控制设备连接。采用数字万用表(欧姆档)测量已插入液态金属灌注口的铜质引线之间的电阻值，以检测液态金属热电阻内部以及铜引线与液态金属微流道之间是否导通。若导通良好，采用 705 透明绝缘硅胶，将铜质导线与液态金属接触部分快速封装密封，封胶过程中 705 胶要确保将灌注口处裸露在外的液态金属完全覆盖密封。

图 3.10 所示为不同热处理时间条件下(0、2 h、4 h)液态金属热电阻电阻值随温度(25～100℃)的变化情况，电阻测量方法同上，恒温环境由真空干燥箱提供。经过热处理后，PDMS 微流道横截面尺寸因热膨胀作用会略微减小，液态金属热电阻的电阻值会稍微增加。由图 3.10 可知，在 25～100℃温度范围内，液态金属热电阻的电阻值会随着温度的上升而逐渐增加。对于未经过

250℃热处理的 PDMS 芯片，液态金属热电阻的电阻值随着温度的增加而快速增加，并且在温度接近于 80℃时，电阻值突变为无穷大。芯片从 80℃降至室温后可观察到液态金属热电阻微结构已损坏，如图 3.11 所示，此时的液态热电阻微结构已无法靠液态金属的流动性自动复原。而对于经过热处理的 PDMS 芯片，液态金属热电阻电阻值随着温度的增加而变化平缓，并且在温度≤90℃范围内几乎呈线性变化趋势。

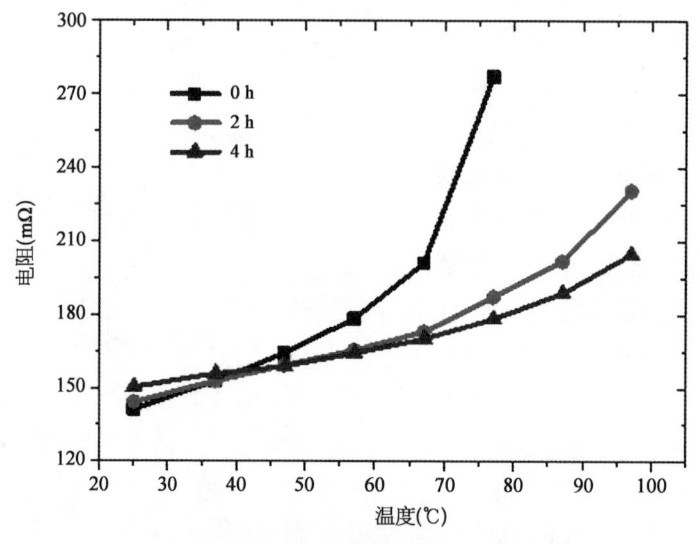

图 3.10　不同热处理时间条件下液态金属热电阻电阻值随温度的变化曲线

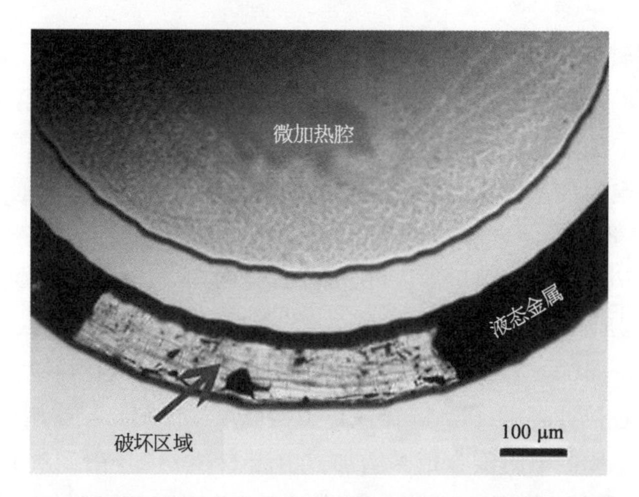

图 3.11　未经热处理的液态金属热电阻微结构在 80℃时的损坏情况

虽然随着热处理时间的增加，液态金属热电阻的电阻值随温度变化的线性度更好，但 PDMS 芯片基体会随之变硬、变脆，机械强度变差。为保持实验过程中 PDMS 微流控芯片具有良好的柔性和机械强度，本章选择热处理时间为 2 h 的 PDMS 芯片作为液态金属热电阻用微流控芯片。

在液态金属热电阻工作状态下，微腔内的微流体因流动会对微腔壁面产生静压力作用，挤压 PDMS 薄膜间隙，进而挤压液态金属微流道。这种挤压作用可能会使液态金属热电阻微结构发生形变，可能导致液态金属热电阻电阻值偏离原校正值，为此需要通过实验考察微腔内微流体流动对液态金属热电阻微结构电阻值的影响。微腔静压形变通过外部微量注射泵向芯片 PDMS 微腔内注射去离子水来获得，注射流速为 0～500 μm/s，实验环境温度为 25℃。

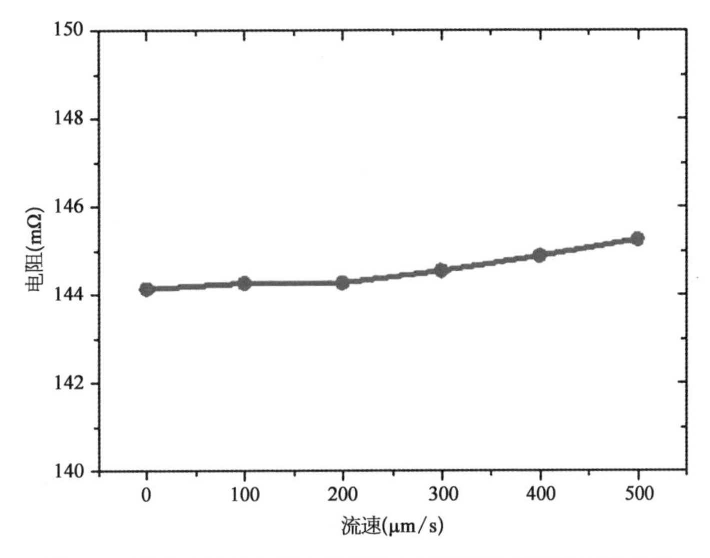

图 3.12　液态金属热电阻电阻值随注射微流体流速的变化曲线

从图 3.12 可以看出，液态金属热电阻电阻值随着注射流速几乎未发生明显的变化，仅当注射流速＞300 μm/s 时才会略微升高。通常情况下，微流控芯片中生物微流体在微流道内的流动速度＜100 μm/s，因此本章所设计液态金属微结构可应用于常规生物微流体分析芯片。分析液态金属热电阻能够保持结构稳定而不易损坏的原因可能有两个：

① 经过 250℃热处理的 PDMS 在机械强度方面确有很大的提高，PDMS 薄膜间隙尺寸虽小，但足以承受微腔内微流体流动引起的挤压作用而不产生明显的形变。

② 氧化镓对液态金属热电阻在微流道内保持结构稳定起到了积极作用，液态金属合金中的氧化镓不仅能很好地黏附于微流道壁面，而且能对热电阻主体微结构起到很好的支撑作用。

为使液态金属热电阻能够获得精确的温度控制效果，要对热学微腔两侧对称的液态金属热电阻进行电阻值的校正。如图 3.13 所示为热学微腔两侧液态金属热电阻电阻值的测量结果，电阻测量方法为四线探针法，温度范围为 25～100℃。由于具有相同结构及尺寸，两个液态金属热电阻的电阻值也几乎相同，并且在温度≤90℃范围内具有非常好的线性度变化趋势。电阻-温度变化线性度较好的热电阻在测温应用中，可以根据校准实验中确定的电阻值，采用简单的线性差值方法来获得所测得电阻值对应的准确温度值，或根据电阻值线性拟合曲线确定相应的温度值。由于热学微腔两侧液态金属热电阻电阻值几乎相同，在两个液态金属热电阻并联接入恒流电源设备时，热学微腔可获得均匀的加热温度。

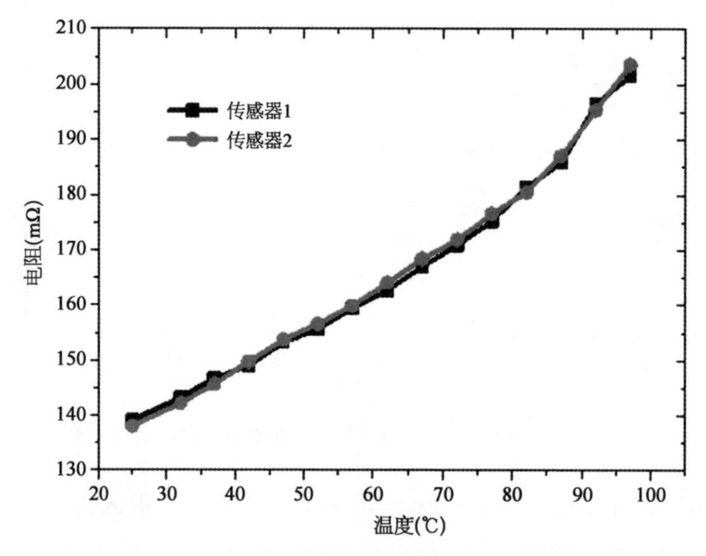

图 3.13　热学微系统芯片液态金属热电阻电阻值的校准曲线

当热学微腔两侧液态金属热电阻并联接入恒流电源设备为微腔加热时，可通过监测其中一个热电阻两端的电压值(热稳态条件下)来确定热电阻的电阻值，进而根据图 3.10 所示的曲线确定热电阻的温度值。图 3.14 所示为热电阻温度值随其两端电压值的变化曲线，热电阻中加载的最大加热电流大小为 600 mA，芯片与周围空气通过自然对流方式换热(空气温度为 25℃)。要使热电阻加热器获得某一目标温度，仅需在 PID 温度控制器上设定该目标温度在图 3.14 所示曲线中对应的电压值即可。

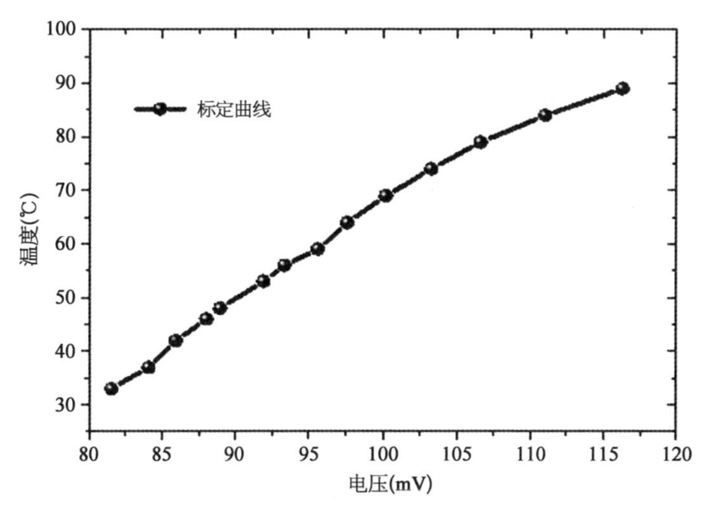

图 3.14　热学微系统芯片液态金属热电阻温度值与电压值的标定曲线

液态金属热电阻控制热学微腔加热温度的具体实施方法参见图 3.5 所示的原理示意图，其具体操作步骤大致如下：

① 确定一个适宜的加热电流，通过数值模拟方法预估。本章所提出的液态金属热电阻加热电流最大值设定为 600 mA，略高于 90℃热稳态条件对应的加热电流值，芯片周围空气温度设定为 25℃。

② 热学微腔两侧的液态金属热电阻并联连接，并由直流电源(DH1720A，最小设定值为 15 mA)提供 1.2 A 的最大加热电流，为热学微腔内的微流体提供加热热源。

③ 液态金属热电阻两端电压引线接入 PID 温度控制器(XM708，最小设定值为 0.01 mV)的电压输入接口。

④ 在 PID 温度控制器上设定热电阻目标温度所对应的电压值。

例如，要使热电阻(微加热器)获得 37℃的目标温度，仅需在 PID 控制器上设定好 84.5 mV(由拟合曲线得到，目标温度为 37℃)即可。在 PID 控制下，600 mA 的加热电流可使热电阻在大约 10 s 的时间内从 25℃升至 37℃，并能在大约 5 min 后使热电阻的温度保持为 37℃几乎不变。

对于目标温度不太高的温控情况，可将最大加热电流值设定为略高于目标温度所对应的热稳态加热电流，以使热系统更快地达到目标加热温度。

3.11.1.8 液态金属热电阻温度控制性能的可靠性评估

以下通过数值模拟方法和热敏荧光测温方法，对液态金属热电阻控温下的微腔内微流体的温度分布进行数值模拟和实验测量，以评估液态金属热电阻控温系统的控温性能。

微腔内微流体温度分布由 Multiphysics COMSOL 3.5 来模拟仿真，热学微流控芯片的稳态传热模型及计算方法与第 2 章所述液态金属微加热芯片基本相同，本章不再予以详述。热学微流控芯片微腔内充满去离子水作为工作介质，传热模型的热边界条件如下所示：

① 芯片周围空气温度为 25℃。

② 液态金属热电阻微结构平均温度分别设定为 37℃、50℃、60℃、70℃、80℃，模拟中通过调控加热电流的大小来实现目标温度。

③ 芯片各表面为自然对流换热边界，对流换热系数为 $h_j = Nu\,\lambda_{air}/l_j$。

其中 Nu 为努谢尔特数(Nusselt number)；j=1、2、3、4、5、6 分别表示微流控芯片的 6 个表面；λ_{air} 为空气热导率；l_j 为微流控芯片特征尺度(微流控芯片厚度)。Nu 可由式 $Nu = 0.62\,(GrPr)^{0.25}$ 确定，其中 Pr 空气普朗特数；$Gr = g\beta\Delta T\,l_i^3/\upsilon_{air}^2$，为格拉晓夫数(Grashof number)，$g$ 为重力加速度，β 为空气热膨胀系数(无限大空间设为 1)，ΔT 为芯片壁面与空气之间的平均温差，υ_{air} 为空气运动黏度。

图 3.15 所示为热学微流控芯片 PDMS 微流道中平面温度分布情况，液态金属热电阻微结构平均温度设定为 37℃。可以看出，热学微腔两侧对称布置的半圆弧状液态金属微加热器可为热学微腔内微流体提供非常均匀的加热温度，热学微腔内微流体的温度在 36.87～37.26℃ 范围内。由于液态金属具有较高的热导率和热扩散能力，液态金属微加热器内部的温度分布会更加均匀，最大温差不超过 0.34℃。另外，从图 3.16 所示可以看出，在 37～80℃ 温度范围内，液态金属微加热器平均温度几乎与热学微腔内微流体的平均温度相同，两者温度差值随着设定温度值的增加而增加，最大差值不超过 0.8℃。微加热器平均温度略高于热学微腔内的微流体是由 PDMS 微流控的热耗散引起的，而且设定温度值越高，芯片热耗散越多，两者温度差值越大。也就是说，用液态金属微加热器(热电阻)的温度值去间接表示热学微腔内微流体的温度，从数值分析角度看是非常可靠的，故温度分布均匀的液态金属微加热器(热电阻)可用于感知测量微腔内微流体的平均温度。

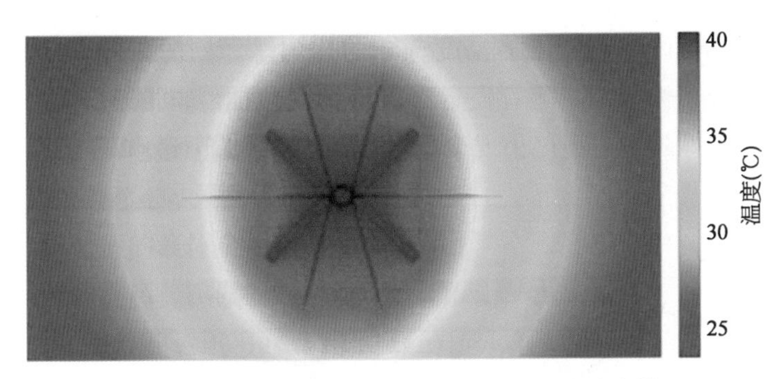

图 3.15 热学微系统芯片微流道中平面温度分布情况

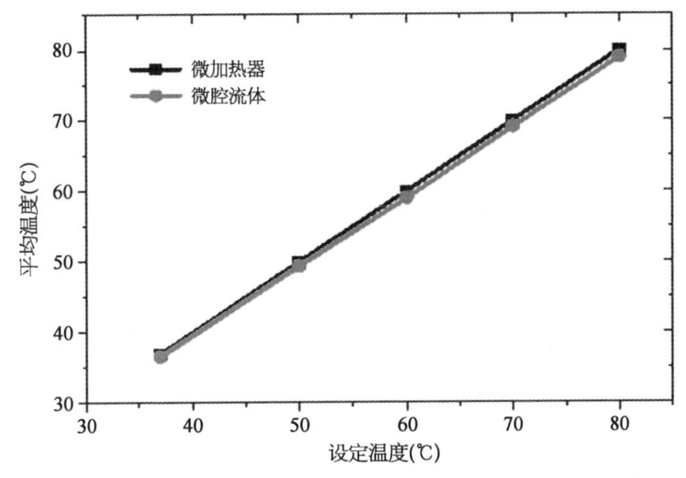

图 3.16 液态金属微加热器平均温度与热学微腔内微流体平均温度的对比情况

为考察液态金属热电阻温度控制下的微腔内微流体温度分布情况，即温度均匀性情况，采用热敏荧光染料罗丹明 B 对微腔内微流体的温度进行荧光测量。罗丹明 B 以 0.1 mmol/L 的浓度均匀混合在去离子水中，并通过注射器注入 PDMS 热学微腔内。罗丹明 B 荧光光谱(激发光为 546 nm)由荧光显微镜(Axio Observer，Carl Zeiss)采集、处理，测得的荧光强度以 22℃的荧光强度为基准进行无量纲化，并与文献[30]实验数据进行对比。

从图 3.17 可以看出，实验中采用罗丹明 B 荧光染料测得的平均温度值变化趋势比较接近文献[30]实验结果，两者最大测温相对误差为 21.03%(8.2℃)，这一误差在热敏荧光指示微流体温度应用中是可以接受的。荧光测温易受系统周围温度、芯片微流道结构、荧光散射折射、激发光的不均匀性等因素影响，从而造成两者测温具有较大误差。尽管如此，荧光测温方法依然可以用于评估热学微腔内微流体温度分布的均匀性。如图 3.18 所示为 PDMS 微腔内温度分布标准偏差随着设定温度值的变化曲线，即热学微腔内微流体温度分布均匀性随设定温度值的变化情况，设定温度范围为 25～70℃。

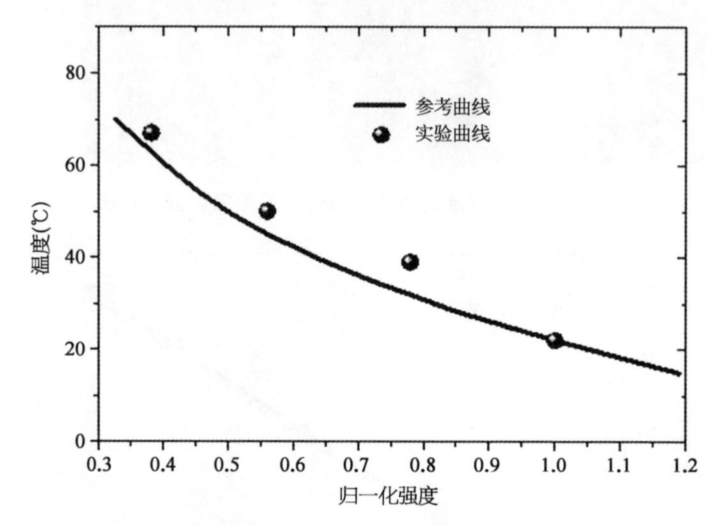

图 3.17 热学微系统芯片 PDMS 微腔内微流体热敏荧光温度测量结果与文献[30]对比情况

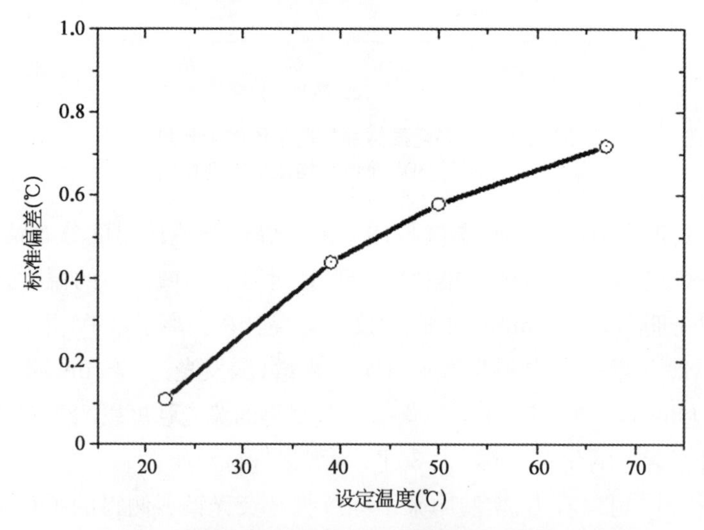

图 3.18 热学微系统芯片 PDMS 微腔内温度分布标准偏差随着设定温度值的变化曲线

从图 3.18 可以看出，微腔内温度分布标准偏差随着设定温度值的增加而增加，最大标准偏差为 0.72℃(设定温度为 67℃)，这与图 3.16 所示数值结果基本一致。由于热学微腔内微流体温度分布偏差最大不超过0.8℃，可以认为在液态金属热电阻控温作用下，液态金属微加热器可以为热学微腔内微流体提供均匀的加热温度。

3.11.2　液态金属热电偶温度传感器

由于具有体积小、测量精度高、测量范围广、热响应快等突出优点，热电偶成为宏观领域应用最广泛的温度传感器，在工业、科研、农业等领域都有广泛应用。随着人类对微纳领域的不断探索，常规尺寸的热电偶受到很大挑战。前面已经提到金属薄膜热电偶微型温度传感器不仅具有常规热电偶的优点，还具有微纳米尺度测温的能力，但是复杂的制作工艺和昂贵的设备严重制约着它的发展。近些年，研究人员已经开始研究使用液态金属制作热电偶的方法，如Dorozhkin等人[35]将纯镓填充到碳纳米管中可以观察到接触电阻和温度的关系；Sumanth等人[36]将汞灌注到微流道内，并利用汞随温度增加发生膨胀的性质进行测温。另外，李海燕等人[37]利用液态金属直写电子技术，采用液态金属墨水直接绘制热电偶，具有操作简单、接触电阻和接触热阻小、无须焊接等优点。但也存在诸多不足，如液态金属暴露在空气中易被氧化，影响热电偶的精度，以下介绍通过液态金属灌注到PDMS微流道制作热电偶的测温技术。

3.11.2.1　液态金属热电偶微型温度传感器设计

因为需要将液态金属灌注到微流道中，图3.19展示了液态金属热电偶微型温度传感器结构示意图。

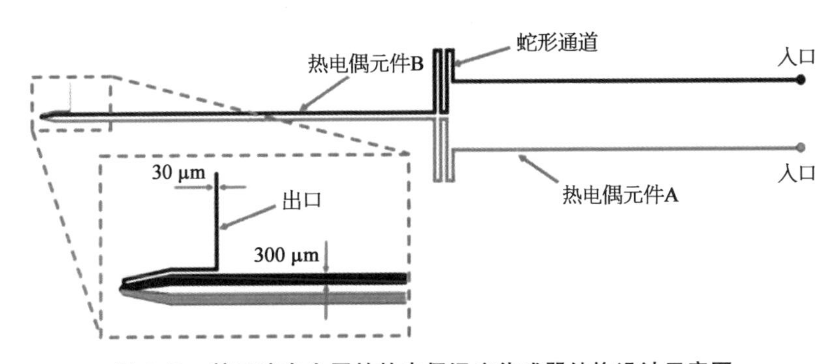

图3.19　基于液态金属的热电偶温度传感器结构设计示意图

因为是非标准热电偶，在使用之前需要进行温度校正，温度校正需要冷端补偿。为了防止热端与冷端之间温度的影响，我们将热电偶设计得较长，有效长度达到 8 cm 左右。图中部分蛇形流道是为了防止注射液态金属时过快，导致灌注失败。在灌注液态金属时需要两种材料分别同时从两个入口灌注，并控制两者的速度，使两种液态金属同时达到出口点交汇，形成无须焊接的热电偶。

3.11.2.2 液态金属热电偶材料的选择

由于具有常温流动性、易于灌注到微流道内，而且熔点低、沸点高等特点，镓及镓基液态金属被选择作为热电偶制作材料。分别选择镓-镓铟（Ga - $GaIn_{24.5}$），镓-镓铟锡（Ga - $GaIn_{21.5}Sn_{10}$）和镓铟-镓铟锡（$GaIn_{24.5}$ - $GaIn_{21.5}Sn_{10}$）三对配对热电偶进行热电偶的实验。

3.11.2.3 液态金属热电偶校正

图 3.20 是液态金属热电偶的温度校正实验的装置原理图。根据热电偶的中间导体定律，当热电偶回路中接入中间导体时，只要中间导体两端温度相同，中间导体的引入对热电偶回路总电势没有影响。就是说只要保持热电偶冷端温度 T_c，连接导线尾端温度 T_v，两连接导线间的电压就是热电偶的热电势 E_{AB}。实验中，使用精确控温加热板作为热端 T_h，加热板温度调节范围为 0～210℃，这里只测量 25～100℃范围热电势随温度的变化。冰水混合物作为热电偶冷端 T_c，热电偶冷端通过铜导线接到采仪测量热电势，数采仪处于室温下 T_v，这样就可以保证中间导体（连接导线）两端温度相同。

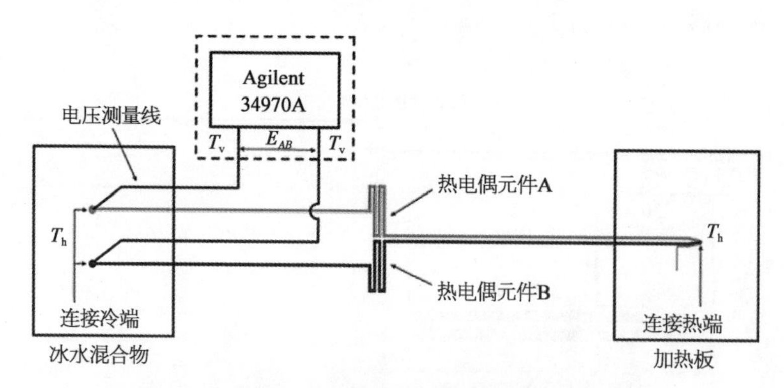

图 3.20 镓基液态金属热电偶校正实验装置原理图

图 3.21 为液态金属热电偶实物图，热电偶分为两层，上层为流道层，下层为 PDMS 薄膜。PDMS 薄膜厚度只有 200 μm，实验将热电偶直接放到加热板

上，可以近似认为热电偶热端温度等于加热板温度。如图 3.22 为实验测得的 3 种热电偶热电势随温度变化的曲线图，从图中可以看出，3 种热电偶的热电势与温度都具有较好的线性关系。由于 3 种热电偶都是基于镓及镓基合金，所以平均热电势率 S_{AB}（即图中拟合曲线斜率）差别并不是很大。如表 3.1 所示，分别列出了 3 种热电偶热电势率，镓-镓铟、镓-镓铟锡和镓铟-镓铟锡的平均热电势率依次变大，而且镓铟-镓铟锡配对热电偶在相同温度差下的热电势最大。因为合金的电导率低于任一组分金属，即合金电阻更大，这也证明了电阻越大，热电偶的热电势和平均热电势率也越大。另外，表中 β 为线性相关系数，β^2 的大小是衡量热电偶热电势与温度两个参数线性度的指标，β^2 越大，越接近 1，说明线性度越好。从表 3.1 可见 3 种热电偶与温度的线性度都较好。

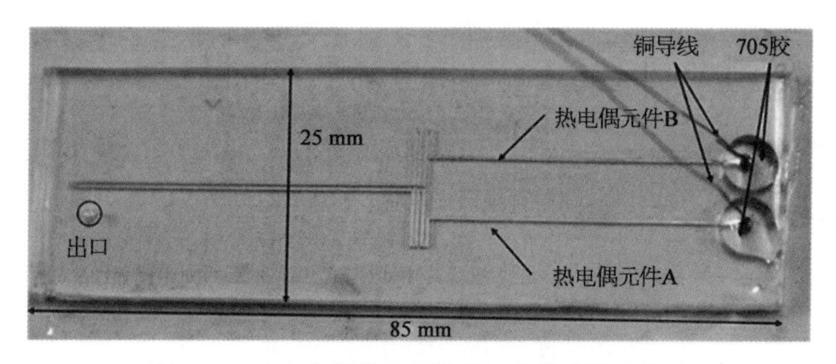

图 3.21　液态金属热电偶微型温度传感器实物图

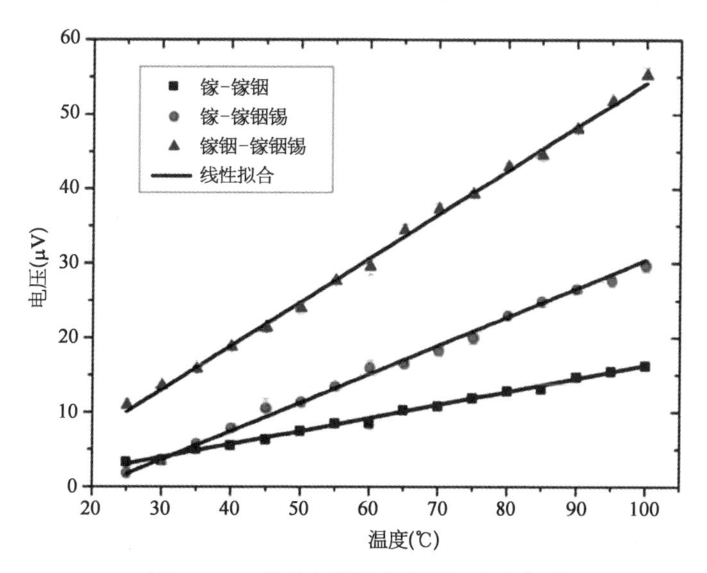

图 3.22　3 种热电偶热电势随温度变化图

表 3.1　3 种热电偶的平均热电势率

参　数	镓-镓铟	镓-镓铟锡	镓铟-镓铟锡
S_{AB}(μV/℃)	0.176	0.385	0.586
β^2	0.997 9	0.998 4	0.998 8

可以看到镓基液态金属热电偶的热电势随着温度的增加具有较好的线性关系。但是相较于传统的 T 型热电偶(51 μV/℃)和 K 型热电偶(41 μV/℃)，3 种镓基热电偶的平均热电势率 S_{AB}相对较小。热电势率 S_{AB}太小就需要较高精度的测量仪器，而且会产生较大误差。因此从测量精度看，液态金属热电偶测量方式还达不到传统的热电偶模式，需要进一步研究。

参 考 文 献

[1] Gui L, Yu B Y, Ren C L, *et al*. Microfluidic phase change valve with a two-level cooling/heating system. Microfluidics & Nanofluidics, 2011, 10: 435 - 445.

[2] Ma X, Tseng W Y, Eddings M, *et al*. A microreactor with phase-change microvalves for batch chemical synthesis at high temperatures and pressures. Lab on a Chip, 2013, 14: 280 - 285.

[3] Kim M, Choi W, Lim H, *et al*. Integrated microfluidic-based sensor module for real-time measurement of temperature, conductivity, and salinity to monitor reverse osmosis. Desalination, 2013, 317: 166 - 174.

[4] Im-Sung Yoo, Bo-Ra Yoon, Si-Mon Song. Probing Temperature on a Microfluidic Chip with Thermosensitive Conjugated Polymer Supramolecules. Bulletin of the Korean Chemical Society, 2010, 31(6): 1753 - 1756.

[5] Amasia M, Cozzens M, Madou M J. Centrifugal microfluidic platform for rapid PCR amplification using integrated thermoelectric heating and ice-valving. Sensors & Actuators B Chemical, 2012, 161: 1191 - 1197.

[6] Rodriguez I, Lesaicherre M, Yan T , *et al*. Practical integration of polymerase chain reaction amplification and electrophoretic analysis in microfluidic devices for genetic analysis. Electrophoresis, 2010, 24: 172 - 178.

[7] El-Ali J, Perch-Nielsen I R, Poulsen C R, *et al*. Simulation and experimental validation of a SU-8 based PCR thermocycler chip with integrated heaters and temperature sensor. Sensors & Actuators A Physical, 2004, 110: 3 - 10.

[8] Arata H F, Rondelez Y, Noji H, *et al*. Temperature Alternation by an On-Chip Microheater to Reveal Enzymatic Activity of β - Galactosidase at High Temperatures. Analytical Chemistry, 2005, 77: 4810 - 4814.

[9] Hilton J P, Nguyen T H, Barbu M, *et al*. Bead-based polymerase chain reaction on a microchip. Microfluidics & Nanofluidics, 2012, 13: 749 - 760.

[10] Martinez-Quijada J, Caverhill-Godkewitsch S, Reynolds M, *et al*. Fabrication and characterization of aluminum thin film heaters and temperature sensors on a photopolymer for lab-on-chip systems. Sensors & Actuators A Physical, 2013, 193: 170 - 181.

[11] Shen M, Walter S, Gijs M A M. Monolithic micro-direct methanol fuel cell in polydimethylsiloxane with microfluidic channel-integrated Nafion strip. Journal of Power Sources, 2009, 193: 761 - 765.

[12] Arata H F, Noji H, Fujita H. Motion control of single F1-ATPase rotary biomolecular motor using microfabricated local heating devices. Applied Physics Letters, 2006, 88: 299 - 366.

[13] Berastegui D V. Method and device for the detection of genetic material by polymerase chain reaction. 2010.

[14] Vickerman V, Blundo J, Chung S, *et al*. Design, fabrication and implementation of a novel multi-parameter control microfluidic platform for three-dimensional cell culture and real-time imaging. Lab on a Chip, 2008, 8(9): 1468 - 1477.

[15] Patil V A, Narayanan V. Spatially resolved temperature measurement in microchannels. Microfluidics & Nanofluidics, 2006, 2: 291 - 300.

[16] Hetsroni G, Mosyak A, Pogrebnyak E, *et al*. Infrared temperature measurements in micro-channels and micro-fluid systems. International Journal of Thermal Ences, 2011, 50: 853 - 868.

[17] Ghosh, Kanti T. Exact solutions for a Dirac electron in an exponentially decaying magnetic field. Journal of Physics Condensed Matter An Institute of Physics Journal, 2009, 21: 045505.

[18] Ross D, Gaitan M, Locascio L E. Temperature measurement in microfluidic systems using a temperature-dependent fluorescent dye. Analytical Chemistry, 2001, 73: 4117 - 4123.

[19] Chen Y Y, Wood A W. Application of a temperature-dependent fluorescent dye (Rhodamine B) to the measurement of radiofrequency radiation-induced temperature changes in biological samples. Bioelectromagnetics, 2010, 30: 583 - 590.

[20] Shah J J, Gaitan M, Geist J. Generalized temperature measurement equations for Rhodamine B dye solution and its application to microfluidics. Analytical Chemistry, 2009, 81: 8260.

[21] Samy R, Glawdel T, Ren C L. Method for Microfluidic Whole-Chip Temperature Measurement Using Thin-Film Poly (dimethylsiloxane)/Rhodamine B. Analytical Chemistry, 2008, 80: 369.

[22] Wang G R. Laser induced fluorescence photobleaching anemometer for microfluidic devices. Lab on a Chip, 2005, 5: 450.

[23] Glawdel T, Almutairi Z, Wang S, *et al*. Photobleaching absorbed Rhodamine B to

improve temperature measurements in PDMS microchannels. Lab on a Chip, 2009, 9: 171 - 174.

[24] Gui L, Ren C L. Temperature Measurement in Microfluidic Chips Using Photobleaching of a Fluorescent Thin Film. Applied Physics Letters, 2008, 92: 024102.

[25] Ajit M. Chaudhari, Timothy M. Woudenberg, Michael Albin, *et al*. Transient liquid crystal thermometry of microfabricated PCR vessel arrays. Journal of Microelectromechanical Systems, 1998, 7(4): 345 - 355.

[26] Smith C R, Sabatino D R, Praisner T J. Temperature sensing with thermochromic liquid crystals. Experiments in Fluids, 2001, 30: 190 - 201.

[27] Hoang V N, Kaigala G V, Backhouse C J. Dynamic temperature measurement in microfluidic devices using thermochromic liquid crystals. Lab on a Chip, 2008, 8: 484 - 487.

[28] Lacey M E, Webb A G, Sweedler J V. Monitoring temperature changes in capillary electrophoresis with nanoliter-volume NMR thermometry. Analytical Chemistry, 2000, 72: 4991 - 4998.

[29] Lacey M E, Webb A G, Sweedler J V. On-line temperature monitoring in a capillary electrochromatography frit using microcoil NMR. Analytical Chemistry, 2002, 74: 4583 - 4587.

[30] Davis K L, Liu K L K, Lanan M, *et al*. Spatially resolved temperature measurements in electrophoresis capillaries by Raman thermometry. Analytical Chemistry, 1993, 65: 293.

[31] Liu K L K, Davis K L, Morris M D. Raman spectroscopic measurement of spatial and temporal temperature gradients in operating electrophoresis capillaries. Analytical Chemistry, 1994, 66: 3744 - 3750.

[32] Kim S H, Noh J, Jeon M K, *et al*. Micro-Raman thermometry for measuring the temperature distribution inside the microchannel of a polymerase chain reaction chip. Journal of Micromechanics & Microengineering, 2006, 16: 526.

[33] Bhardwaj R, Longtin J P, Attinger D. Interfacial temperature measurements, high-speed visualization and finite-element simulations of droplet impact and evaporation on a solid surface. International Journal of Heat & Mass Transfer, 2010, 53: 3733 - 3744.

[34] Yaralioglu G. Ultrasonic heating and temperature measurement in microfluidic channels. Sensors & Actuators A Physical, 2011, 170: 1 - 7.

[35] Dorozhkin P S, Tovstonog S V, Golberg D, *et al*. A Liquid-Ga-Filled Carbon Nanotube: A Miniaturized Temperature Sensor and Electrical Switch. Small, 2005, 1 (11): 1088 - 1093.

[36] Sumanth P S, Kwon J W. A Novel Liquid Metal and Microfluidic Based Temperature Sensor//ASME 2008 6th International Conference on Nanochannels, Microchannels, and Minichannels. American Society of Mechanical Engineers, 2008: 1897 - 1898.

[37] Li H, Yang Y, Liu J. Printable tiny thermocouple by liquid metal gallium and its matching metal. Applied Physics Letters, 2012, 101(7): 073511.

第4章
液态金属微流体压力传感器

4.1 引言

压力传感器是传感器最重要的分支之一，其主要作用是能够准确地测量或感知外界的压力。近年来，随着可穿戴设备、柔性电子等领域的蓬勃发展[1-3]，具有力学弹性的压力传感器更能满足人们的需求与使用习惯，例如可拉伸、可弯曲或者可折叠等。目前主要的柔性微压力传感器依然以固态电极为主，例如固态惰性电极（如 Pt、Au 等），其主要优点包括电极的物理化学性质稳定，集成化与微型化工艺成熟，能承受一定范围内的力学形变等[4]。然而，固态电极加工工艺通常较为复杂[5]，且在反复力学变形下易出现电极内部断裂[4,6]或者从基底脱落[7]等问题，极大限制了基于固态电极的压力传感器的测量范围和使用寿命。

镓基液态金属在常温下为液态且具有良好的导电性，通过将其注射到由聚二甲基硅氧烷（PDMS）或聚氯乙烯（PVC）等柔性基材形成的微槽道内，可形成具有优良力学弹性的微电极。相比固态电极，该电极制作方法简单方便且柔性好；相比导电离子液或悬浮液[8]电极，该电极长期稳定性好，因此在柔性传感器的制作上具有极大的应用前景。基于镓基液态金属电极的传感器主要包括电阻式[9]和电容式，此类电阻式传感器的优点包括制作简单及成本具有优势等，但缺点在于重复性以及结构稳定性差[10]；电容式的优点在于响应快，灵敏度高以及更易实现阵列化布局[11]。本章将首先介绍一种基于镓基液态金属的可用于常规空间的柔性电容式压力微传感器，其中电容为常见的平板电容结构，它的上下电极板通过注射液态金属到 PDMS 微流道中形成，中间介电层为百微米级别的 PDMS 薄膜。目前，基于镓基液态金属的柔性电容式压力微传感器大多研究的是对于微小触觉或小压力（小于 5 N 或 0.1 MPa）的感知[10,12]，而对于大压力(大于 0.1 MPa，例如人在走路时脚尖与地面接触的压强可达到 0.1 MPa 以上，汽车车轮对于马路的压强可达 0.4 MPa)感知或测量的研究相对较少[9,13-15]，这可能是由于液态金属在受力发生形变时会出现颈缩[16]、断裂[17]而导致电极失效，从而引起了液态金属微电极在大压力下的稳定性问题[18]。

除了用于常规空间的微型压力传感器，液态金属独特的微灌注特性使其在微通道内进行精密压力测量也成为可能。精准的微流体系统的压力测量在很多工程应用上都很重要。然而，微流体系统内的压力测量很有挑战性，这是因为微流体系统的尺寸非常小，这就使得在微流体系统上再附加一个压力检测功能会变得十分困难。目前，大多数微流体压力测量都是通过位于微流体装置外的压力传感器获得。然而，由于压力耗散和传输延迟，利用外部压力传感器难以准确测量微流体系统的局部压力。因此，将压力传感器集成到微流体芯片中是理想的局部压力的精准测量方法。当然，在微通道中直接测量压力的方法也在不断发展，其中大部分是机械式的(包含运动部件)，也有少数一些非机械式的。目前，科研人员已经研制了一些不同原理的微流体压力传感器。本章的后半部分将介绍一种用液态金属技术制作的微小空间压力测量技术及其在一些生物测量方面的应用。

4.2 基于液态金属的用于常规空间的压力传感器

其实，利用液态金属进行压力传感器的设计有很多方法，这里我们以电容式液态金属压力传感器(以下简称液金压力传感器)为例进行详细介绍。

4.2.1 液金压力传感器的工作原理

该压力传感器采用平板式电容结构，如图 4.1(a)所示，具体包括液态金属上下极板，中间 PDMS 介电层薄膜，以及 PDMS 柔性基底。公式(4－1)给出了平板电容值的计算公式：

$$C=\frac{\varepsilon_0 \cdot \varepsilon_r \cdot S}{d} \tag{4-1}$$

其中，C 为电容值，$\varepsilon_0=8.85\times10^{12}$ F/m 为真空介电常数，ε_r 为中间介电层的相对介电常数，S 为两极板间的相对面积，d 为两极板间的距离。如图 4.1(b)～(c)

所示，当压力施加在 PDMS 基板上时，由于 PDMS 的柔性以及液态金属的流动填充特性，会导致两极板的相对面积或极板间距发生改变，从而导致电容的变化。在不同的压力下，电容传感器形变的程度不一样，对应电容值也不一样。通过对不同压力下的电容值进行标定与重复测试，可以获得压力-电容值变化曲线。

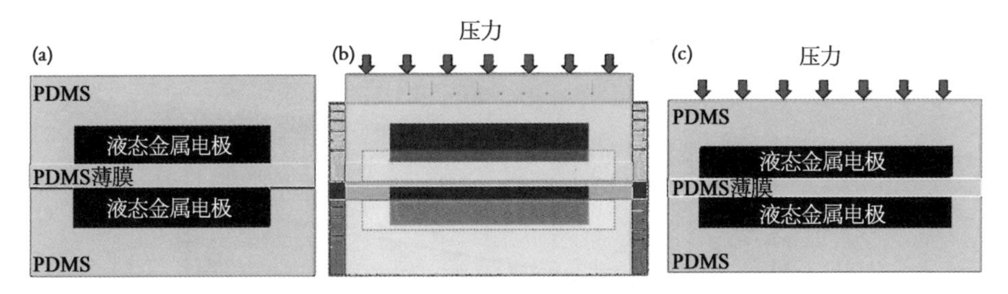

图 4.1　基于液态金属的平板电容式传感器结构

(a) 传感器初始状态；(b) 传感器受压发生形变的过程；(c) 传感器受压状态。

4.2.2　液金压力传感器的仿真模型与理论分析

根据实际芯片尺寸及所施加的压力范围，先对压力传感器的受压过程进行了近似模拟，该简化模拟基于以下两点假设：

① 实验中流道式的电极简化为平板式电极，极板形状为矩形；

② 实际芯片中流道的高度约为 50 μm，芯片的总厚度为 5 mm，且平板电容值依据的是极板的有效相对面积，因此流道高度可忽略不计，而将极板简化为二维平板。

如图 4.2(a)所示为基于上述假设的 PDMS 柔性压力传感器的 1/4 几何模型，其中不锈钢支撑台(深蓝色区域)的半径为 5 cm，高度为 3 cm，杨氏模量和泊松比分别为 205 GPa 和 0.28(数据直接来自 Comsol 材料库 Steel AISI 4340)；支撑台上放置高度约为 5 mm 的基于 PDMS 的电容式压力传感器，其中除压力感知区域(红色区域)外的 PDMS 基底(浅蓝色区域)边长为 1 cm。图 4.2(b)所示为压力感知区域(红色区域)的放大图(1/4)，即本节主要的研究对象，该区域具体的参数设置如表 4.1 所示，本章设计了表中所示的 3 种不同几何参数的柔性压力传感器。该模拟选用机电 emi 模块，所有材料均基于线弹性假设；网格划分方法采用映射与扫掠式。

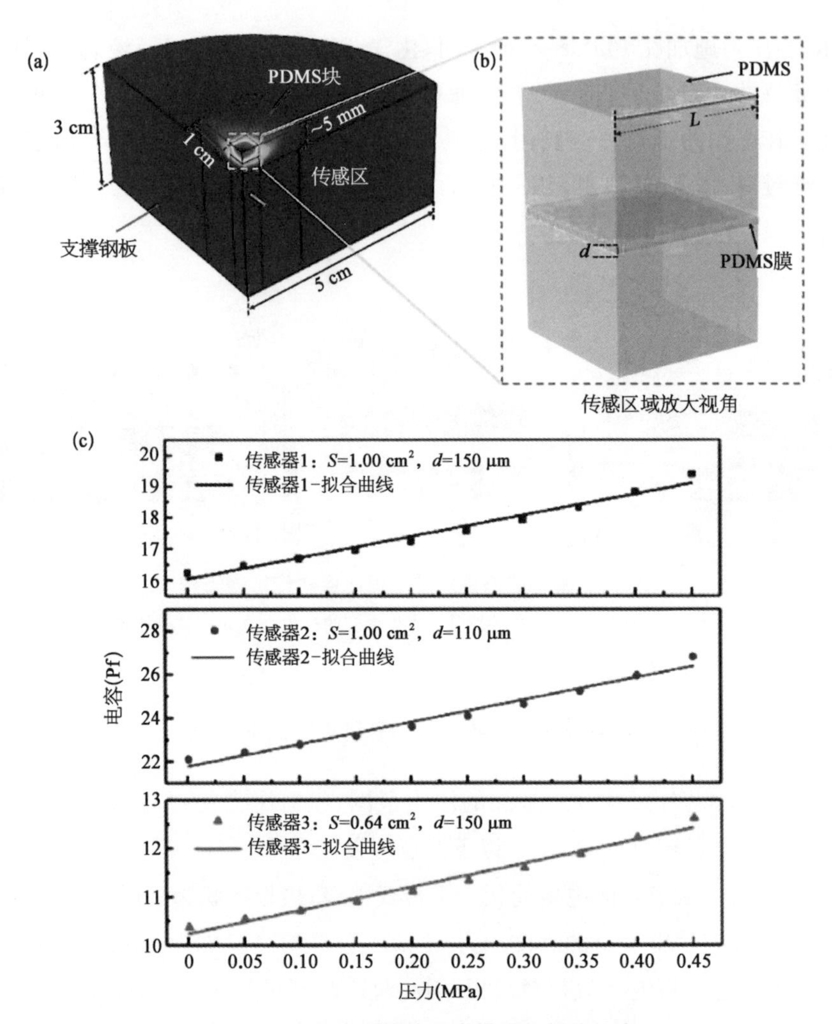

图 4.2 压力传感器的仿真模型及数值仿真

(a) 压力传感器 1/4 几何模型；(b) 传感区域放大图；(c) 3 种尺寸的传感器受压下的数值仿真。

表 4.1 模拟参数设置(1/4 模型)

传 感 器 编 号	1	2	3
PDMS 杨氏模量 $E(\times 10^6$ Pa)	3	3	3
PDMS 泊松比 υ	0.48	0.48	0.48
PDMS 密度(kg/m^3)	980	980	980
PDMS 相对介电常数 ε_r	2.75	2.75	2.75
极板边长 L(cm)	0.5	0.5	0.4
极板面积 S(cm^2)	0.25	0.25	0.16
PDMS 薄膜厚度 d(μm)	150	110	150

图 4.2(c)展示的是基于上述设置的 3 组不同参数的传感器电容随压力的变化,图中所示曲线为完整传感器的变化曲线(模拟结果的 4 倍)。3 组电容变化曲线说明了:① 电容的变化趋势符合式(4-1)揭示的规律,压力的增大导致平板相对面积增加或两极板间距减小,从而引起电容的增加;② 3 组电容式传感器在设计压力范围内都具有较好的线性度($R^2=0.98$,R^2 为线性回归系数)。该结果为设计实验提供了可行性指导。

如图 4.3 所示为该传感器简化模型的横截面图,其中压力 P 均匀施加在长度为 a 的 PDMS 表面区域,受力表面与液态金属上极板表面的距离为 z,PDMS 中间介电层薄膜厚度为 d,液态金属流道高度为 h,y 为液态金属填充区域的中垂线与压力施加区域的中轴线的距离(即图中两条红色虚线所示)。需要注意的是,液态金属填充区域被视为断裂处,而并非如仿真模型将其视为柔性体。

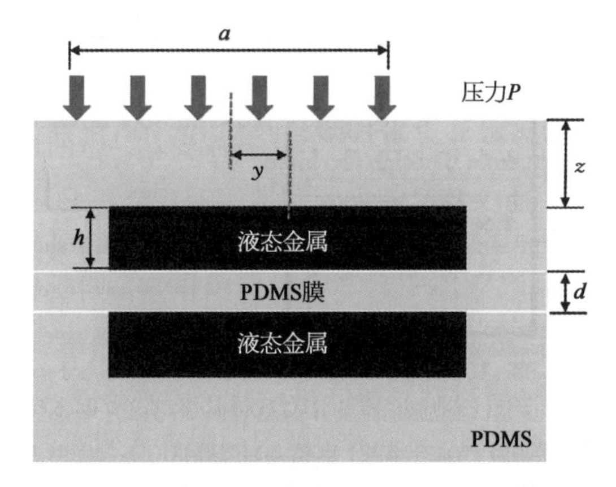

图 4.3　简化后液态金属电容式传感器的二维截面简图

根据线弹性断裂力学(LEFM)可知,当压力施加区域满足 $|y|<a/2$ 且 $z<a$ 时(本实验中 y 接近 0,$z\leqslant 2.5$ mm,$a=1.3$ cm),压力仅会减小断裂处(凹槽处)上下表面的距离,如式(4-2)所示:

$$\Delta h=\frac{2(1-\upsilon^2)wP}{E} \tag{4-2}$$

其中 Δh 为液态金属填充区域被压缩的高度,υ 为 PDMS 泊松比,w 为流道的宽度,E 为 PDMS 杨氏模量。随着断裂处被压缩,压力会集中在流道的边缘处,因此填充的液态金属会对边缘处产生液压。但该液压与外界施加的压力相比可以忽略不计,因此假设该断裂处边缘无牵引力。

由上述分析可知，该液态金属电容式压力传感器受压后，极板的高度发生变化，而两极板的相对面积不变，因此导致电容变化的主要因素是两极板间的 PDMS 薄膜受压形变。因此，根据广义胡克定律可知，PDMS 薄膜形变规律如公式(4-3)所示：

$$P = E \cdot \frac{\Delta d}{d} \tag{4-3}$$

其中 Δd 为被压缩的薄膜厚度，$\Delta d/d$ 即为应变。将公式(4-3)和(4-2)整理代入到公式(4-1)，可得到压力 P 下对应的电容值 C'，如公式(4-4)所示：

$$C' = \frac{\varepsilon_0 \cdot \varepsilon_r \cdot S}{d - \Delta d} = \frac{\varepsilon_0 \cdot \varepsilon_r \cdot S \cdot E}{d(E - P)} \tag{4-4}$$

根据以上推导不难得出电容变化量 ΔC，如公式(4-5)所示：

$$\Delta C = C' - C = \frac{\varepsilon_0 \cdot \varepsilon_r \cdot S}{d} \cdot \frac{P}{E - P} \tag{4-5}$$

这里理论分析验证了基于液态金属电极的压力传感器的可行性，结果还表明采用 PDMS 作为弹性基材的柔性压力传感器在一定的量程范围内可取得较好的线性度。由此，下文将介绍如何利用镓铟合金和 PDMS 制作双电容柔性压力传感器，由于镓铟合金($GaIn_{24.5}$)在常温下能保持液态，而 PDMS 固化后具有良好的弹性，因此基于上述两种材料的传感器具有良好的力学柔性。同时，双电容结构让该传感器对外界噪声引入的寄生电容具备一定的过滤效果。在对传感器进行性能分析并将该传感器扩展至传感器阵列，在受压情况下，此常规镓铟合金电极存在容易发生溢出的局限。

4.2.3 基于镓铟合金电极的压力传感器的制作

利用传统的微电子或印刷电子的工艺制作柔性传感器需要复杂昂贵的设备，因此不利于推广。本实验则采用软光刻的方法，将流道图案转印到 PDMS 表面形成微流道结构。实验采用环形流道而不是平板面型结构作为电极形状，是因为平板图案尺寸较大，键合时按压芯片容易发生流道塌陷而导致上下粘连。根据实验经验，实际流道的高宽比最好不要超过 1∶5。

4.2.3.1 软光刻流程

基于镓铟液态金属的全柔性压力传感器采用标准软光刻工艺制作，制作流程如图 4.4 所示。其中 PDMS 流道高度均为 50 μm，主要制作过程包括：

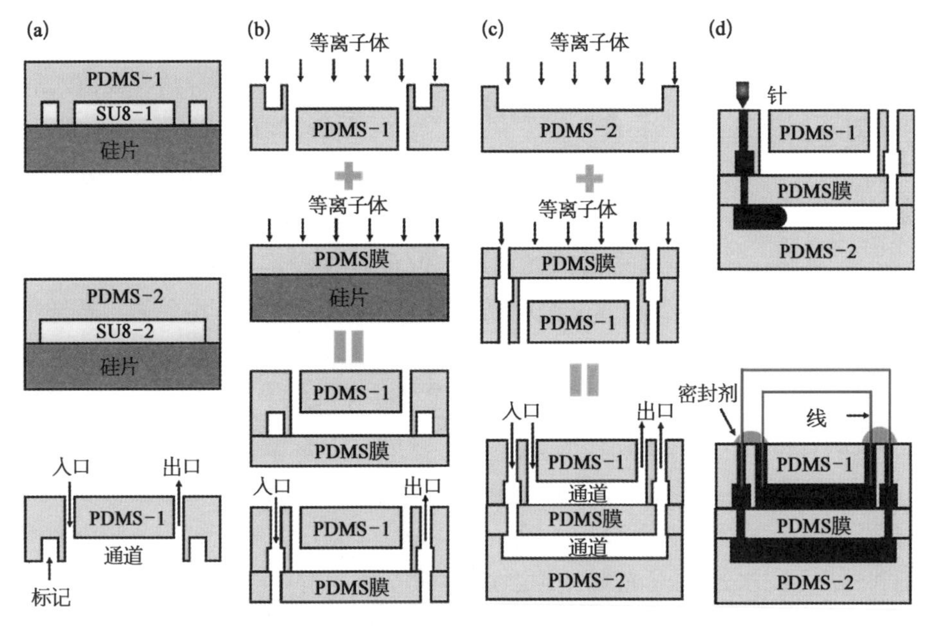

图 4.4　液态金属电容式传感器制作、布线与封装过程

(a) PDMS 微流道制作过程与上极板 PDMS 打孔；(b) 上极板 PDMS 与 PDMS 薄膜键合及打孔过程；(c) 上下极板 PDMS 键合与对准过程；(d) 液态金属上下极板注射成形与传感器封装过程。

① 掩膜制作：利用 CAD 或 L-edit 等图形工具设计所需流道图案，并打印成掩膜。其中，流道图案为透光区域，其余部分为不透光黑色区域。

② 匀胶：用匀胶机在直径为 10 cm 的硅片上旋涂一层厚度为 50 μm 的 SU8 2050 负性光刻胶。其中点胶和匀胶的转速与时间分别为：点胶，500 rpm，120 s；匀胶，3 000 rpm，60 s。

③ 前烘：将刚旋涂好光刻胶的硅片放置在烤板上进行烘烤，其目的是为了使光刻胶中的大部分溶剂挥发，增强光刻胶对硅片的附着性，提升光刻胶薄膜的稳定性和均匀性。前烘的过程分为三步：先 65℃烘烤 3 min，再 95℃烘烤 9 min，然后 65℃烘烤 30 s。最后将前烘后的硅片放置在室温下冷却 20 min，以充分释放光刻胶与硅片基底间的热应力。

④ 曝光：将涂有光刻胶的硅片置于光刻机上，再将①中制作好的掩膜精确覆盖在 SU8 2050 光刻胶的表面，并在深紫外光(Ultraviolet, UV 365 nm)下曝光 8 s。曝光过程中，紫外光透过透明流道区域并与 SU8 发生交联固化反应，使流道区域的光刻胶紧紧附着在硅片表面成为凸出部分，而黑色区域的光刻胶将在接下来的步骤中被去除。通过曝光操作，掩膜的流道图案被转移到了光刻胶上。

⑤ 后烘：将曝光后的光刻胶再次放置在烤板上，使光刻胶的溶剂进一步挥发，促进凸出部分 SU8 2050 光刻胶的固化与对硅片的黏附，减少驻波。后烘的过程同样包括三步：首先 65℃烘烤 2 min，再 95℃烘烤 7 min，然后 65℃烘烤 30 s。最后同样将后烘后的硅片放置在室温下冷却 20 min，以充分释放光刻胶与硅片基底间的热应力。

⑥ 显影：将后烘结束后的光刻胶连同硅片都浸泡在 SU8 显影液中约 90 s，再用显影液和去离子水交替反复冲刷光刻胶薄膜约 3 min，使未与紫外光发生交联反应的光刻胶均被显影液去除。待显影操作结束后，光刻胶凸出部分(对应掩膜透明的流道图案部分)被留在了硅片基底上，而未曝光部分均被去除，最后在硅片基底上便形成了高度为 50 μm 的凸出流道。

⑦ 坚膜：将显影后附着在硅片基底上的光刻胶薄膜放在大功率黄灯下照射 20 min(照射温度超过 200℃)，这一步骤是为了最后去除光刻胶薄膜中的溶剂和硅片上的水分，提高光刻胶稳定性和对硅基底的附着，使最终得到的光刻胶图案可以反复使用。坚膜结束后将附着了光刻胶的硅片放到塑料培养皿中。

⑧ 倒模：首先将基液和固化剂按质量比 10∶1 均匀混合在一起，形成液态 PDMS；然后将液体 PDMS 进行抽真空 40 min 去除其中的气泡，将抽好真空的 PDMS 倒入放有硅片的培养皿中，浸没光刻胶图案，液体 PDMS 高度为 2.5 mm；最后将整个培养皿放到烤板上 65℃烘烤共 2.5 h，待液体 PDMS 完全固化。

上述为 PDMS 流道的制作流程，其中步骤①～⑦必须在只有黄光或红光的暗室超净间内完成，这是由于光刻胶为光敏材料，暴露在白炽灯、太阳光等其他光照条件下会迅速反应而导致光刻胶失效，而超净间是为了保证整个制作过程的干净整洁，避免杂质混入影响软刻蚀效果。

4.2.3.2 布线与封装流程

经过软光刻，得到了传感器制作所需的流道(极板)图案。而此压力传感器需要将上下极板的引线统一从一端引出，保证传感器另一端的平整，以便压力能平稳施加到传感器的受压区域。为了达到这一目的，需要在制作过程中进行对准操作，具体流程如图 4.4 所示，包括：

① 揭 PDMS：将固化后的上极板和下极板 PDMS(PDMS-1 和 PDMS-2)从硅片上缓慢地揭下来(PDMS 厚度为 2.5 mm)，与光刻胶直接接触的 PDMS 一端表面会形成设计好的流道凹槽(凹槽深度即为 SU8 2050 光刻胶深度，50 μm)。

② 上极板打孔：对准 PDMS－1 的流道进出口打孔，进出口旁边的标记处不打孔。

③ PDMS 旋膜：将液体 PDMS 按照本章 4.2.3.1 中的步骤⑧配好，将抽过真空后的 PDMS 倒在硅片上，并放置在匀胶机上旋涂。其中，110 μm 和 150 μm 厚的 PDMS 薄膜的旋涂参数分别为 500 rpm，70 s 和 500 rpm，40 s。将旋涂好 PDMS 薄膜的硅片放置在 75℃的烤板上烘烤 40 min，待其固化。

④ 上极板键合：将固化后的 PDMS 薄膜冷却至室温，然后将薄膜和 PDMS－1(将 PDMS－1 有流道的一面朝上)一同置于等离子键合机中，进行表面等离子处理，处理时间为 15 s。随后将两者一起取出，将 PDMS－1 有流道的一侧与 PDMS 薄膜永久性键合在一起。最后将键合后的整体一起放置在 95℃的烤板上烘烤 10 min，强化键合效果。

⑤ 揭膜：烘烤结束后，待其冷却至室温，然后小心地将 PDMS－1 和 PDMS 薄膜一起从硅片上揭下，至此 PDMS－1 有流道的一侧已被 PDMS 薄膜封装好。

⑥ 薄膜打孔：对准 PDMS－1 标记处打孔，此时 PDMS 薄膜对应标记处的位置也会被一同打穿，形成 PDMS－1 到薄膜的通孔。

⑦ 下极板键合：将 PDMS－2 和封装了 PDMS 薄膜的 PDMS－1 一同放入等离子键合中，均为流道面朝上；等离子处理 15 s 后，将 PDMS－1 打好孔的标记处对准 PDMS－2 的流道进出口位置进行键合。至此，PDMS－1 和 PDMS－2 流道进出口的位置均为朝上，底部为平整的 PDMS 基材。

⑧ 制作镓铟合金：将单质镓与铟按质量比 75.5∶24.5 在 150℃的真空干燥箱熔化 2 h，用玻璃棒搅拌熔融金属至少 5 min，待所有的金属都混合在一起后将其放回到干燥箱。30 min 后再将液态金属取出自然冷却至室温。至此，熔点为 15.5℃的镓铟合金制作完成。

⑨ 注射电极：利用注射器将液态金属分别从 PDMS－1 和 PDMS－2 的进口处注入流道中，并形成液态金属上极板(PDMS－1)，中间 PDMS 介电层，液态金属下极板(PDMS－2)的三明治式结构。

⑩ 插线与封胶：将镀银铜导线分别插入上下极板的进出口位置，与流道中的液态金属保持接触。通过导线的延长，将上下极板延伸到与外界设备相接。最后用 RTV 硅胶将所有的进出口位置密封好。

至此，从上下极板引线统一向一端引出且具备全柔性的电容式压力微传感器制作完成，如图 4.5 所示为该传感器的实物图。在上述封装过程中，为了提高芯片制作成功率尤其是等离子键合成功率，一定要保证流道面始终洁净。因此，在未进行操作时，务必要用防静电不粘胶带将流道面封存好，避免被污染。

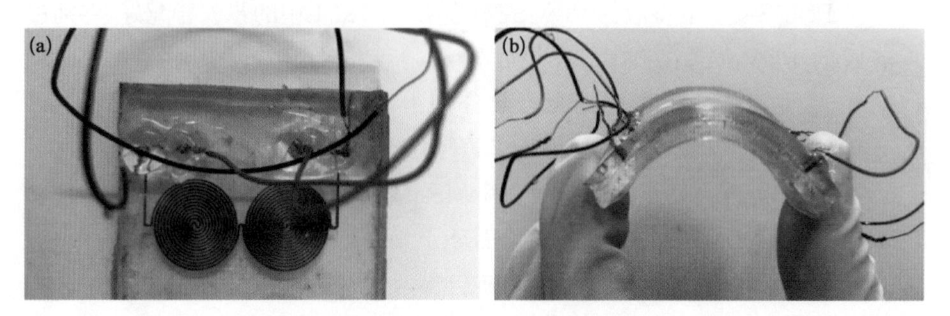

图 4.5　完成布线与封装的液态金属电容式柔性压力传感器实物图

4.2.4　液金压力传感器的双电容结构

为了减少外界环境带来的寄生电容对传感器测量精度的影响，可利用双电容结构来减少寄生噪声对传感器工作的干扰。如图 4.6 所示为所使用的双电容传感器，其中图 4.6(a)展示的是微流道电极形状；图 4.6(b)为双电容结构

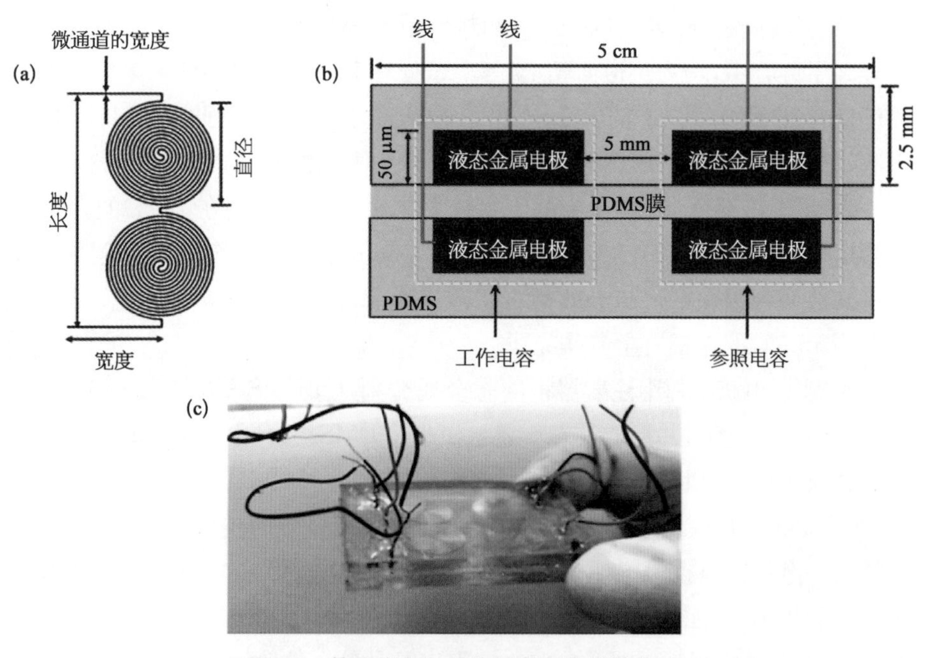

图 4.6　基于液态金属的双电容传感器结构

(a) 液态金属电极形状；(b) 双电容传感器结构示意图；(c) 双电容传感器实物图。

的示意图，包括工作电容(WC)与参比电容(RC)；图 4.6(c)为对应的实物图。实验中制作了不同几何尺寸的电容来进行参数化研究，具体参数如表 4.2 所示。

表 4.2　电容几何尺寸

传感器编号	流道宽度(μm)	介电层厚度(μm)	流道间间隙(μm)	长度(cm)	宽度(cm)	直径(cm)
A	200	150	200	2.5	1	1.2
B	200	110	200	2.5	1	1.2
C	150	150	100	1.8	1	0.8

双电容传感器检测的原理为：工作电容负责承受压力并输出不同压力下对应的电容值，而参比电容负责感受外界引入的寄生噪声而整个过程不承受压力。图 4.7(a)为测压装置简图，其中双电容传感器被平整放置在压力机的金属支撑平台上，传感器的引线被引出后直接连入面包板，最后经由面包板引出并与 LCR 测量计相接。为了保证压力仅均匀施加到工作电容上，工作电容区域上覆盖了一个 PDMS 薄块(长×宽×高＝2.6 cm×1.3 cm×2 mm)。图 4.7(b)为压力-电容测量等效电路图，通过面包板的交替控制，其等效电路相当于将工作电容和参比电容并联到电路中，并在各自支路上都由一个开关控制。

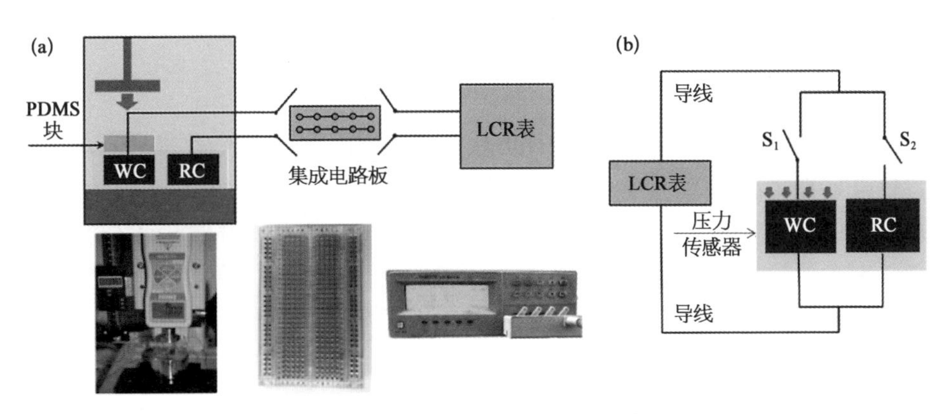

图 4.7　双电容传感器测压装置示意图

(a) 电容-压力测量装置简图；(b) 双电容传感器测压等效电路图。

图 4.8 所示为双电容结构减少外界环境带来的寄生电容的工作原理图，其中图 4.8(a)为等效电路图，外界干扰引入的寄生电容可等效为一并联接入的电容，该电容值与当前环境有关。需要说明的是，一部分寄生电容耦合在传感器内部，这类寄生电容无法消除，而双电容结构能减小甚至消除的是外界环境扰动引入的寄生电容(寄生噪声)，若没有特殊说明，下文所指的寄生电容均指

第二类由外界扰动引入的寄生电容。图 4.8(b)和图 4.8(c)为双电容结构消除寄生电容的工作流程图,包括标定过程和测量过程。

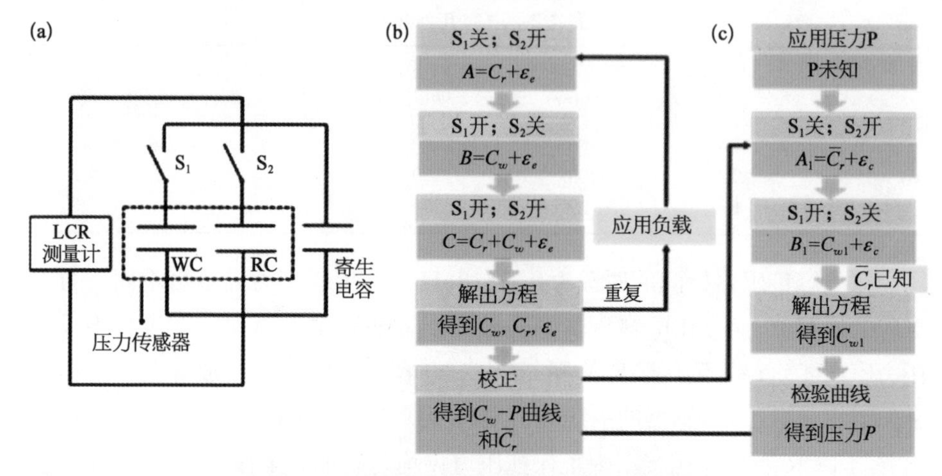

图 4.8　双电容结构减少寄生电容工作原理图

(a) 等效电路图;(b) 标定过程;(c) 测量过程。

具体的标定过程如图 4.8(b)所示,包括以下几个步骤:

① S_1 断开,S_2 合上,仅参比电容接入电路,得到:

$$A = C_r + \varepsilon_e \tag{4-6}$$

其中,A 为参比电容在 LCR 测量计上显示的读数值,即参比电容测量值;C_r 为参比电容真实值,从测量学角度严格来说,真实值是不可知的,在此处第一类耦合到传感器内部的寄生电容的值也计入 C_r 作为真实值;ε_e 为当前环境下的寄生电容值,即第二类外界扰动引入的寄生电容。

② S_1 合上,S_2 断开,仅工作电容接入电路,得到:

$$B = C_w + \varepsilon_e \tag{4-7}$$

类似地,B 为工作电容测量值;C_w 为工作电容真实值;由于工作电容和参比电容处于完全相同的环境下,因此当前环境下的寄生电容值 ε_e 相等。

③ S_1 和 S_2 均合上,工作电容和参比电容并联接入电路,得到:

$$C = C_r + C_w + \varepsilon_e \tag{4-8}$$

其中,C 为工作电容与参比电容并联接入时的测量值。

④ 联立方程(4-6)～(4-8),得到:

$$C_w = C - A$$
$$C_r = C - B \quad (4-9)$$
$$\varepsilon_e = A - C_r$$

⑤ 依次施加大小已知、增量固定的载荷。针对每个载荷，重复步骤①～④，得到对应的每个不同压力下的工作电容值和参比电容值。

经过①～⑤的标定过程，可以获得工作电容和参比电容随压力变化的标定曲线，其中工作电容值会随着压力的增大而增大，而参比电容由于不受压力影响，其电容值几乎不会发生变化，因此对所有的参比电容值取其平均 $\overline{C_r}$ 作为参比电容真实值。经过上述标定过程后，获得 $C_w - P$ 标定曲线，以及参比电容真值 $\overline{C_r}$。

标定完成之后为测量过程，具体如图 4.8(c)所示，包括以下几个步骤：

① 任一施加量程范围内的未知压力为 P。

② S_1 断开，S_2 合上，得到：

$$A_1 = \overline{C_r} + \varepsilon_c \quad (4-10)$$

其中，A_1 为当前参比电容的测量值，$\overline{C_r}$ 为标定后的已知值，ε_c 为当前环境下外界噪声引入后的寄生电容值。

③ S_1 合上，S_2 断开，得到：

$$B_1 = C_{w1} + \varepsilon_c \quad (4-11)$$

其中，B_1 为当前压力下工作电容的测量值，C_{w1} 为当前压力下工作电容的真实值，ε_c 为当前环境下外界噪声引入后的寄生电容值。

④ 联立方程(4-10)和(4-11)，可求解得出 C_{w1}。

⑤ 将 C_{w1} 对应到 $C_w - P$ 标定曲线，即可获得施加的压力值 P。

基于上述①～⑤的测量过程，传感器可以在噪声引入的环境下准确获取压力数据，因此有效地减少了第二类寄生噪声。

4.2.5　液金压力传感器的性能分析

基于前面的介绍，对 3 组不同参数的传感器 A、B、C(表 4.2)进行了压力测试，其中电容均在 50 kHz 的频率下测量，每组实验重复 3 次。如图 4.9(a)～(c)所示，3 组传感器的工作电容值均在增长的压力载荷下显示了较好的线性输出，而参比电容值在受压过程中几乎不发生变化，因此很好地符合了上一小节中描述的双电容检测方案。图 4.9(d)显示的是 3 组传感器的灵敏度，传感器灵敏度的定义如下所示：

$$S=\frac{\Delta C/C_0}{P}=\frac{(C_{\text{loaded}}-C_{\text{unloaded}})/C_{\text{unloaded}}}{P} \quad (4-12)$$

其中 C_{unloaded} 表示传感器不受压力时的初始值，C_{loaded} 表示不同压力 P 施加在工作电容上时对应的电容值，因此图中线性拟合曲线的斜率可用于表示传感器的灵敏度。综上，传感器 A、B、C 的灵敏度分别为 0.48、0.46、1.19 M/Pa。

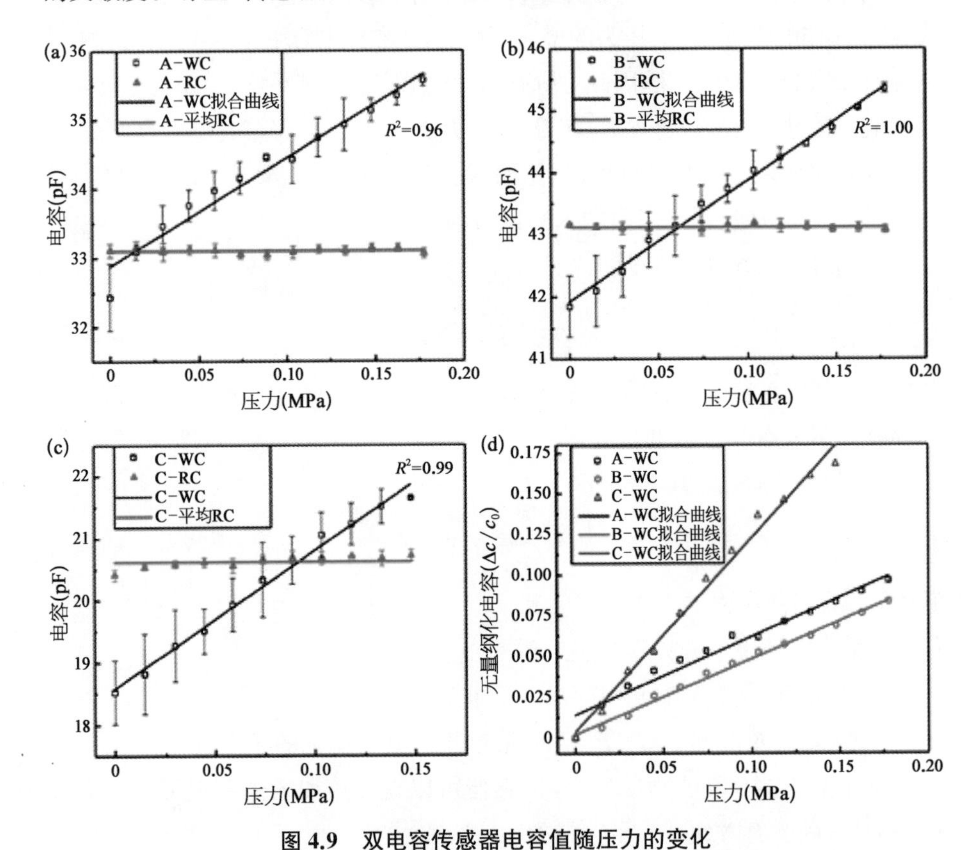

图 4.9　双电容传感器电容值随压力的变化

(a)、(b)、(c) 分别为传感器 A、B、C 的工作电容值与参比电容值随压力的变化；(d) 3 组传感器工作电容的灵敏度曲线。

图 4.10 比较了双电容传感器与单电容(工作电容)传感器在外界噪声引入后相对于标准电容的偏移值，该外界噪声为通过在 LCR 测量计两端覆盖一块金属薄板引入。相比单电容结构，双电容结构可以更有效地剔除寄生噪声，且在大压力下效果更为明显。式(4-13)用于定量评价两种传感器在外界噪声引入后相对于标准电容的偏移状况：

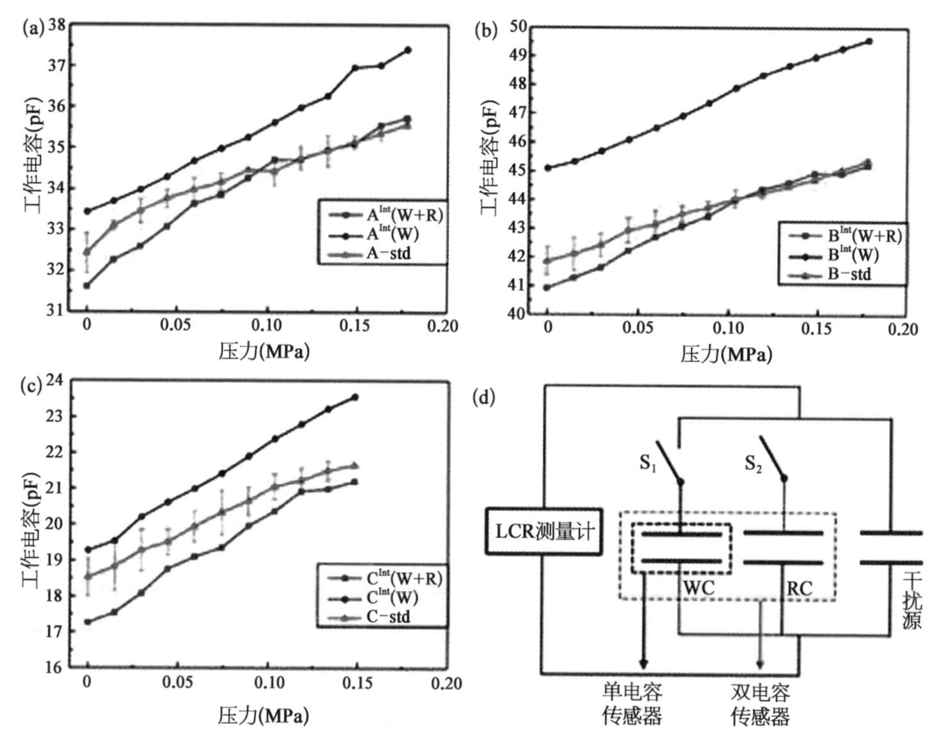

图 4.10　双电容与单电容结构抗扰能力对比

(a)、(b)、(c) 分别为传感器在噪声引入环境下的电容值变化；(d) 抗扰实验等效电路图。

$$D_{\mathrm{W+R}}=\sum_{i=1}^{n}\left[\frac{\mid C_{i,\mathrm{W+R}}^{Inf.}-C_{i}^{Std.}\mid}{C_{i}^{Std.}}\right]\Big/n$$

$$D_{\mathrm{W}}=\sum_{i=1}^{n}\left[\frac{\mid C_{i,\mathrm{W}}^{Inf.}-C_{i}^{Std.}\mid}{C_{i}^{Std.}}\right]\Big/n \tag{4-13}$$

其中，下标 W+R 和 W 分别表示双电容和单(工作)电容结构，i 表示第 i 个施加的压力（$i\leqslant n$，n 表示施加的压力总数）上标 $Inf.$和 $Std.$分别表示传感器处于噪声引入和标准的环境下。例如，$C_{1,\mathrm{W+R}}^{Inf.}$ 表示双电容结构的传感器在外界噪声引入的环境下第一个压力施加到工作电容上时对应的电容值。综上所述，D 值越小表示抗干扰的能力越强。通过计算得到，对于传感器 A、B、C 双电容和单电容结构在噪声引入的环境下对应的 D 值分别为 1.11%、1.00%、4.37%和 3.13%、8.50%、6.00%。上述结果不仅证明了该双电容结构在噪声剔除上的有效性，也显示了传感器抗扰能力与电容值的大小正相关。

4.2.6 液金压力传感器的阵列应用

作为该柔性液金压力传感器的一种应用拓展，可将其进行阵列化扩充并应用到简单手势的识别。

如图 4.11(a)所示为基于镓铟的 3×3 压力传感器阵列，其中每一个传感器单元均由一个工作电容和参比电容构成。如图 4.11(b)所示红色数字代表工作电容，黑色数字代表参比电容。为了保证压力准确且均匀施加，在每个工作电容上都覆盖了一个 PDMS 薄块(长×宽×高＝4 mm×4 mm×1 mm)。本实验采用的电容阵列数据采集设备的检测分辨率为 $\Delta C=1$ pF，对应的压强约为 0.9 MPa，也就是说当大小约为 0.9 MPa 的压力施加在传感器上引起对应的电容值变化达到 $\Delta C=1$ pF 时，才能被该电容采集设备识别。图 4.11(c)和(d)分别表示 0.9 MPa 和 1.8 MPa 的压力施加在传感器阵列上时对应单元的电容值变化，其中压力由压力机给出，压头(蓝色虚线)的直径为 3 cm。图中方块的颜色越深，表示电容变化值越大，受到的压力也越大。上述实验结果说明

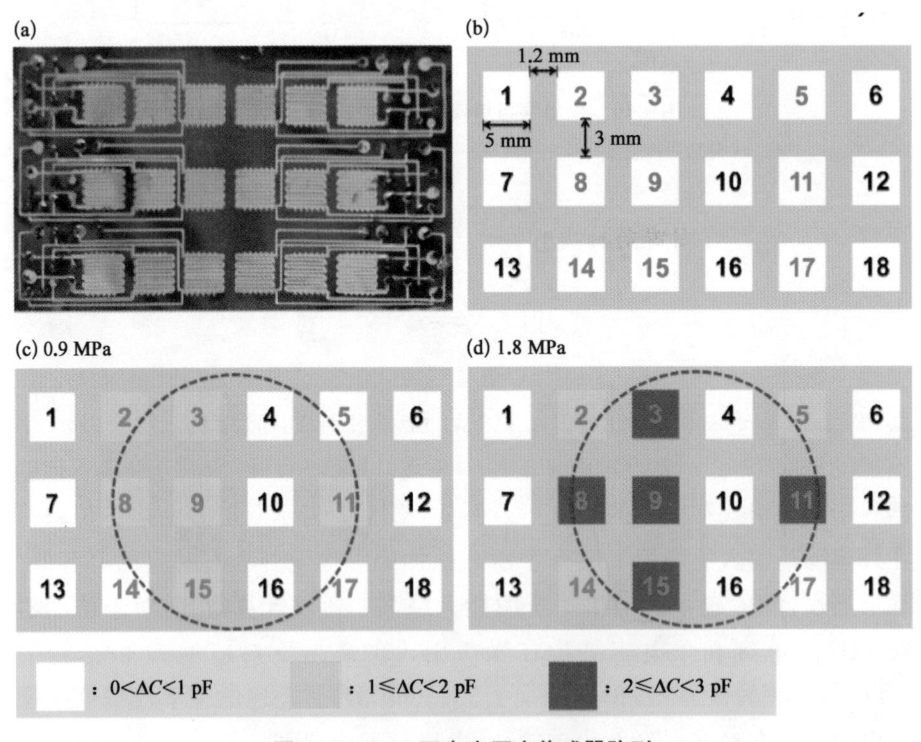

图 4.11　3×3 双电容压力传感器阵列

(a) 实物图；(b) 示意图；(c)、(d) 分别表示 0.9 MPa、1.8 MPa 下的传感器压力分布。

了该传感器阵列基本可以识别施加在不同单元上的压力大小(共3档)。

压力机按压验证后，本实验将该传感器阵列继续应用于简单手势的识别。如图4.12(a)～(c)所示为大拇指按压传感器时的压力分布，从图中可以看到本次按压的压力集中在8，9，14这3个单元上，其中图4.12(b)为较轻按压，(c)为较重按压；8和14这两个工作电容单元对于两次不同强度的按压展示了两档电容动态变化。图4.12(d)～(f)展示的是手锤击传感器阵列时的压力分布，图4.12(e)和(f)分别显示的是轻重两次不同锤击强度的阵列压力分布。相比大拇指按压，锤击的按压范围明显更广，且强度分布也更为多样，在由轻到重的按压过程中，2，3，5，8和15这5个工作电容单元集中承受了逐渐增大的压力载荷。相对于大拇指按压这一类简单的手势，该传感器阵列对手锤击的手势出现了误判，在图4.12(e)和(f)中，10和13两个参比单元显示了被按压的状态。这是由于手锤击时的强度较大，PDMS块不足以隔离手而导致手按压到了11和13两个参比单元，导致这两个单元承压。

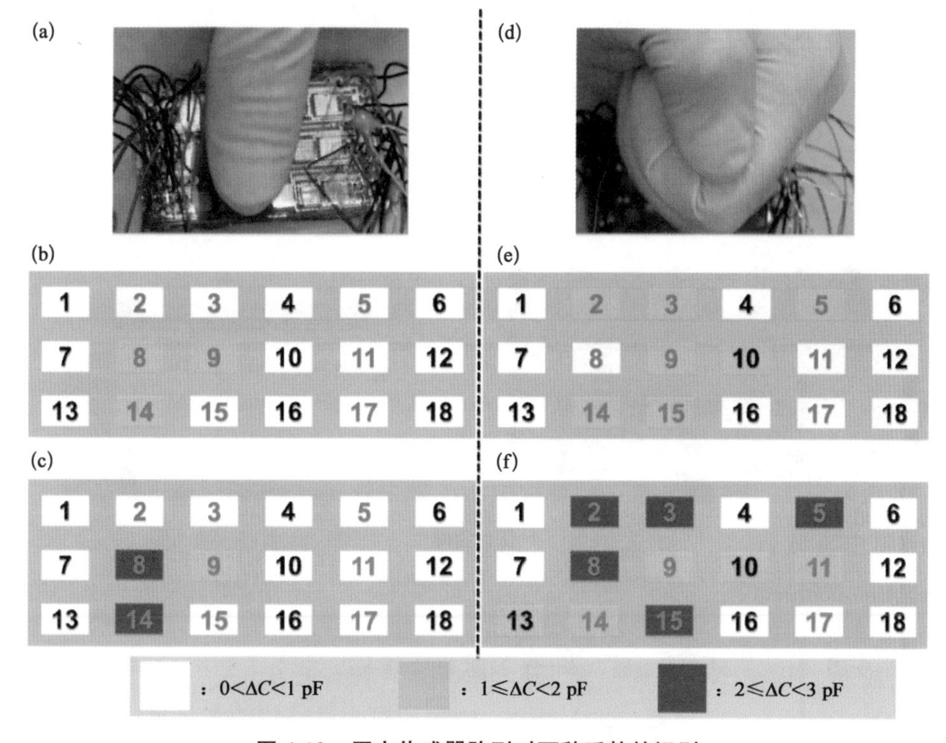

图4.12　压力传感器阵列对两种手势的识别

(a)～(c)分别表示大拇指由轻、较轻、较重按压传感器的压力分布；
(d)～(f)表示手由轻、较轻、较重锤击传感器的压力分布。

4.2.7 常规液金压力传感器的缺陷

通过灌注液态金属的方式制作出的液金压力传感器和普通纯固态压力传感器相比在抗压方面存在一定的缺陷[19-27]。研究人员发现基于镓铟合金的传感器在压力超过某一临界值时会发生液态金属的溢出，如图 4.13 所示。由于液态金属在常温下为液态，即便流道进出口用了硅胶密封，但当压力较大时，仍会挤压微流道中的液态金属使其沿着引线溢出。液态金属溢出会导致流道中的镓铟含量减少，对电极的几何尺寸造成直接影响，例如导致局部的横截面积或高度下降，严重时会引起电极失效。图 4.9 所示的 3 个传感器 A、B、C 分别在压力 P 为 0.18、0.18、0.15 MPa 下，被观察到液态金属从流道出口溢出，而实际溢出可能发生在更小的压力下，只是当时还不能用肉眼识别出。此溢出导致电容每次在恢复到初始状态时，均会出现不同程度的初始电容值下滑，因此图 4.9(a)～(c)的变化曲线误差棒较大，尤其是在压力较小的时候。在上一小节的传感器阵列应用中，按压强度过大同样会导致检测单元的电极溢出甚至直接失效。溢出问题严重影响了该压力传感器的重复性、测量精度、量程以及使用寿命，尤其制约了该传感器对大压力（大于 0.1 MPa）的检测。因此，解决液态金属溢出，从而扩宽该压力传感器的量程对基于镓铟合金这一类液态金属电极的柔性器件具有重要的研究意义。

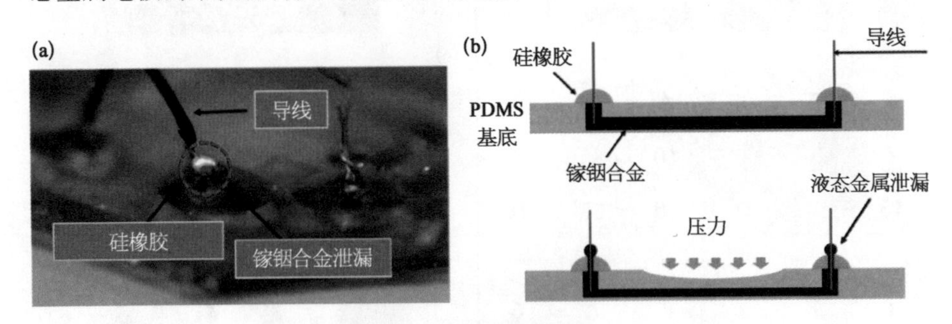

图 4.13 液态金属受压溢出

(a) 液态金属溢出实物图；(b) 液态金属受压溢出原因示意。

4.2.8 泄漏缺陷的一种液态金属材料解决方式

如上节所述，镓铟合金的溢出导致该柔性液金压力传感器的抗压性能下降，限制了其适用范围，因此寻找一种有效的封装方法防止电极溢出对基于液态金属的电极具有重要的价值。从解决密封的角度，固然可以采用很多方式优化这一缺陷带来的困扰，而本节则从液金材料的角度介绍一种液态金属泄露的专用解决方式，该方法引入另一种低熔点金属铋铟锡($Bi_{32.5}In_{51}Sn_{16.5}$，熔点 60℃)，通过利用常温下铋铟锡为固态这一性质提供了一种有效的封装途径，防止镓铟溢出。

4.2.8.1　液态金属免泄漏电极的制作

免泄漏电极的工作原理简单概括是在原来的微流道中靠近进出口的位置注入一小段的铋铟锡，其余部分仍为镓铟；待电极冷却至室温后铋铟锡变为固态，当压力施加在镓铟压力感知区时，由于铋铟锡段的封堵，镓铟便难以从流道中溢出，如图 4.14(a)所示。铋铟锡段在免泄漏电极中起着类似焊锡的用途，用于对柔性电极的封装[28]。基于免泄漏电极的压力传感器的前期制作包括光刻、注塑、旋膜以及打孔等操作，与前面介绍的步骤一致，其区别在于液态金属注入过程，具体的制作方法如图 4.14(b)所示，包括：

① 制作铋铟锡：将单质铋、铟和锡按质量比 32.5∶51∶16.5 在 260℃的真空干燥箱熔化 2.5 h，然后用玻璃棒搅拌熔融金属至少 20 min，待所有的金属都混合在一起后再将其放回到干燥箱。1 h 后，再将液态金属取出，自然冷却至室温。至此，熔点为 60℃的铋铟锡制作完成。

② 注射铋铟锡：将盛有铋铟锡的不锈钢容器放置在 70℃烤板上，约半小时后铋铟锡熔化成液体；再将 PDMS 芯片放置在烤板上，用高温胶塞(M3)暂时将流道进出口即端口 1 和 2 封住。用注射器分别从开口 1 和 4 注射铋铟锡，由于端口 1 和 2 临时被封堵，铋铟锡会从开口 2 和 3 流出，最终开口 1 和 2，3 和 4 之间的流道会被铋铟锡填充。值得注意的是，在注射过程中会有小部分的铋铟锡流向端口 1 和 2。

③ 注射镓铟到连接区：去除端口 1 和 2 的高温胶塞，并分别从这两个位置注射镓铟；注射过程中，镓铟分别从端口 1 和 2 流入，开口 1 和 4 流出，并将之前那一小部分铋铟锡推出流道，最终形成填充了镓铟的连接区，即端口 1 到开口 1，端口 2 到开口 4 之间的流道。

④ 注射镓铟到传感区：将芯片从烤板上拿下并冷却至室温，从开口 2 和开口 3 注射镓铟；由于铋铟锡的封堵作用，大部分镓铟会填充压力感受区的流道，小部分会流入到铋铟锡流道区。这是由于铋铟锡遇冷会收缩，同时内部还会出现裂缝[29]，极易导致铋铟锡断裂失效。镓铟的注射不仅填充了冷却后收缩的区域，还能包裹裂缝区域，巧妙地提升了该段铋铟锡的柔性以及其与镓铟的连通性。

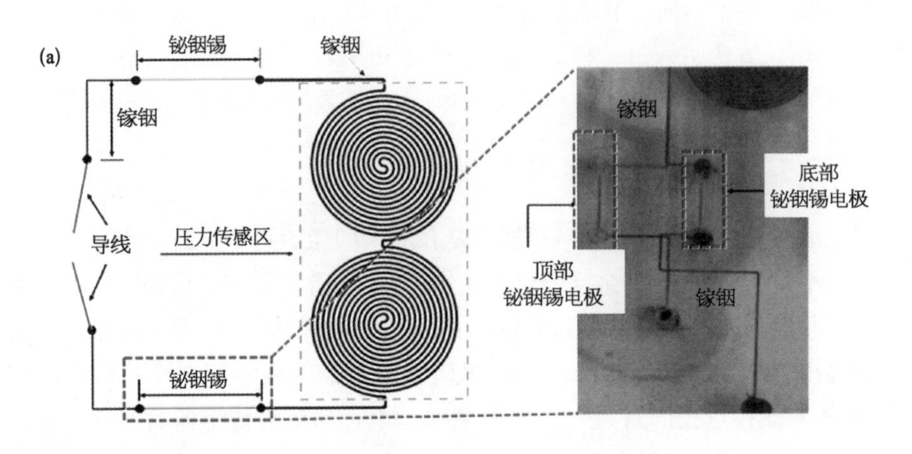
(a)
铋铟锡
镓铟
镓铟
导线
压力传感区
铋铟锡
镓铟
顶部
铋铟锡电极
底部
铋铟锡电极
镓铟

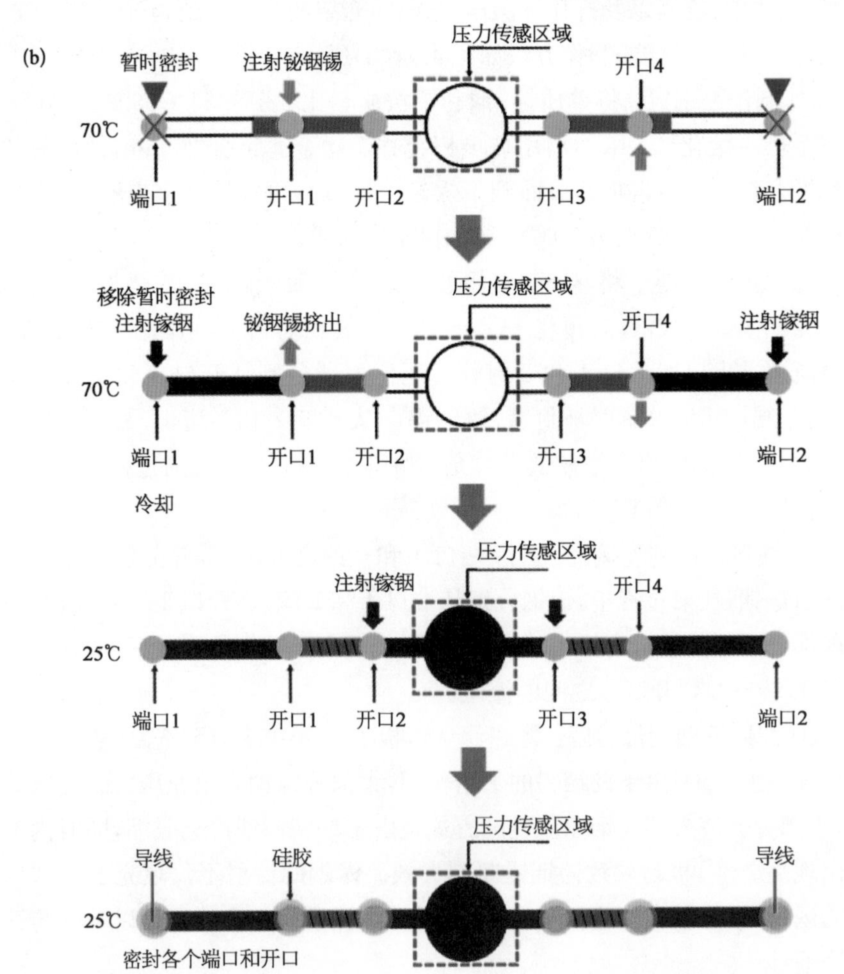
(b)
暂时密封
注射铋铟锡
压力传感区域
开口4
70℃
端口1
开口1
开口2
开口3
端口2
移除暂时密封
注射镓铟
铋铟锡挤出
压力传感区域
开口4
注射镓铟
70℃
端口1
开口1
开口2
开口3
端口2
冷却
压力传感区域
注射镓铟
开口4
25℃
端口1
开口1
开口2
开口3
端口2
压力传感区域
导线
硅胶
导线
25℃
密封各个端口和开口

(c)

图 4.14　液态金属免泄漏电极的制作

(a) 示意图;(b) 制作过程;(c) 实物图。

⑤ 插线与封胶：将引线插入到端口 1 和 2,最后用 705 硅胶将所有开口和端口进行密封。

至此,基于液态金属免泄漏电极的柔性压力传感器制作完成,如图 4.14(c)所示。

4.2.8.2　镓铟-铋铟锡结构的微观形貌

如上所述,免泄漏电极通过制作镓铟-铋铟锡结构来防止液态金属往外溢出。此段结构中的镓铟与铋铟锡以独立形式共存于流道中,成分不混溶。本节利用 ESEM 对引入镓铟前后的铋铟锡结构进行了微观表征,结果如图 4.15 所示。图 4.15(a)和(b)分别表示镓铟注射到铋铟锡结构前后的微观形貌图,观测样本来自微流道中镓铟-铋铟锡结构靠近出口端的横切面。图 4.15(c)和(d)对应的分别是(a)和(b)两图的元素分布情况。

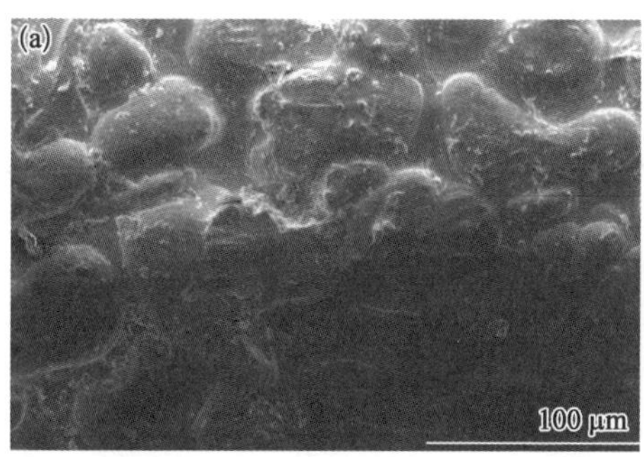

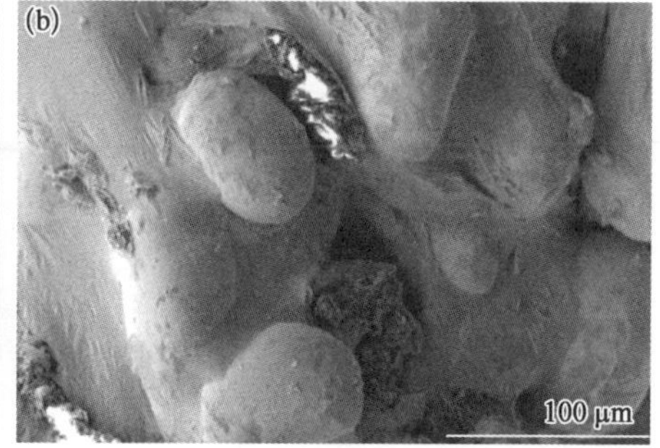

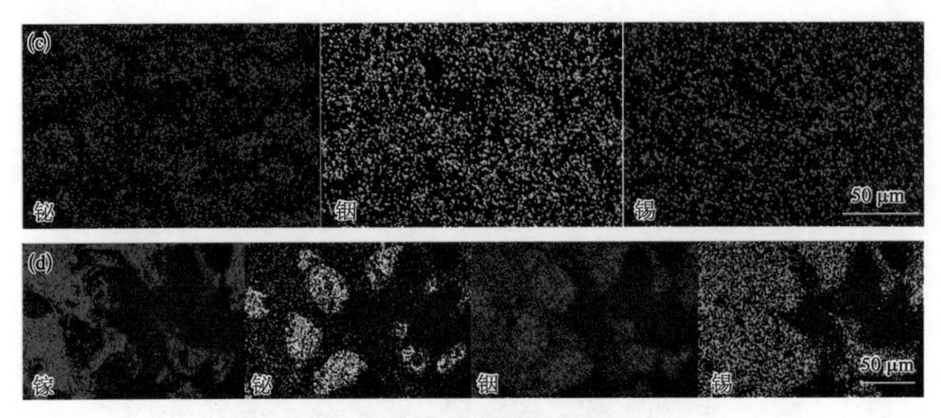

图 4.15　镓铟-铋铟锡结构表征

镓铟注射到铋铟锡(a)前、(b)后的表面微观形貌图；镓铟注射到铋铟锡(c)前、(d)后的元素分布图。

对比发现，固体铋铟锡表面有许多大小不一的微凸起，这些粗糙且不规则凸起的主要成分为铋；引入镓铟后，由于其常温下为液态，因此镓铟会填充和覆盖原铋铟锡结构的空隙，在铋铟锡表面覆盖一层镓铟薄膜，如图 4.15(b)中褶皱所示。通过上述微观形貌与元素分布可以看出，该镓铟-铋铟锡结构的确能在微流道中形成。

4.2.8.3　改进后的传感器的性能分析

将之前的基于常规镓铟合金电极和改进后的压力传感器进行比较，两种传感器的几何尺寸一致，如表 4.2 所示。图 4.16(a)～(c)展示的是两种不同电极的传感器电容值随压力的变化曲线，通过对比蓝色与黑色曲线可以得出，相比镓铟合金电极，免泄漏电极将传感器的量程分别从原来的 0.18、0.18、0.15 MPa 增大至现在的 0.44 MPa，同时响应曲线的线性度与精确度(误差棒)

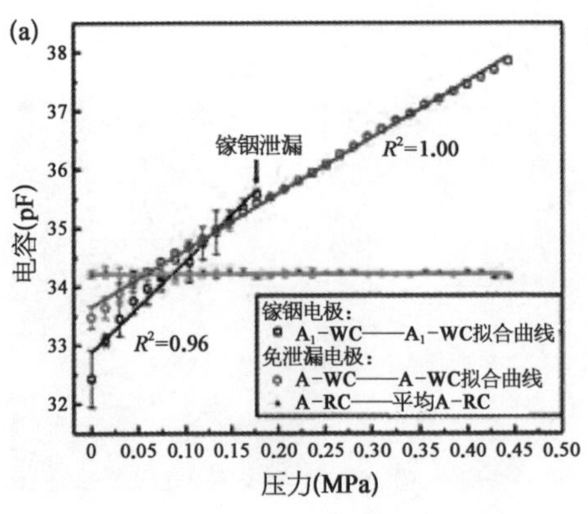

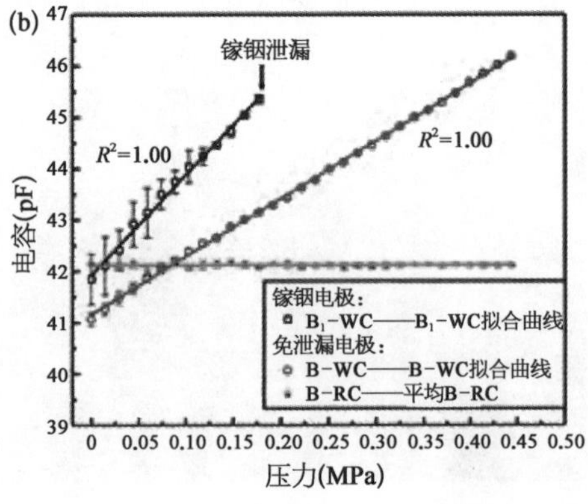

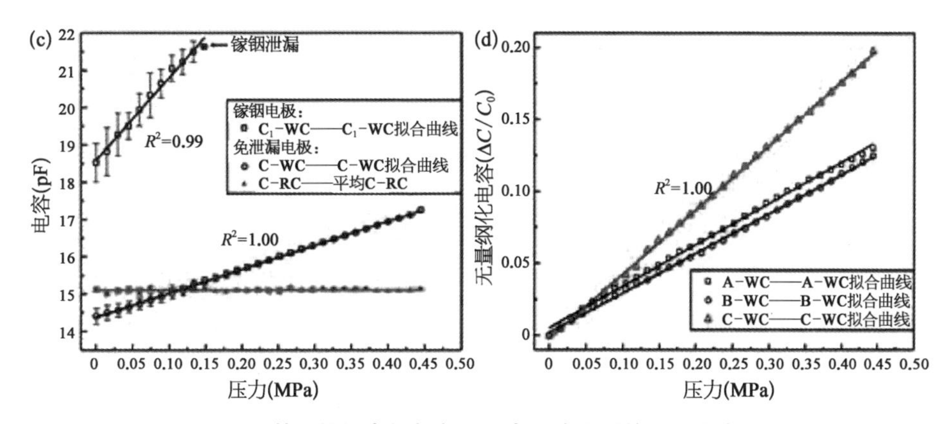

图 4.16　基于镓铟电极与免泄漏电极传感器的压力响应曲线

(a)、(b)、(c) 分别表示基于镓铟电极与免泄漏电极的传感器 A、B、C 的电容-压力响应曲线对比；
(d) 3 组基于免泄漏电极的传感器的灵敏度曲线。

也都得到了提升，表 4.3 比较了基于上述两种电极的压力传感器的基本性能。图 4.16(d)展示了免泄漏压力传感器的正交化工作电容(相对电容变化量)值随压力的变化曲线，根据式(4－12)的定义可知，3 种传感器的压力灵敏度分别为 0.29、0.27、0.45 M/Pa。3 种传感器在高压测试中的分辨率为～14 kPa。

表 4.3　基于镓铟合金电极与免泄漏电极的压力传感器对比

传感器编号	镓铟电极			免泄漏电极		
	A_1	B_1	C_1	A	B	C
量程(MPa)	0.18	0.18	0.15	0.44	0.44	0.44
线性系数(R^2)	0.96	1.00	0.99	1.00	1.00	1.00

基于之前介绍的双电容传感器结构与测试方法，图 4.17(a)～(c)比较了基于液态金属免泄漏电极的单电容与双电容压力传感器在寄生噪声引入后的性能表现，图 4.17(d)为等效电路示意图。由图 4.17(a)～(c)的红色曲线计算得到 3 组传感器 A、B、C 的参比电容平均值分别为 34.21、42.10、15.11 pF。噪声引入的方法与本章 4.2.5 节中描述的一样，图 4.17 的曲线再次验证了双电容结构在减小寄生噪声的有效性，根据式(4－13)计算得到基于液态金属免泄漏电极的双电容压力传感器 A、B、C 对应的 D 值分别为 0.54%、0.52%、2.31%，单电容结构的为 3.44%、9.06%、10.08%。且从图中曲线的变化趋势可以看出，压力越大，双电容结构的抗压能力越明显，电容值越大的抗压能力也越强。

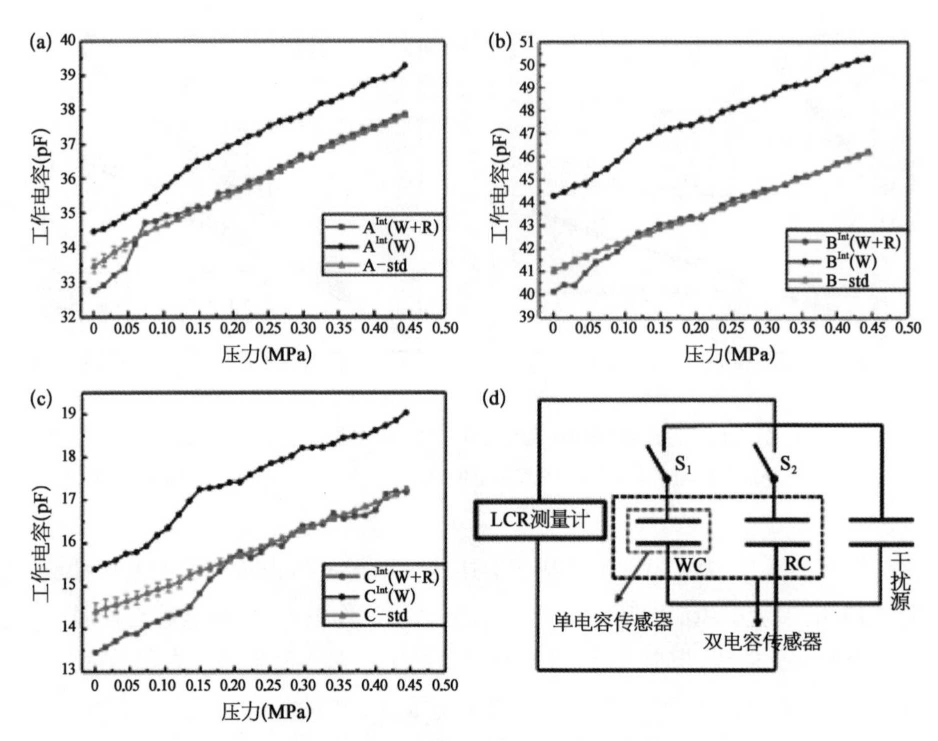

图 4.17 基于免泄漏电极的压力传感器的抗扰能力曲线

(a)、(b)、(c) 分别表示基于免泄漏电极的单电容与双电容传感器 A、B、C 在干扰引入下的工作电容值变化；(d) 抗扰实验的等效电路示意图。

如图 4.18 所示的实验对基于液态金属免泄漏电极的传感器进行了拉伸测试来展现该传感器良好的力学柔性，3 组传感器均可被重复(3 次重复试验)拉伸至原来的 1.2 倍。传感器拉伸灵敏度(Gauge factor，*GF*)的定义与式(4-12)压力灵敏度类似，如式(4-14)所示：

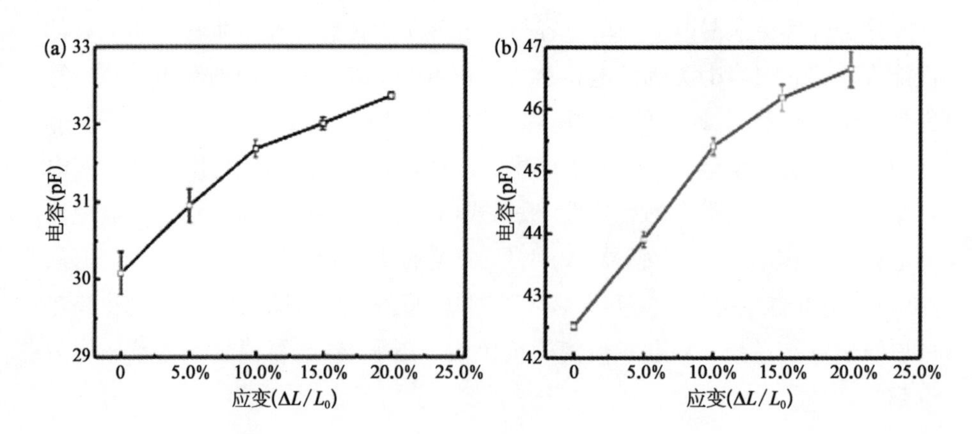

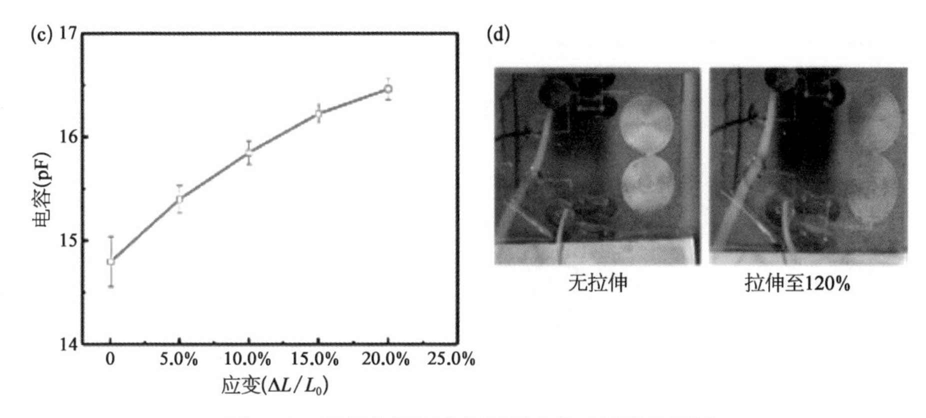

图 4.18　基于免泄漏电极的压力传感器拉伸测试

(a)、(b)、(c) 分别表示基于免泄漏电极的压力传感器 A、B、C 电容值随应变的变化曲线；(d) 传感器被拉伸至原来的 1.2 倍。

$$GF = \frac{\Delta C / C_0}{\varepsilon} \tag{4-14}$$

其中 ΔC 为电容变化量，C_0 为不受拉伸时的初始电容值，$\varepsilon = \Delta L / L_0$ 代表应变，等于被拉伸的长度与初始长度的比值。如图 4.18(a)～(c)所示，传感器 A、B、C 的拉伸灵敏度 GF 在 10%的应变范围内分别为 0.53、0.68、0.54，在 10%～20%的应变范围内则分别下降到 0.22、0.27、0.38。

4.2.8.4　电极泄漏测试

镓铟-铋铟锡结构的引入有效解决了液态金属溢出的问题，但刚性组分的引入可能会对传感器的柔性造成影响，下面介绍对免泄漏电极尤其是镓铟-铋铟锡部分的力学性能进行定量化测试。

(1) 压力极限测试

图 4.19(a)～(c)所示为 3 组传感器在极限压力下电容值随压力的变化，最大压力达 1.48 MPa(即压力机能给出的最大压力)。3 组传感器的电容值均随压力线性增大，且流道进出口都无液态金属溢出。但电极在极大的压力下依然会失效，如图 4.19(d)所示。此类失效现象是由于传感器在极大的力学形变下，微流道内部的液态金属发生了不可逆的颈缩失效导致的。此时，虽然液态金属没有从流道中溢出，但部分镓铟可能在极大的压力作用下渗透并突破了镓铟-铋铟锡结构，并且无法重新回流到压力感知区域，从而造成了永久的电极失效，因此超过传感器压力承受极限的测试不具备重复性。实验结果表

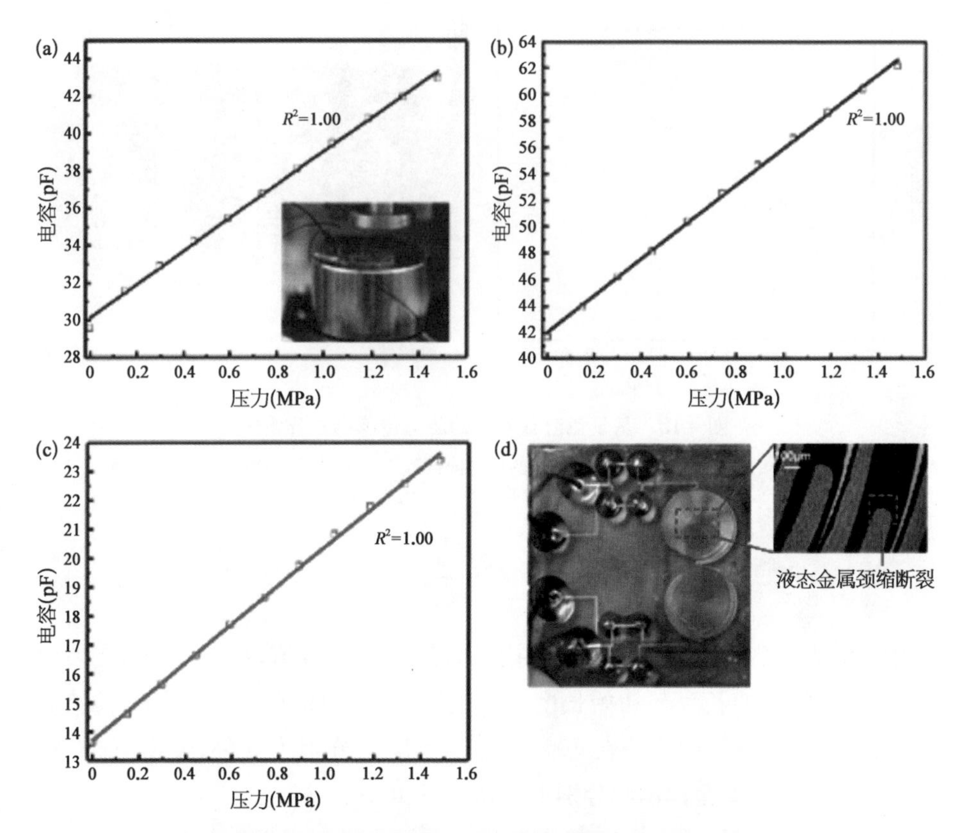

图 4.19 基于免泄漏电极的压力传感器的极限压力测试

(a)、(b)、(c) 分别表示基于免泄漏电极的压力传感器 A、B、C 在 0～1.48 MPa 压力下的电容值变化；(d) 流道内的液态金属受压发生颈缩与断裂。

明，该传感器的最佳量程在 0.44 MPa 以内，超过 0.44 MPa 后传感器的线性度和重复性将开始下降。

由于镓铟-铋铟锡结构是解决液态金属溢出的关键部分，因此该结构的参数如位置、长度、浓度等可能会直接影响到其对镓铟液态部分的封堵效果。最终本实验设计并制作了典型的“三段式”电极结构来研究镓铟-铋铟锡结构的长度对防溢出效果的影响。如图 4.20(d)所示，该典型“三段式”电极由镓铟连接段、镓铟感压段和镓铟-铋铟锡封堵段三部分组成，其中镓铟连接段和感压段的长度为 0.5 cm。图 4.20(a)～(c)分别展示了镓铟-铋铟锡封堵段为 0.15、0.25、0.5 cm 时，该“三段式”电极的电阻随压力变化的实时曲线，3 种电极分别在压力为 0.60、1.40、2.60 MPa 时电阻发生显著增大，从而表现出电极失效。因此，镓铟-铋铟锡结构越长，液态金属往外溢出受到的阻力就越大，因而该结

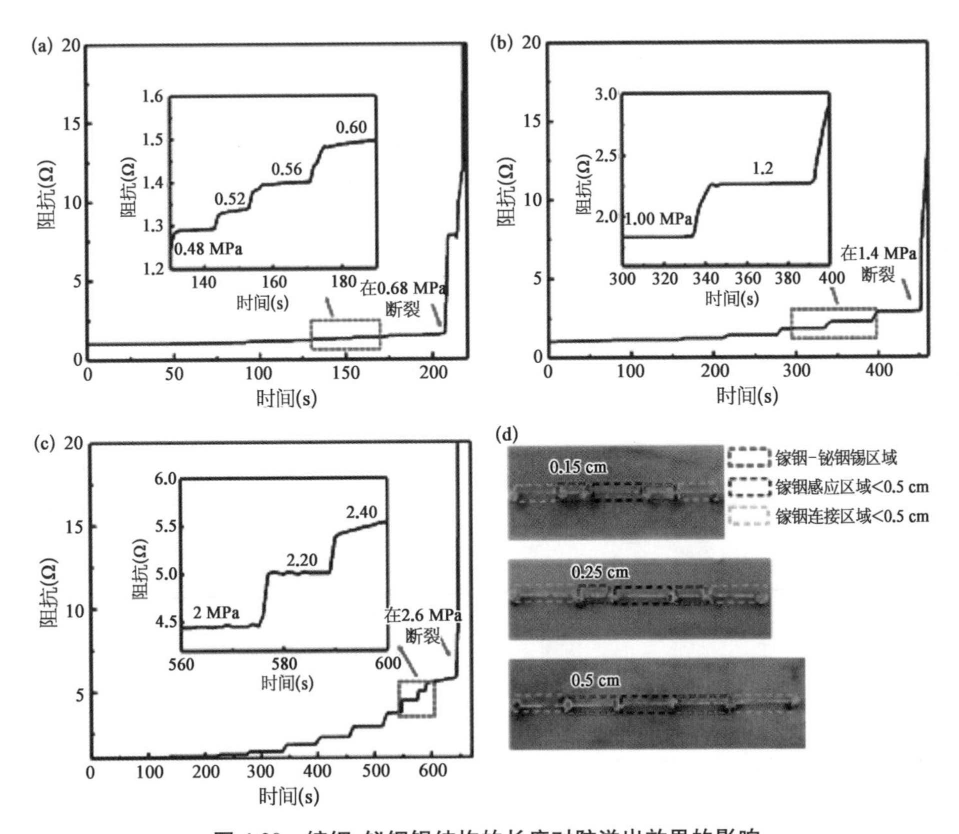

图 4.20 镓铟-铋铟锡结构的长度对防溢出效果的影响

(a)、(b)、(c) 分别表示镓铟-铋铟锡结构长度为 0.15、0.25、0.5 cm 的"三段式"电极的电阻随压力变化的实时曲线；(d) 典型"三段式"防泄漏电极的结构。

构对镓铟溢出表现出的阻碍效果就越好，进而提升了传感器的量程。

(2) 电极稳定性测试

液态金属在力学变形下发生的溢出、颈缩等问题严重限制了电极的稳定性，下文通过电阻测定对电极稳定性进行定量研究。图 4.21(a)和(b)分别为几何尺寸相同(传感器 B)的液态金属免泄漏电极和镓铟合金电极的电阻-压力实时变化曲线，从图中可以看出，免泄漏电极承受的最大压力达到 0.44 MPa 后其电阻依然可以恢复到初始状态，而镓铟合金电极的电阻在压力首先达到 0.12 MPa 时显著增大，之后在 0.15 MPa 下可直接用肉眼观察到镓铟溢出物，如图 4.21(d)所示。图 4.21(c)是免泄漏电极在 0～20%应变范围内电阻的变化，该图反映出免泄漏电极可以在拉伸到原长 1.2 倍后依然恢复到初始电阻值。

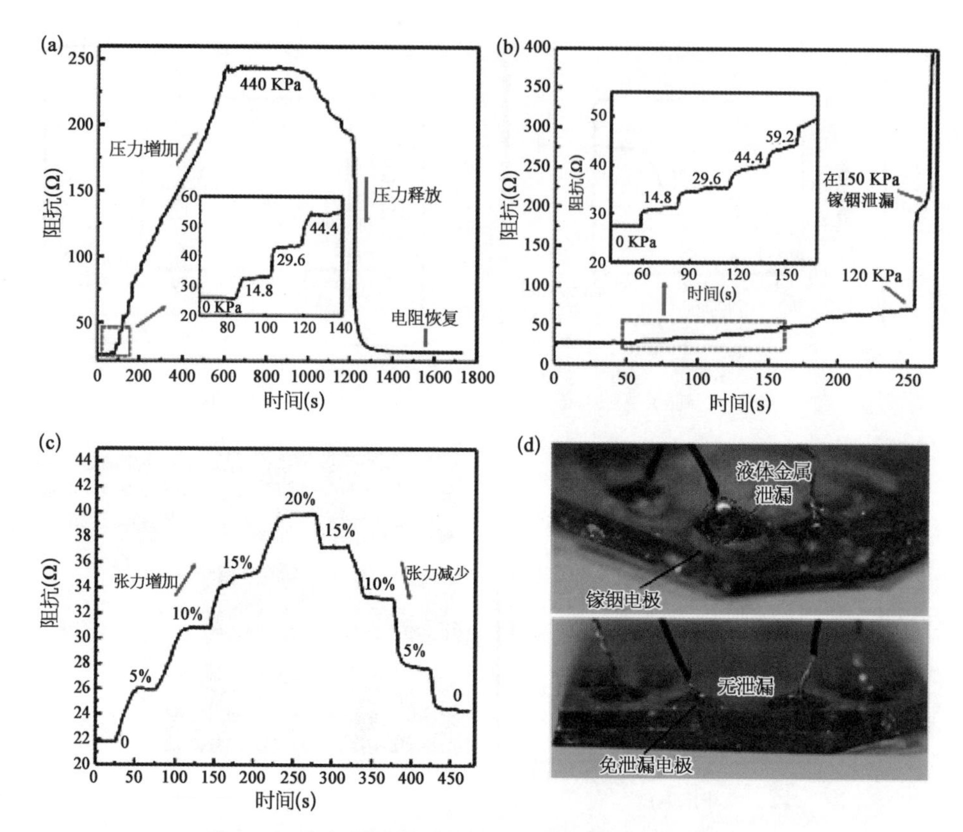

图 4.21 液态金属免泄漏电极与镓铟电极的稳定性测试

(a)、(b) 分别表示免泄漏电极、镓铟电极电阻随压力变化的实时曲线;(c) 免泄漏电极在 20%应变内电阻实时变化曲线;(d) 镓铟电极在 0.15 MPa 压力下发生溢出,免泄漏电极则无泄漏。

以上为整个电极的电阻在受压及受拉时的变化规律,然而由于免泄漏电极中镓铟-铋铟锡段的主要成分为固体,即便镓铟被引入到该结构中,镓铟-铋铟锡段依然存在在按压或拉伸下极易断裂的隐患。于是,本节特意设计实验来探究镓铟-铋铟锡段在设计形变内的稳定性。图 4.22(a)和(b)分别说明了镓铟-铋铟锡结构(0.5 cm 长,200 μm 宽)在 0.50 MPa 压力及 20%拉伸应变内均可恢复到初始电阻值,由此说明了镓铟-铋铟锡结构在设计量程内(0～0.44 MPa 压力,0～20%应变)具有可重复性,展示了该结构的柔性。

电极稳定性试验说明了免泄漏电极不仅能防止液态金属溢出,而且在设计量程内不会影响传感器的整体可拉伸性,保证了该传感器的重复性及柔性。

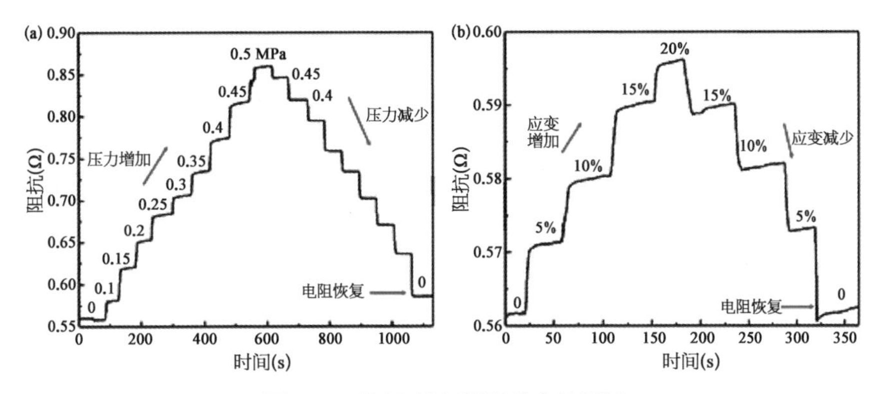

图 4.22　镓铟-铋铟锡段稳定性测试

镓铟-铋铟锡结构在 0～0.50 MPa 压力(a)、0～20%(b)应变内电阻实时变化曲线。

4.2.8.5　理论值与实验值的比较

解决液态金属溢出问题后，电极的稳定性在设计量程内(0～0.44 MPa)得到了保障。下文将基于免泄漏电极的压力传感器的实验值与 4.2.2 中的模拟值和理论值进行对比，图 4.23 分别展示了 3 组传感器的电容变化量 ΔC

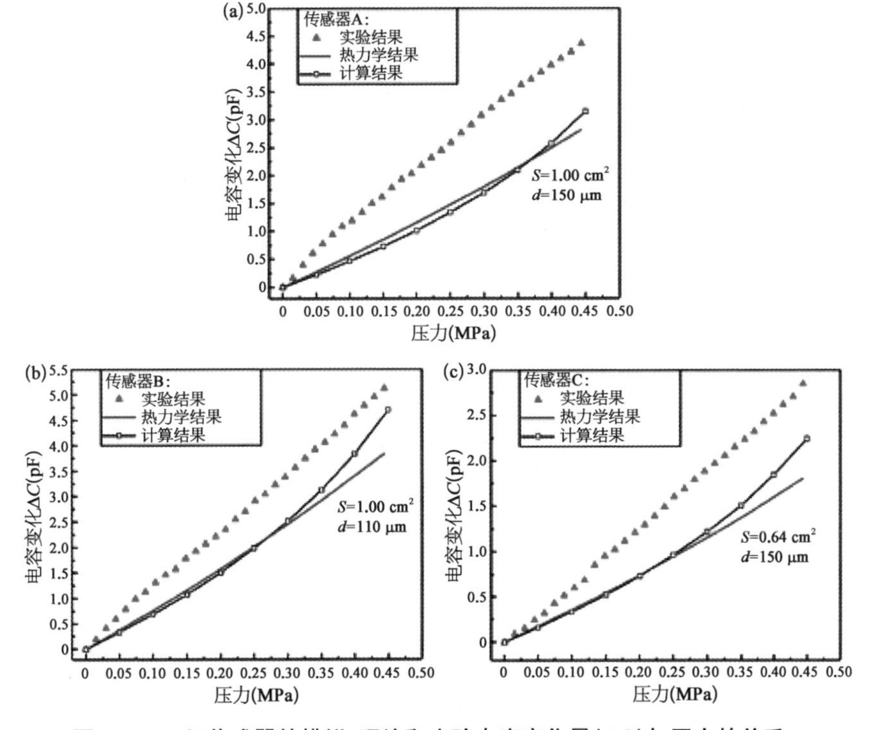

图 4.23　3 组传感器的模拟、理论和实验电容变化量(ΔC)与压力的关系

与压力的关系，ΔC 作为反映传感器灵敏度与动态范围的重要指标，是衡量传感器性能的重要参数之一。通过对比 3 组图片中的曲线，可以得出以下 3 点结论：

① ΔC 随压力变化的实验值、模拟值与理论值趋势一致，在本实验设计的压力范围内三者都具有较好的线性输出，证明了理论模型与实验数据的可靠性。

② 对比图 4.23(a)和(b)可知：极板相对面积相等时，两极板间的距离越小(PDMS 介电薄膜越薄)，相同压力下的电容变化量 ΔC 越大。

③ 对比图 4.23(a)和(c)可知：两极板间的距离相等时，极板相对面积越大，相同压力下的电容变化量 ΔC 越大。

此外，根据式(4-5)可知，采用杨氏模量更小的介电层材料，即弹性更好的介电薄膜，也可以提高 ΔC，改善传感器的灵敏度与动态范围，但由此也会带来非线性输出以及漂移等问题。

对于造成传感器的实验值、模拟值与理论值三者之间误差的原因，主要是由于模型简化与基于的假设导致的，包括：

① 模拟结果将实际的螺旋形液态金属流道极板简化成了矩形 PDMS 弹性极板。

② 理论结果基于线弹性断裂力学，认为压力只导致了流道沿着压力方向被压缩，而垂直于压力方向的形变忽略不计，即流道高度减小，而其余尺寸不变化，所以极板相对面积不发生改变。因此，引起电容变化的只是中间的 PDMS 介电层薄膜，且该薄膜满足线弹性条件假设下的胡克定律，具体推导见 4.2.5。

③ 仿真与理论模型都忽略了耦合到传感器内部的寄生电容，而对于实际传感器，寄生电容是不可能消除的。

④ 模拟与理论模型都忽略了相邻流道之间的相互作用。

上述 4 点原因是造成仿真值、理论值与实验值差距的主要因素。此外，工艺和环境等因素也会影响实验结果，例如实验温度和湿度对 PDMS 薄膜的力学弹性造成的影响，旋涂工艺造成的薄膜厚度不均匀等。

最后，将其他基于 PDMS 薄膜介电层的电容式压力传感器与本传感器进行了对比，如表 4.4 所示。从表中可以看出，该液金传感器在较宽量程的基础上取得了相对较好的灵敏度。当然，液态金属作为宏观的压力传感器其极易做成全柔性的特点也是其他传感器无法替代的[30]。

表4.4　基于PDMS介电层的几种电容式压力传感器性能对比

传感器	电极类型	灵敏度(M/Pa)	量程(MPa)
Ali等[13]	镓铟液态金属	0.11%	0.25～1.1
Narakathu等[14]	银纳米颗粒	0.02	0.8～18
Joo等[31]	银纳米线	0.35×10^{-3}	$(2.5\sim4.5)\times10^{-3}$
本传感器	镓铟-铋铟锡	0.45	0～0.44

4.3　基于液态金属的用于微小空间的压力传感器

随着微流控系统在生物化学分析等方面应用的不断深入，对微流道内的流体进行精准的压力检测具有重要的理论和实践意义。首先，对微流道内的压力进行精准的测量，可以为微流道内的流体动力理论研究提供重要指标和依据。其次，在微流控生物或化学分析芯片中，需要通过精准的压力来控制和处理生物或化学样品[32-37]，例如，在细胞研究中，为细胞补给培养液[38,39]；在微流道内进行粒子检测、细胞筛选时，压力测量可以被用到表征微流道内的水流阻特性，用以研究细胞的机械性质；微流道内的红细胞和白细胞的流变特性是通过在测试流道的出口来测量压降变化来研究的[40]。再者，压力对于连续流中气泡的产生和控制也非常重要，尤其是气液多相流中气泡的大小高度依赖于气流中压力的大小[41,42]。最后，在医学诊断和治疗中，压力的测量，可以应用在身体的不同部位，比如眼压[43-45]、颅内压[46-49]、血压[50]等的测量，也可用于青光眼的治疗，以及血压的检测等。如采用具备医学安全等级的材料制作微流控检测设备，可以用作可植入式医疗健康监护，进行疾病的诊断以及术后的指标监控等。

目前，微流道内流体的压力测量大多依赖于外部测压传感器，然而在传递过程中会有压力耗散和延迟，使用外部的传感器很难精准测量到局部的压力。因此需要能够集成在微流控芯片上的结构简单的压力传感器。

目前集成在芯片上的压力传感器的研究已受到广泛的关注，一个常见的方法是利用膜的形变来检测流道内的压力，进而利用压电[51,52]、电容[53]、光学[54-59]的基本原理转化成可测量的信号。但都存在一些弊端，比如压电式的压力传感器需要复杂的工艺才能将压敏材料精准置于测量的部位，光学式压力传感器需要昂贵的光学检测设备等，因此不便于集成化和微型化设计。还有研究是利用压缩气体来测量流体压力的[55,60]，利用空气在密闭微流道内的压缩来测量液体或气体的静压大小，但这种压力传感器需要用非漏气性材料来制作，比如玻璃，这限制了传感器在柔性聚合物材料（如 PDMS）上的应用，而柔性聚合物材料是生物芯片最常用到的材料。为了简化结构，Abkarian 等人[61]利用两种流体界面移动来衡量压力大小的方法，根据样品流体压力改变会引起样品界面的移动，最终却仍然需要通过图像分析的方法来判断压力大小。

受到柔性电子发展的激发，液态金属和 PDMS 受到越来越多的关注。利用软光刻工艺制作出 PDMS 材质的微流道的微流控芯片也越来越多。液态金属作为一种流动的金属和光刻工艺相结合可以为我们提供一种片上测压的可能性，以下介绍一种基于液态金属的柔性电容式压力传感器，该传感器是利用参照液体与被测液体的界面的移动来推算流体压力大小的。这是一种直接的压力检测方法，可以通过电容的方式将数据图线实时在 PC 端显示；加工制作工艺简单，可以同步设计、制作在微流控芯片流道的任意目标位置进行压力测量。

4.3.1 液金微流体压力传感器的工作原理

该微流体压力传感器的结构主要是一个微型的密封微流道，该微流道只有一个入口，没有出口，传感器为全柔性。该密封流道内预先注满一种介电常数与被测液体显著不同的参照液体，比如测量水溶液，预先注满硅油等油类；而且预装的参照液体要求与被测的液体互不相溶（如水和硅油）。而该单个入口要定位在微流道上待测量压力的位置。当有液体流经该入口时，就会挤压预先装在微密封流道内的参照液体，从而使得内部柔性流道发生形变，压力大小的测量是通过监测参照液体—被测液体的界面的移动并利用一定的方式来推算的[62]。

关于压力数据的输出方式，可以用 3 种不同的方法来进行压力数据的获取。第一种方法是图像法，如图 4.24(a)，根据实验测试结果，建立液-液界面的移动距离 ΔX 与流体压力之间的关系，根据界面的移动距离 ΔX 来测算流体压力，而界面的移动距离通过肉眼或者光学显微镜设备进行测算。第二种方法是电容式，如图 4.24(b)，在该微流道两侧设计一对平行的电极，该平行电极连同之间的 PDMS 间隙和微流道共同构成一个平板电容器。当压力不同时，流道内的两种混合液体的等效介电常数发生改变，流道两侧的平行电极检测到的电容值也随之改变，根据实验测试，可以建立起电容与流体压力的变化关系图线,从而根据电容值的变化来反推流体压力的大小。第三种方法就是将前两种结合起来用,如图 4.24(c),既可以用图像的方法,又可以用电容的方法进行数据输出。

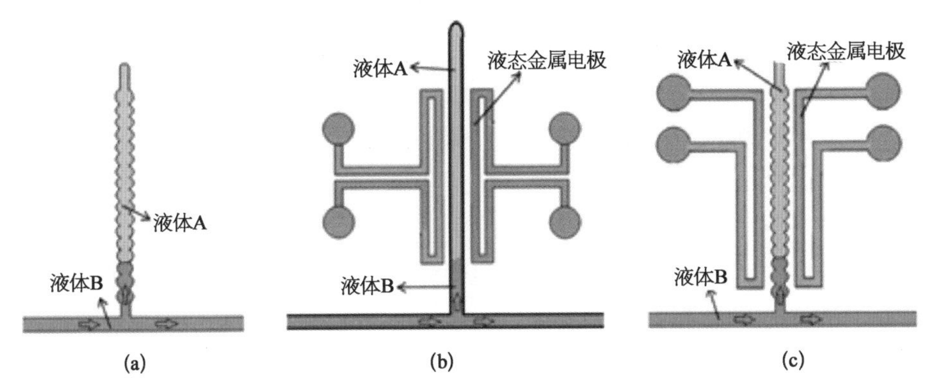

图 4.24　微流体压力传感器 3 种工作原理示意图

(a) 基于图像法的压力传感器;(b) 电容式压力传感器;
(c) 图像-电容混合式数据输出压力传感器。

这 3 种测量方式的结构设计如下:

(1) 图像法压力数值测量方式

这种方法是根据实验测试结果,建立液-液界面的移动距离 ΔX 与流体压力之间的关系,根据界面的移动距离 ΔX 来推算出流体压力的大小,这个液-液界面的位置可以通过显微镜观察得到。

如图 4.25 所示,基本原理是:蓝色是被检测流道的液体 A,黄色是预先装在检测流道内的液体 B,B 与 A 互不相溶。当被检测液体流过检测流道时,在流体压力的作用下,进入具有弹性的检测流道。流体压力越大,A-B 两种液体的界面远离主流道交叉口一侧移动的越多,我们可以通过显微镜来检测 A-B 两种液体的界面移动的距离 ΔX,根据实验测试结果,建立液-液界面的移动距离 ΔX 与流体压力之间的关系,最终根据界面的移动距离 ΔX 来测算流体

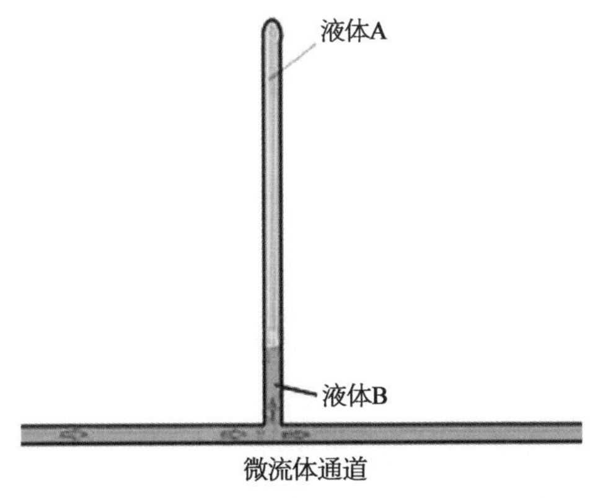

图 4.25　图像法微流体压力传感器的原理示意图

压力的大小。

(2) 电容式压力数值测量方式

为了在微流控系统中进行检测分析,通常要把检测到的信号转化成电信号输出,一般常以电容或者电阻的信号输出,因为在微流控系统中,溶液多为低导电率高介电常数的物质,因而转化为电容信号更为常见。

电容式微流体压力传感器所用的方法是在检测流道的两侧放置一对微电极进行电信号检测。该检测方法的检测结果稳定,易于读取。样品流体中压力的变化会引起检测流道内样品-参照流体的界面移动,再通过平行布置于检测流道两侧的液态金属电极来检测电容信号的变化。而且该方法采用液态金属微电极和被检液体非接触的电容测量方式进行微流体压力信号检测,从而能将电极对被检测液体的干扰降到最低。另外,液态金属微电极的制作方式,可以与微流控芯片流道系统的制作同时进行,不需要额外复杂的金属溅射或者沉积工艺,将微电极的设计与制作和微流控芯片微流道的制作合二为一,大大简化微电极的制作,同时也使得传统微电极制作中所涉及的电极的对准问题得到了解决。

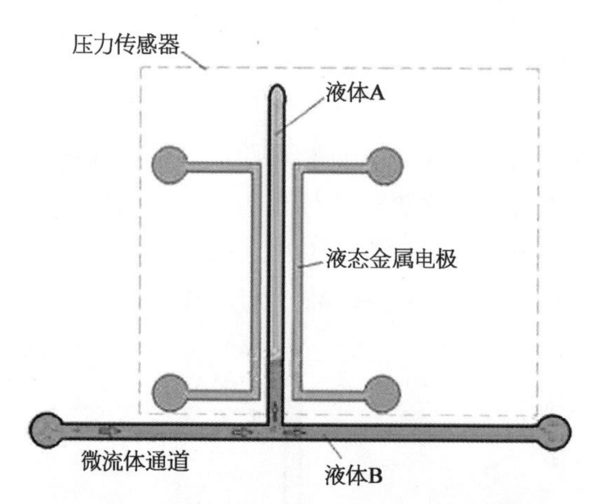

图 4.26 电容式微流体压力传感器的原理示意图

如图 4.26 所示,可以把中间的检测流道定位在主流道上任何一个需要进行压力测量的位置,检测流道只有一个进口,没有出口。首先,把检测流道内预装满流体 A(比如硅油),预装的液体需要具备的条件是与被检测流体互补相溶,并且与被检测流体的介电常数具有明显的差异(比如水和硅油)。当具有一定流体压力的被检测流体(比如水)流经此传感器时,一部分被检测流体就会被压进具有结构弹性的检测流道内,从而与预装的流体形成一个液-液界面。

中间检测流道内的电容大小取决于流道内的物质成分。由于极性的水分子和非极性的硅油分子在电场下的极化特性不一样,因此水-油混合物的介电常数并不一定等于两者的算术平均值。只有当水-油的界面与电场极化线平行时,也就是两种物质平行于极化场,这个时候,水-油两种物质的等效介电常数才是两种物质介常数的算术平均值，也就是可以把水和油看成是该电容电路中相互并联的两个独立电容，因此整个电容压力传感器相当于 3 个电容串联（液体 A 的部分）后与另外一组（液体 B 的部分）并联的结果（如图 4.27），可检测到的总电容可以表示为：

$$C_{\text{sen}}=\frac{1}{\frac{1}{C_{\text{gap,A}}}+\frac{1}{C_{\text{A}}}+\frac{1}{C_{\text{gap,A}}}}+\frac{1}{\frac{1}{C_{\text{gap,B}}}+\frac{1}{C_{\text{B}}}+\frac{1}{C_{\text{gap,B}}}} \tag{4-15}$$

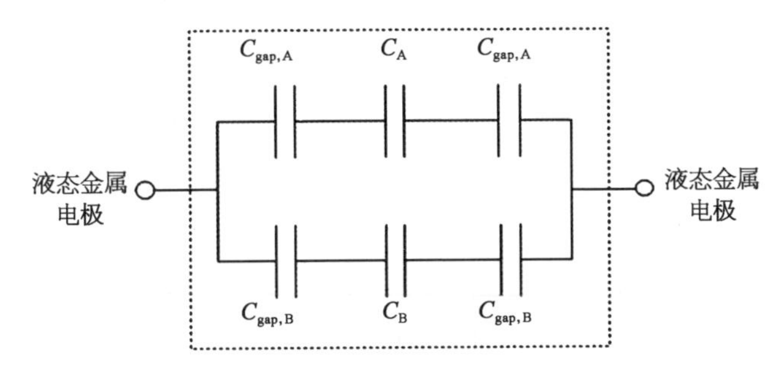

图 4.27　微流体压力传感器中的等效电容电路图

其中，每个独立的电容又可以看作是平行平板电容器，平行平板电容器的电容公式为：

$$C=\frac{1}{4k\pi}\cdot\frac{\varepsilon S}{D} \tag{4-16}$$

这里，ε 是物质的介电常数，S 是两平板电极的正对面积，$S=L\times H$（L 和 H 分别对应平板电极的长和宽），D 是两电极间的距离。如果设液体 B 进入流道的距离为 l，那么 S_{A} 和 S_{B} 可以表述为

$$S_{\text{B}}=\frac{l}{L}\cdot S \tag{4-17}$$

$$S_{\text{A}}=\left(1-\frac{l}{L}\right)\cdot S \tag{4-18}$$

其中，S 是两极板间正对的总面积. 将上述式子代入式（4－15）中可到总电容为

$$C_{\text{sen}}=\frac{1}{\frac{2d}{\varepsilon_{\text{PDMS}}}+\frac{w}{\varepsilon_{\text{A}}}}\cdot S+\left(\frac{1}{\frac{2d}{\varepsilon_{\text{PDMS}}}+\frac{w}{\varepsilon_{\text{B}}}}-\frac{1}{\frac{2d}{\varepsilon_{\text{PDMS}}}+\frac{w}{\varepsilon_{\text{A}}}}\right)\cdot\frac{l}{L}S \tag{4-19}$$

根据等式(4-19),对于一个结构已知的水-油压力传感器,液体 A、液体 B 和 PDMS 的介电常数 ε_A、ε_B 和 ε_{PDMS}都为定值,检测流道的宽度 w 和流道与电极间的间隙宽 d 也均为定值,也就是说,一定结构的压力传感器,所有影响电容变化的参数中,l 是唯一的变量。l 的变化会引起总电容值的变化。因此当流体压力变化时,A-B 两种液体的界面位发生改变,检测到的等效总电容值也发生变化。

又因为在水-油流体压力传感器中,$\varepsilon_{water}(\varepsilon_B)$ 大约为 81,而 $\varepsilon_{oil}(\varepsilon_A)$ 为 2.2 左右,因此在 $\varepsilon_{water}(\varepsilon_B)$ 远远大于 $\varepsilon_{oil}(\varepsilon_A)$ 的情况下,式(4-19)中的第二项括号中的数值为大于零,因此,在水-油流体压力传感器中,l 越大,总的电容值也越大。

(3) 图像-电容混合式压力数值测量方式

采用可视化和电容检测两种方式进行压力数值输出,如图 4.28 所示。在葫芦形流道的两侧布置平行的液态金属电极,既可以通过观察的方法检测两种液体的液面位置,也可以通过流道两侧的平行电极,检测到电容值的变化。根据电容信号的变化,检测流道内压力值的变化。

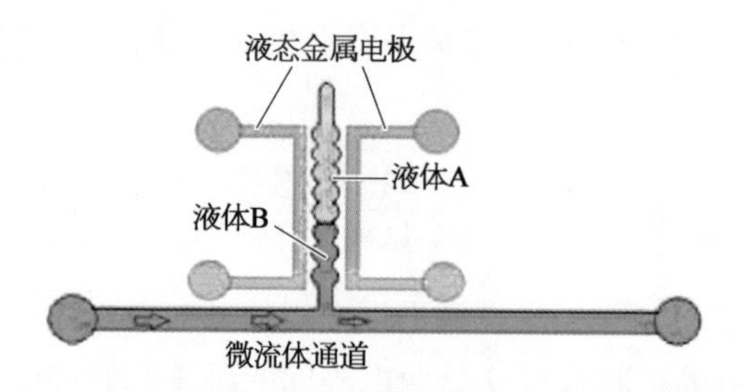

图 4.28 微流体图像-电容混合式压力传感器原理图

在 3 种不同的压力值的测量方式中,电容式数据读取的方式可以通过用液态金属作为电容电极材料以及屏蔽材料进行制作,后面将专门进行介绍。

4.3.2 液金微流体压力传感器的制作流程与工艺

传感器的制作工艺是基于微流控软光刻技术之上的,并采用 PDMS 作为基材。首先,通过多层软光刻的技术[63],制作出多层微通道的微流体压力传感器芯片;然后,将液态金属(镓铟锡合金)注入相应的微通道内形成电路电极或者屏蔽电线;最后,将该微流体压力测量的芯片检测通道内注入预装的液体 A,并通过一定的方式进行封装,备用。

4.3.2.1　多层软光刻

如图 4.29 所示，微流体压力传感器的标准软光刻工艺制作过程包括：光刻与倒模、打孔与键合、注入液态金属、密封等过程。

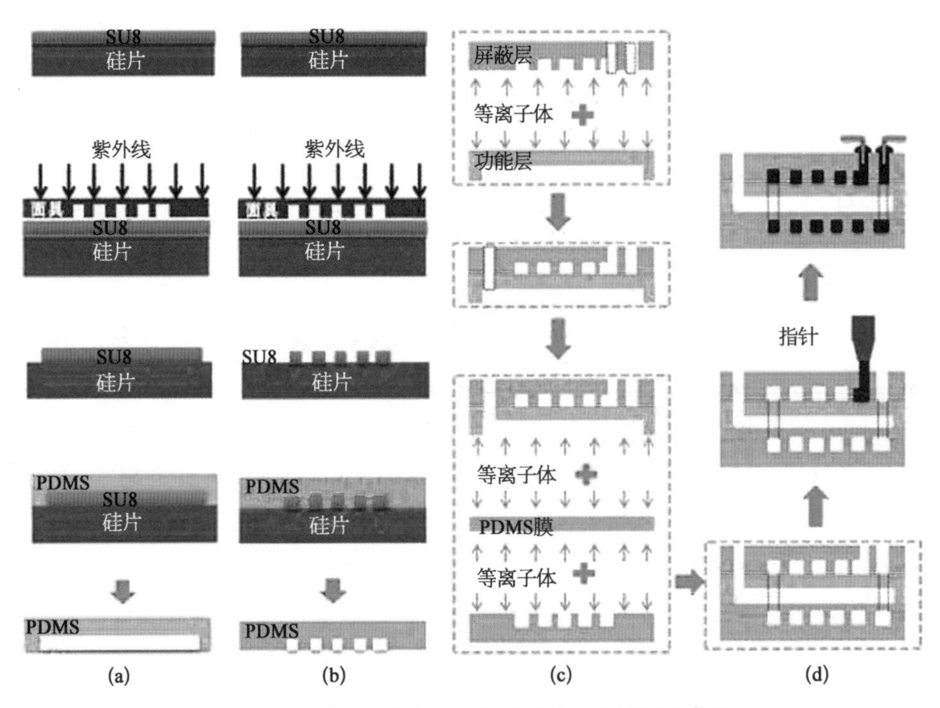

图 4.29　多层微流体压力传感器的制作过程示意图

(a) 功能层；(b) 屏蔽层；(c) 等离子体键合；(d) 镓铟锡注射。

(1) 光刻与倒模

目的是制作传感器的功能层和屏蔽层微流道。如图 4.29(a) 和(b)所示为光刻与倒模的几个典型代表过程，制作过程如下：

① 制作掩膜：使用 AutoCAD 和 linkCAD 软件设计出相应的微流道平面图，也可使用 L-edit 掩模版图编辑器将目标图案设计成 PDF 格式。将该图形打印在胶片或铬板上，这个带图形的胶片即为掩膜。在掩膜上，流道区域为透明色，该部分在紫外光刻机下可以透光；其他无流道的区域全部为黑色，不透光。

② 匀胶旋膜：将光滑洁净的硅片（直径为 10 cm）置于匀胶机上，用点胶针管将负性光刻胶 SU8 均匀挤出到硅片中心，设置不同的匀胶机转速，便可旋涂出不同厚度的 SU8 膜。

③ 前烘：匀胶旋膜后，迅速将该硅片首先置于65℃的烤板上，加热10～30 min，再移至95℃的烤板上加热10～50 min，在加热板上经过适当时间在适当的温度(65℃与95℃)下进行前烘，可以促进SU8在硅片上的固化。

④ 紫外曝光：前烘后将硅片在室温下静止冷却10 min。然后将硅片和掩膜置于紫外光刻机上，涂有SU8光刻胶的硅片置于底层，带有设计图形的掩膜置于硅片之上，曝光4～60 s。如图4.29(a)和(b)所示，有流道的部分会透过紫外光，使得SU8发生胶合链化反应，紧密牢固地附着在硅片上，而没有图形的部分则不透光。经过紫外曝光后，掩膜上的流道图案便会转移到涂SU8光刻胶的硅片上[64]。

⑤ 后烘：在热板上分别按65℃与95℃的温度进行再次加热，使得光刻胶在硅片上的结构更加稳定。

⑥ 显影：后烘完成后冷却10 min再进行显影，也就是用SU8显影剂清洗硅片，在SU8显影剂的清洗下，被曝光的流道部分留在了硅片上，而其他未曝光的部分则被清除，于是硅片上只剩了凸起的流道图形。

⑦ 坚膜：显影后，将只剩下流道凸起图形的硅片置于烤灯下烘烤10～20 min，将硅片和SU8上的水分充分蒸发，以使得得到的流道模具具有坚固稳定的特性，以便后面多次重复进行倒模与揭膜，而不至于损坏硅片上的流道图形，坚膜完成后把硅片放入培养皿备用。

⑧ 倒模：首先把PDMS混合液(PDMS与固化剂以10∶1的质量分数混合均匀)置于真空箱中抽真空30～60 min，把抽过真空的PDMS混合液倒入坚膜后的硅片培养皿中，置于加热板上65℃加热2～3 h。然后把固化了的PDMS从硅片上揭下来，便可得到带有设计流道的PDMS传感器层或者是带有微流道的屏蔽层，见图4.29(a)和(b)的下图。

(2) 打孔与键合

如图4.29(c)所示，得到了传感器层和屏蔽层后，需要在各个微流道相应的进出口位置用打孔器打孔。之后将各层PDMS在等离子清洗机中处理8～15 s，再逐层进行对准键合，至此，便可得到多层微通道的微流控芯片。

(3) 注入液态金属

如图4.29(d)所示，注入液态金属是指在微流控芯片相应的电极流道中，用注射器将液态金属缓缓注入，用以代替固态电极制作微电极[65-68]。液态金属注入后，在注射的进口和出口分别插入细铜丝引线，再用705硅胶进行封装。至此，一个完整的微流体压力测量传感器芯片便制作完成。

4.3.2.2　金属屏蔽层的设计

在对微流体压力传感器芯片初步进行离体实验，可以成功检测到微流体压力的变化后，对该微流体压力传感器芯片进行抗干扰能力测试，在此过程中发现电容值容易受到外界环境的干扰，比如抖动、物体靠近等。因此，需要重新进行微流体压力传感器结构优化设计，需要在传感器外部增加抗干扰信号的金属屏蔽层。

(1) 常规屏蔽方式

在研究对微型传感器芯片进行屏蔽的过程中，首先能想到的是利用常规的铜网、铜箔以及铝箔进行信号屏蔽，并对屏蔽效果进行评估。图 4.30 为铜网和铝箔屏蔽的实物照片图。

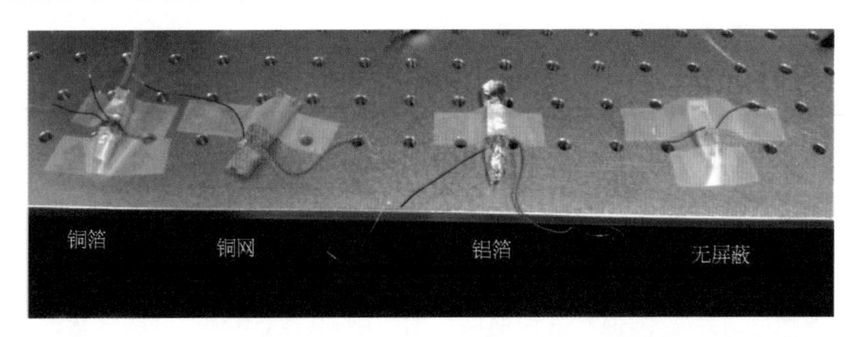

图 4.30　微流体压力传感器芯片分别进行铜箔、铜网、铝箔屏蔽和无屏蔽处理

压力传感器芯片进行铜网或铝箔屏蔽的制作过程如下：

① 将制作好的微流体压力传感器芯片置于显微镜下，连接好测试设备。

② 利用微流进样系统缓缓将硅油(参照液 A)注满测试流道。

③ 撤去注硅油的管道，在流道入口处同样利用进样系统注入 DI 水(被测液 B)，将主流道内的硅油全部冲洗出流道，在测试流道内接近入口的位置处留下一个水-硅油的界面。

④ 利用 PDMS 小圆柱密封主流道的出口，并同时用半凝固态的 PDMS 覆盖后加热快速固化。

⑤ 利用微流进样系统进行加压测试，观察水-硅油的界面及电容值变化。

⑥ 如果微流进样系统的设定流体压力增加，界面远离检测流道的入口，同时测量到的电容值增加；如果微流进样系统的设定流体压力减小，界面接近检测流道的入口，同时测量到的电容值减小，说明该微流体芯片压力传感电容响应良好。

⑦ 对功能良好的压力传感器芯片进行加装铜网屏蔽层的处理：将传感器

芯片从显微镜下取下，用铜网、铜箔或铝箔包裹严实，如图 4.30 所示。把预先抽过真空的 PDMS 混合液(PDMS 与固化剂以 10∶1 的质量分数混合均匀)浇注到传感器芯片上，完全包裹住芯片，在烤灯下加热固化；再次浇注 PDMS 混合液，再次固化；重复几次操作，直至 PDMS 混合液完全在铜网上固化，随后将该芯片置于湿盒中备用。

将放置于湿盒中的带铜网屏蔽的微流体压力传感器芯片取出，连接微流进样系统，调控微流体的流体压力大小，对其进行性能测试，结果如表 4.5 所示。

表 4.5　微流体压力传感器芯片分别进行铜箔、铜网、铝箔屏蔽和无屏蔽的情况下对应的电容测量误差范围对照表

状　态	原始电容测量数据(pF)	正常波动范围 ΔP(pF)	物体从远至近接近表面位置电容值(pF)	电容降幅 P1(pF)	降幅是正常波动的倍数
未屏蔽	0.562～0.572	0.01	0.41～0.42	0.152	15
铝箔	0.527～0.534	0.007	0.50～0.51	0.025	3.3
铜箔	0.415～0.422	0.007	0.370～0.379	0.045～0.053	6.4～7.4
铜网(1.5 层)	0.538～0.542	0.004	0.530～0.538	0.008	2
铜网(4 层)	0.549～0.553	0.004	0.540～0.549	0.009	2.2

从表 4.5 中可以看出：首先，在有铜网屏蔽的作用下，LCR 测量计本身的测量波动范围会减小，但不受铜网层数的影响；其次，当有外界物体从远至近靠近传感器芯片时，传感器芯片检测到的电容会降低，在 5 种类型的芯片中，进行铜网屏蔽的传感器芯片的降幅最小，且铜网厚度对其没有明显影响；最后，当有外物移近时，进行铜网屏蔽的传感器的电容变量与系统波动的比值也最小，大约为 2，且不同铜网厚度下没有观察到明显差异。因此，上述 5 种屏蔽情况下，铜网的屏蔽效果最好，且铜网厚度(1.5 层与 4 层)的屏蔽效果没有明显差异。

再对带铜网屏蔽的芯片进行进一步的实验测试，其测试的结果如下：

① 微流体压力传感器芯片在微流体压力分别为 300、100 mbar* 的情况下，测量到的电容值并没有明显的变化，但当流体压力升高到 1 200 mbar 时，检测到的电容值发生了明显的改变。说明该微流体压力传感器的量程足够高，但是分辨率不高。

② 微流体压力传感器芯片在第一次微流体压力从 0 施加到 150 mbar 时，检测到的电容值上升非常明显，而当微流体压力再从 150 mbar 迅速减小到 0

* 1 mbar=100 Pa，为尊重实验原始数据，保留此单位不换算，下同。

时,检测到的电容值却没有明显的变化。原因分析：水-硅油界面可能已经被破坏,微流道内的水可能已经减少或者变化。在第一次微流道内的水压增加时,流道内迅速充满水,流道的介电常数发生了极大的变化,而后面的变化微弱,是因为水-油界面已经紊乱(水油互相掺杂分段等)。

而造成水-油界面容易被破坏的制作方面的因素有：第一,密封不严,插管或者出口处的密封不严,造成了去离子水蒸发,或者流体压力有泄露。第二,通过加热液体 PDMS 对铜网和微流体传感器芯片进行封装过程中的反复加热的工艺会引起水的蒸发与凝结等不稳定因素。

可以看到,带铜网屏蔽层的微流体压力传感器,在检测微流体压力变化时,检测到的对应的电容信号还是容易出现不稳定的情况。而且由于使用铜网等方式进行屏蔽很难精确地对传感部分进行屏蔽,体积过大,不适合压力传感器在芯片上的集成。

(2) 液态金属屏蔽方式

为了解决常规屏蔽方式的问题,于是有了用液态金属代替铜网的制作屏蔽层的方法[69]。利用多层软光刻的工艺,只需要将液态金属注入上下的屏蔽层即可一步完成屏蔽层的制作和封装过程,全部过程在室温下便可完成,省去了加热固化的过程。当屏蔽层封装完成后再进行注入液体的操作,会大大提高传感器结构的稳定性。

液态金属屏蔽层的制作可以与微流体压力传感器芯片的制作同时完成,只要在微流体传感器芯片的上下层用同样的工艺步骤制作出两个带微流道的屏蔽层,然后通过灌注的形式将液态金属注入,并用引线引出封装即可(见图 4.29)。在制作和最后测试过程中的注意事项有：

首先,将普通芯片的引线换成屏蔽导线,将引线剪出 20～30 cm 长,使得芯片的引线足够长,以满足连接到固定夹具的距离,剥离出两端的内芯和屏蔽层。

其次,屏蔽线的一端(首端)内芯用锡焊焊成一股,插入芯片与液态金属连接,另一端(末端)的屏蔽层留出 1 cm 长,用作后面与芯片屏蔽层铜网相连。

再次,屏蔽线的末端内芯与 LCR 测量计的夹具相连,末端的屏蔽层与夹具外面的屏蔽层锡箔纸相连,夹具与连接部位整体屏蔽并固定好位置。

最后,芯片的屏蔽铜网用长导线与水龙头或大块接地金属的导电部位相连。

如图 4.31 所示,为带液态金属屏蔽层的血压监测传感器的实物照片,液态金属屏蔽层分布在传感器功能层的上下底面,通过键合的方式牢固地固定在一起,液态金属通过灌注的方式注入屏蔽层流道,之后在液态金属的出口用屏蔽导线引出。这里，为了使结构紧凑美观，我们将液态金属屏蔽层的液态金属引出线与功能层的电极引出导线的屏蔽层连在一起后，共同接地，保持相同的电势。

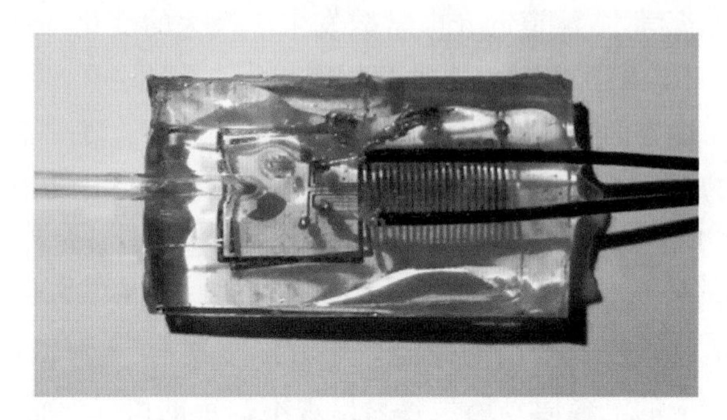

图 4.31 带液态金属屏蔽层的血压监测传感器实物照片

如图 4.32 所示，为使用显微镜拍摄的带屏蔽层的压力传感器的照片。液态金属流道均匀覆盖在功能层检测流道的区域，构成一层金属屏蔽网。为了能够实现在显微镜下观察、检测流道内的界面移动情况，实验中并未将液态金属屏蔽层密实地布满整个流道，但是实验结果显示，该种结构的液态金属屏蔽

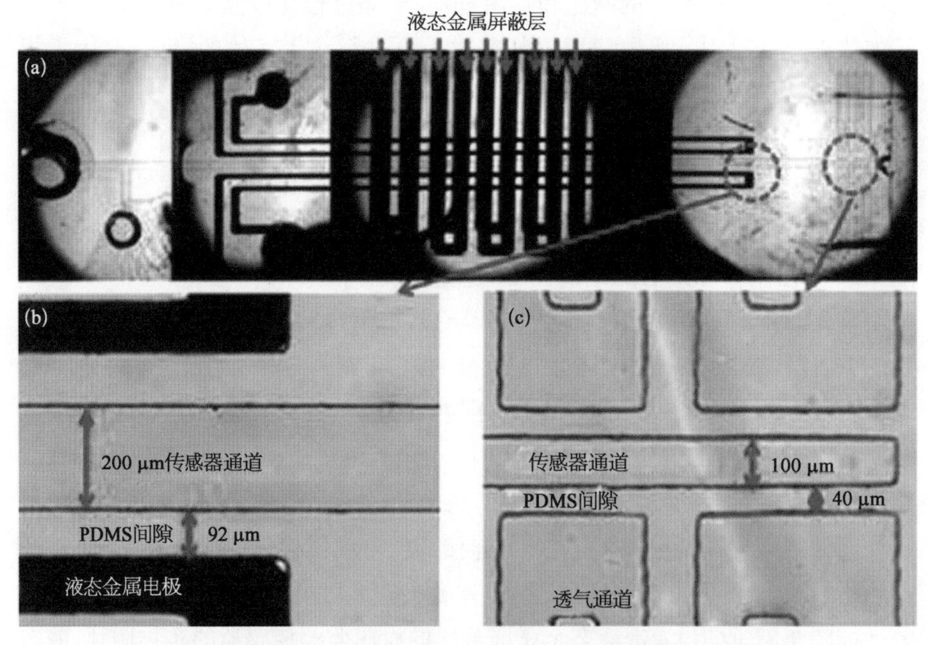

图 4.32 带液态金属屏蔽层的微流体压力传感器在显微镜下的照片

(a) 传感器芯片的整体结构拼接图；(b) 功能层中检测流道与电极的尺寸；(c) 功能层中检测流道末端的散气孔的尺寸结构。

结构已经能够很好地起到屏蔽干扰信号的作用。当外物靠近或者偶尔晃动时，检测到的电容值并不会受到影响。

利用液态金属灌注到微流道的方式，在微流控电子芯片上布置金属屏蔽层的制作工艺，不仅制作工艺简单，而且使得微流控芯片整体结构美观紧凑。采用多层软光刻的工艺，可以根据需要设计出任意形状结构的液态金属微流道，再通过键合的方法与微流体压力传感器等微流控功能层无缝集成在一起，非常利于微流控元器件的集成化和微型化的设计。而且液态金属屏蔽层接地后可以有效屏蔽环境中的干扰因素对于目标电容信号的影响，起到很好的屏蔽效果。

4.3.2.3　制作过程中涉及的单开口流道灌注工艺

根据前面的原理所述，微流体压力传感器在工作之前，需要把硅油先注入检测流道。注入硅油最常见的操作方法是在检测流道上留一个出口，当注满硅油时，再把检测流道的出口用塞子等密封起来。图 4.33 为最常见的柔性硅胶塞实物图。柔性硅胶塞具有弹性，可以选择尺寸较流体出口内径稍大的硅胶塞，对流道出口进行密封。但使用硅胶塞密封的缺点是：密封不牢固，容易出现泄漏等问题。

图 4.33　柔性硅胶塞实物图

在一次对压力传感器进行测试的实验中，实验者发现其中有个芯片在靠近检测流道出口的位置被固化的 PDMS 堵住，如图 4.34 所示。在检测流道只有一个入口而没有出口的情况下，由于 PDMS 为缓慢透气材质，硅油依然可以缓慢注入检测流道中，通过对流道内的空气进行缓慢地挤压，最后在靠近检测流

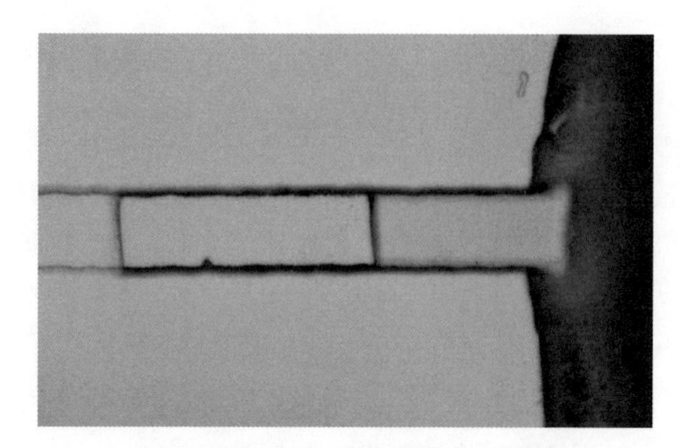

图 4.34 被 PDMS 封堵的流道的实物图

道末端出口的位置形成一个小的空气泡，在持续压力的作用下，经过几分钟后，气泡又逐渐变小，直至最后消失，至此，硅油取代空气而充满整个检测流道。

利用该末端被堵的芯片进行压力测试实验，即在硅油注满整个流道后，用去离子水冲洗检测流道，在检测流道的入口附近形成水-油界面，然后通过微流进样系统调节流体压力的大小，观察界面移动位置和电容信号变化。最后测试结果表明，检测流道末端被 PDMS 堵住的传感器芯片的量程可以达到 300 mbar 以上，而在检测流道末端打孔后再密封的压力传感器芯片的量程仅为 100 mbar 左右，即末端被堵的流道比打孔后密封流道的量程提高了，因为末端被堵通过排空气而注入硅油的方式，可以提高检测流道的密封性，避免压力在出口处损失。

实验者设计并实验了几种类型的出口结构，通过注入硅油的操作，来确定将检测流道内的空气排出的难易程度。发现在检测流道末端截面相对较小的结构完全将空气排出所用的时间较短；而检测流道末端截面较大的结构，排尽流道内的气体所用时间较长，因此采用通过排气注入硅油的方法时，设计的检测流道末端的宽度可以比检测流道宽度小，这样有利于缩短注硅油所用的时间。

图 4.35 密闭流道末端散气孔的设置

同时，为了能够快速将从检测流道中排出的空气排到芯片外，实验者在检测流道的末端两侧设计了散气流道(ventilation channel)，如图 4.32 和图 4.35 所示，散气通道与检测流道垂直布置，散气通道的末端与芯片的边缘平齐，与外界相通，被硅油挤压到检测流道末端的空气，通过检测流道末端的PDMS 薄层，可以进入到散气通道进而排放到大气中。

图 4.36 展示了密闭微流道内空气被逐渐排出的全过程，可以看出，由于PDMS 具有良好的通气性以及末端散气通道的存在，在微流体压力的作用下，微流道内的气体体积会逐渐变小，直至最终全部排到流道外。全部通过PDMS 薄膜进入散气孔，最终排到空气中。

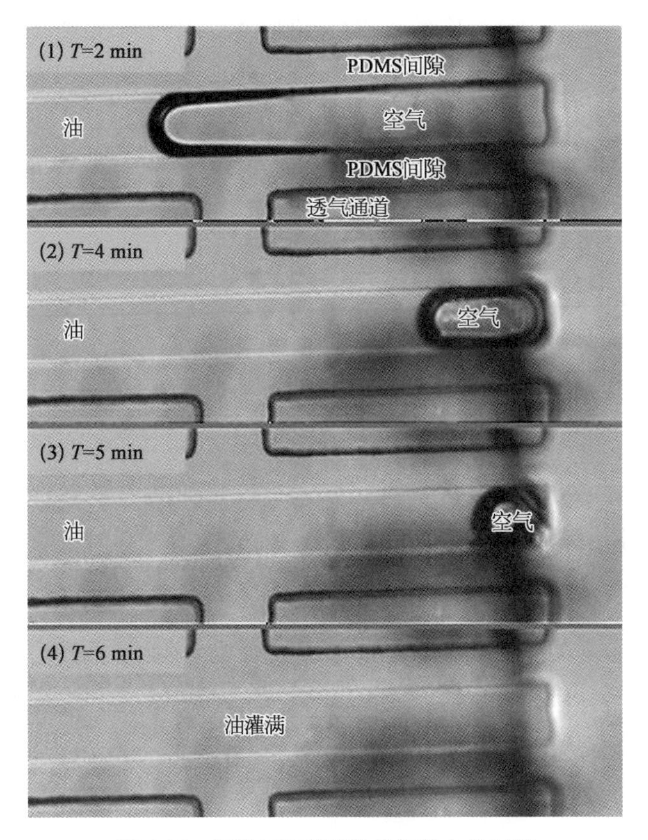

图 4.36　无出口流道液体排气注入的过程

这种单开口注液的方法有诸多优点：首先，通过将流道内的空气排出的方式注入液体，只有单个入口，无须液体出口，进而也无须再对出口进行密封操作，工序简单，操作容易；其次，本身密闭的流道相比打孔后再密封的流道，其结构的完整性更好，大大提高了流道的密封性，进而可以使得微流体压力传感器的量程得到极大的提高；最后，可以避免因加热固化或其他密封操作对检测流道内的液体状态带来的影响。

4.3.2.4 压力传感器芯片的整体封装

通过多层软光刻工艺制作完成传感器芯片的多层结构，并且将液态金属灌注到功能层的电极微流道和屏蔽层的微通道内后，需要对微流体压力传感器芯片进行整体封装，包括对液态金属的进出口放置屏蔽引线且进行密封，以及对流体的进出口进行相应的插管处理后进行密封等。我们对微流体压力传感器芯片的整体结构进行 PDMS 包裹和固化处理，封装后效果见图 4.31 所示，进行整体封装后，引线与芯片连接部位就十分牢固，硅胶插管与芯片流道进出口部位也十分紧固。同时，对微流体压力传感器的外表面进行统一包裹 PDMS 处理，可以使得芯片更加平整和光滑，整体结构紧凑美观。

4.3.3 液金微流体压力传感器的实验设置

如图 4.37 所示为微流体压力传感器流体压力检测的实验设置示意图。系统采用 LCR 测量计作为微流体压力传感器芯片中微小电容信号的检测感应和数据读取设备，并通过 LCR 测量计提供的 RS232C 通信接口功能，利用自主编写的 Labview 程序，方便地将电容数据传输到电脑上，可实时地将检测到的电容信号以图线的形式显示在电脑上。LCR 测量计的设置频率为 10 kHz。

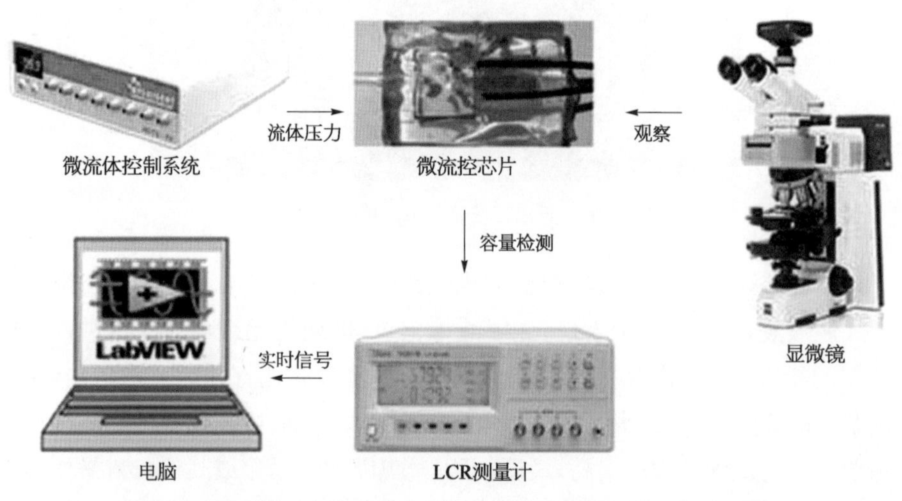

图 4.37 微流体压力传感器芯片流体压力检测的实验设置示意图

在微流体压力传感器的压力测试过程中，待测的流体压力的大小由微流进样系统进行控制，通过芯片上的硅胶插管进入微流道，微流进样系统的压力控制以毫巴(mbar)为单位，其压力控制精度在±5 mbar 范围内。

微流体压力变化引起的两种流体界面的移动，可以通过显微镜进行实时的观察。实验中，通过微流进样系统控制微流压力的大小，在显微镜下同步观察两种液体界面的移动变化，同时，LCR 测量计会同步把检测到的电容信号传输到电脑上，将实时电容以图线的形式展示出来。

4.3.4　液金微流体压力传感器的测量方法

微流体压力测量实验的操作步骤如下：

① 设计不同的对比实验，按照实验思路，选择合适的芯片。

② 准备实验材料：微流控芯片、PDMS 圆柱塞子、抽过真空的 PDMS 混合液和硅油、电烙铁、LCR 测量计、电子显微镜、微流进样系统及气泵等。

③ 实验前期准备：将液体 PDMS 与固化剂按照 1∶1 质量比进行混合，置于真空干燥箱中进行抽真空处理，同时，将硅油以及去离子水置于真空干燥箱中进行抽真空处理。

④ 实验前仪器连接：气泵连接微流进样系统用以提供不同的流体压力，并用电脑程序控制压力值的大小，芯片置于电子显微镜上，芯片的电极引线与电容 LCR 测量计夹具相连，芯片的插管与微流进样系统的出口相连。

⑤ 利用微流进样系统提供的压力将硅油注满整个检测流道。

⑥ 灌注被测液：将抽过真空的去离子水注入流道，将主流道中残留的硅油充分冲洗干净，此时会在检测流道内留下油-水界面。需要说明的是，在去离子水刚开始注入时并不会立即形成界面，而是硅油向出口流动，用 30 mbar 的去离子水冲洗 5～20 min 后，水开始进入检测流道形成界面。

⑦ 使用 PDMS 圆柱塞子把流道的出口堵上，并且将 PDMS 混合液在出口处薄薄覆盖一层，再用电烙铁加热固化，加强密封。

⑧ 在静止状态下测量压力，以避免压力损失，控制微流进样系统增加流体压力，读取 LCR 测量计的示数；在显微镜下观察水-油界面的移动变化。

⑨ 控制微流进样系统减小流体压力，再次读取 LCR 测量计的示数，观察水-油界面的移动。

⑩ 选定适当的压力，重复试验。微流体压力检测的实验装置实物图见图 4.38 所示。

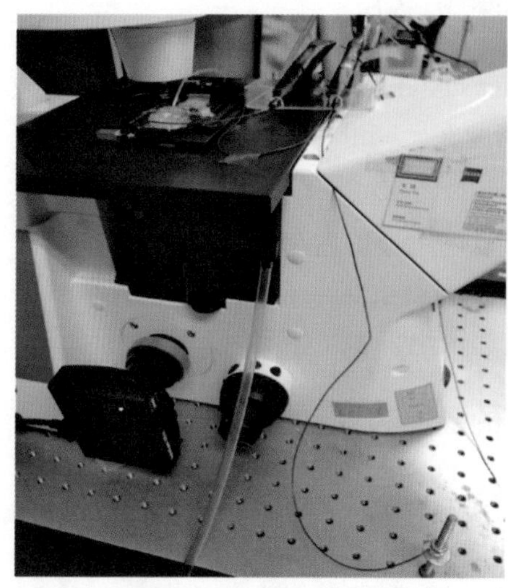
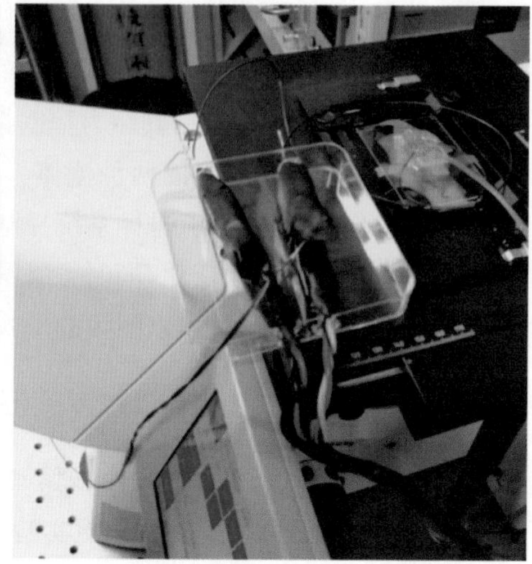

图 4.38　微流体压力检测的实验装置实物图

注意事项：

① 芯片制作：电极插口的封装要牢固，芯片插管的封装也要牢固，屏蔽线的长度对电容影响不大，因此可以尽量长。

② 真空处理：去离子水和硅油要进行充分抽真空处理，实验前一晚上将它们置于真空箱中，否则实验时在加压释放压力的过程中，会有气泡析出。

③ 开路调零：将 LCR 测量计的夹具线和夹具位置固定后，进行开路调零，过程是"开关—频率 10 K 上档—开路—enter"。开路调零后，LCR 测量计的示数就会在 0.001～0.01 pF 的幅度之间波动。

④ 屏蔽处理：实验中，不仅要对芯片设计液态金属屏蔽层，还要将电路的引线，以及电容测试夹具进行金属屏蔽处理，芯片外的设备可选用金属铜网或铝箔进行屏蔽。

⑤ 连接固定：将夹具线及其屏蔽线的所有部位进行固定，尤其是连接导线的位置，拧紧后，要用绝缘胶带裹严，再在接口两边固定好。所有的接口连接，一定要牢固，避免摇晃。芯片连夹具的一段必须拧成一股，然后用锡焊焊一个勾，勾不能太长，能被夹住即可，否则影响屏蔽效果。夹具的两个屏蔽线拧成一股后一起接地。接地线的末端用螺丝夹在实验台上或其他接地的大金属上。

⑥ 检查电路连通：实验前必须用万用表检测屏蔽电路的通与否。

4.3.5　液金微流体压力传感器的稳定性

在进行微流体压力传感器的实验测试中发现，有些传感器会出现较为明显的零点漂移的现象，如图 4.39(a)所示，当压力值在 50～100 mbar 之间脉冲变化时，检测到的电容信号却是脉动上升的趋势。通过在显微镜下观察微流道内水-油界面的移动位置，可以发现，造成这种现象的原因是在压力脉冲回到低位时，水-油界面却不能返回到低位时的初始位置。如图 4.40(a)所示，每一次压力脉冲增加到高位时，水-油界面便向右移动一定的距离，但每次压力脉冲再回到低位时，水-油界面却不能返回到原来低位时的位置。

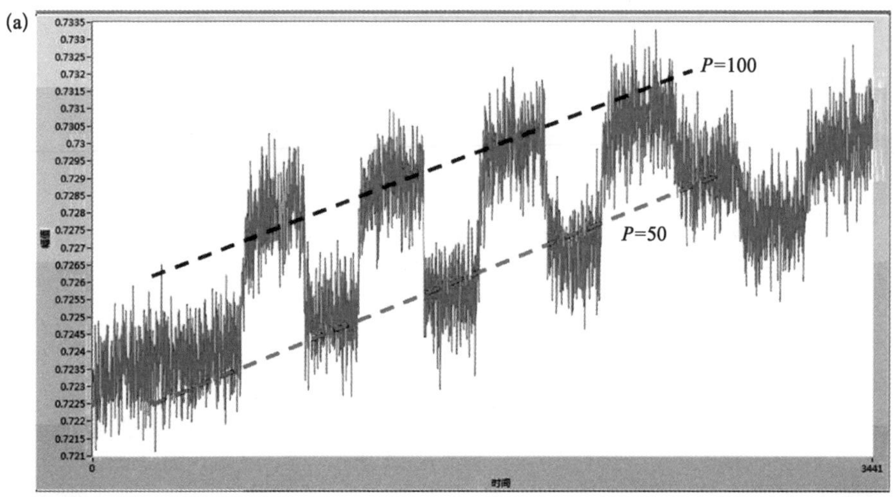

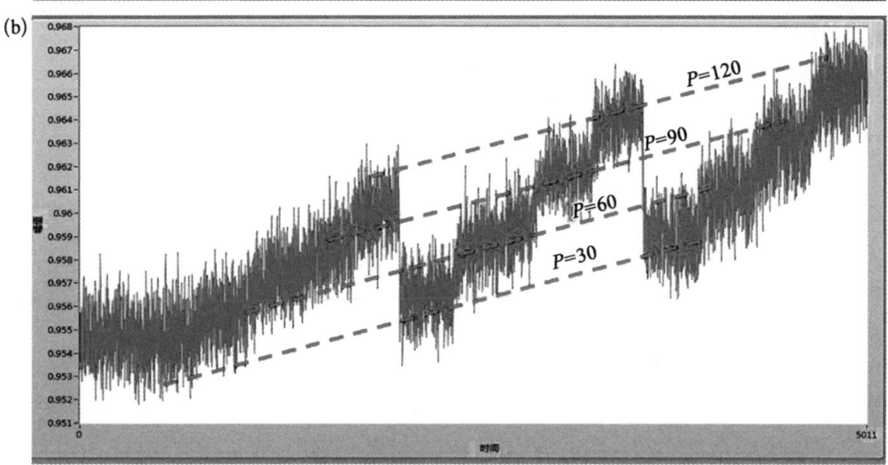

图 4.39　微流体压力传感器中的漂移现象

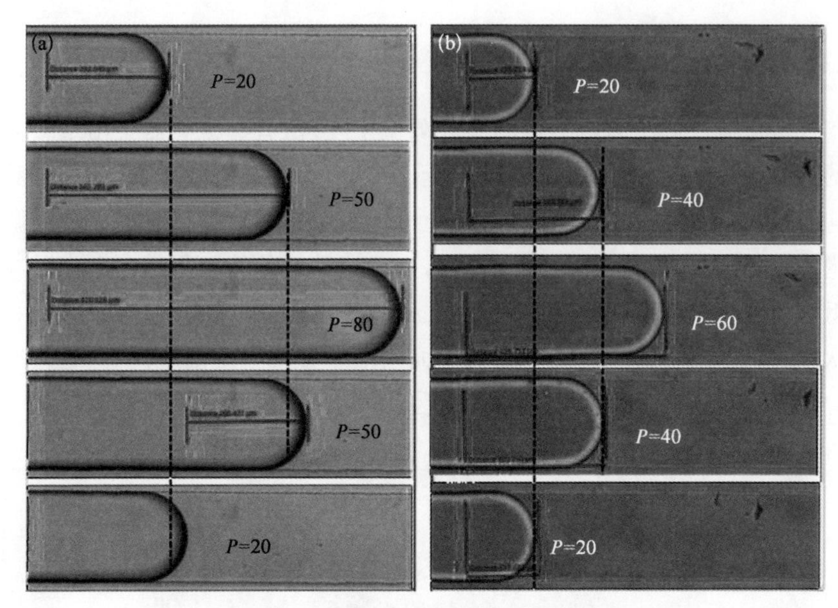

图 4.40　微流体压力传感器中的界面漂移与界面稳定

在另外一组实验测试中，如图 4.39(b)所示，可以更加明显地观察到，当对微流体压力传感器进行连续 3 次增压减压操作，每一次都按照 30、60、90、120 mbar 的压力施加规律来进行测试时，从图中可以看到，经过 3 次界面往复运动后，第三组的起始电容(对应压力为 30 mbar 时)将近等于第一组实验中对应压力为 120 mbar 时的电容值。从实验中观察到的流道中水-油界面的位置变化也可以看出，第三组中的对应压力为 30 mbar 时的界面位置与第一组中压力对应 120 mbar 时的相差不多。也就是说，在水和硅油的黏滞力和微流道未释放的弹性(PDMS 本身就具有柔性)的作用下，压力电容值零点发生了漂移。

为了解决这个问题，可采用对微流道硅油保压预处理的方法，具体操作方法是：首先将硅油注满流道，再将微流道所有进出口密封，然后保持流道内注满硅油并且保持一定的压力，静置 3 天以上，将微流道内的弹性充分释放，同时也让硅油对 PDMS 流道的壁面进行充分的浸润处理。

对微流道进行硅油保压预处理后，再次进行实验测试时发现，这个方法可以十分有效地解决压力漂移的问题。如图 4.41 所示，在进行 4 次反复的加压释压的测试后发现，电容值都能保持回到初始的值，而且水-油界面的位移在 4 次反复加压释压后，每一次回到初始压力时的位移与第一次的位移相差均在 10 μm 之内，如图 4.40(b)所示，而这 10 μm 对于长 10 mm 以上的流道来说，

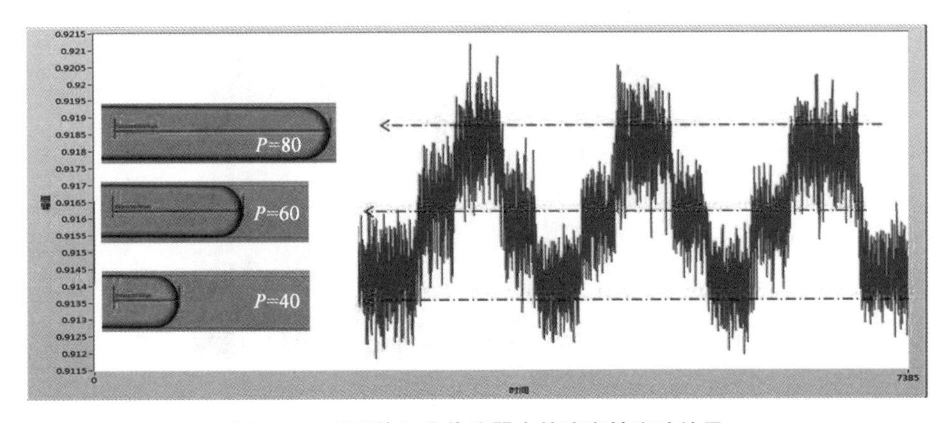

图 4.41　微流体压力传感器中的稳定性实验结果

几乎可以忽略不计。因此实验证实，采用预先注满硅油进行保压的处理方法可以有效地提高微流体压力传感器的稳定性。

4.3.6　液金微流体压力传感器的压力测量

4.3.6.1　离散压力测量

对微流体压力传感器进行实验测试，首先要验证流体在不同压力下的液-液界面的位置与电容信号是否相对应，也就是说，探究不同压力下对应的电容信号变化律性是否与理论分析一致。因此，微流体压力传感器的测试实验第一步是测量离散的流体压力下的界面与电容变化。

实验中，首先通过微流进样系统将 DI 水的流体压力调整为 30 mmHg*，经过短暂的时间后，水-油界面会稳定在固定的位置，如图 4.42(a)中 $P=30$ 图中的箭头所示，此时在 LCR 测量计上读出电容值稳定在 1.332 pF 附近，于是将流体压力和电容值绘制到图 4.42(b)中，即为 $P=30$ 处的数据点。然后依次将流体压力值调整为 40、50、60、70 mmHg，分别记录两种流体的界面位置以及对应的电容值，绘制成图 4.42(b)。

如图 4.42(a)所示，箭头所指为界面位置，在检测流道中，箭头上方流体为去离子水，箭头下方流体为硅油。从图 4.42 中可以看出，随着流体压力的不断增大，水-油界面的位置不断向检测流道末端移动，也就是水进入检测流道的长度越来越长，同时，液态金属电极检测到的电容值也不断增大，几乎呈线性

* 1 mmHg=0.133 kPa，为尊重实验原始数据，此单位保留，不换算，下同。

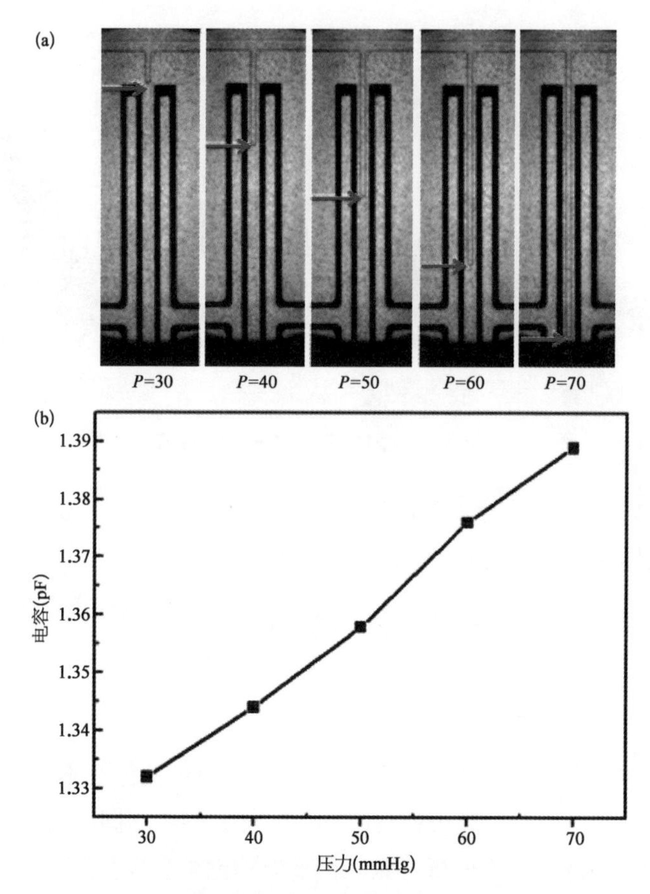

图 4.42　直流道内不同流体压力下检测到的水-油界面位置及其相应的电容值

增长关系,实验结果与 4.3.1 的理论分析一致。

随后,为了确定这种直流道的微流体压力传感器的最大测量范围,我们进行了一系列压力测试,通过调节微流进样系统从低到高的流体压力值,记录其电容,得到一条完整的电容与压力的线性变化关系曲线(见图 4.43)。每一个流体压力值重复测量 3 次以上,重复的实验结果表明,直流道电容式流体压力传感器的测量范围可以达到 200 mmHg 以上。

如图 4.44 所示,为葫芦形流道结构的压力传感器在不同流体压力下测量到水-油界面位置[图 4.44(a)]和其对应的电容值[图 4.44(b)]。葫芦形检测流道的结构是上文中所述的图像-电容混合式数据输出的形式,通过葫芦形的流道结构可以便捷地观察水-油界面的位置,同时,在葫芦形检测流道两侧布置的液态金属电极又可以通过电容数字化将测量结果输出。

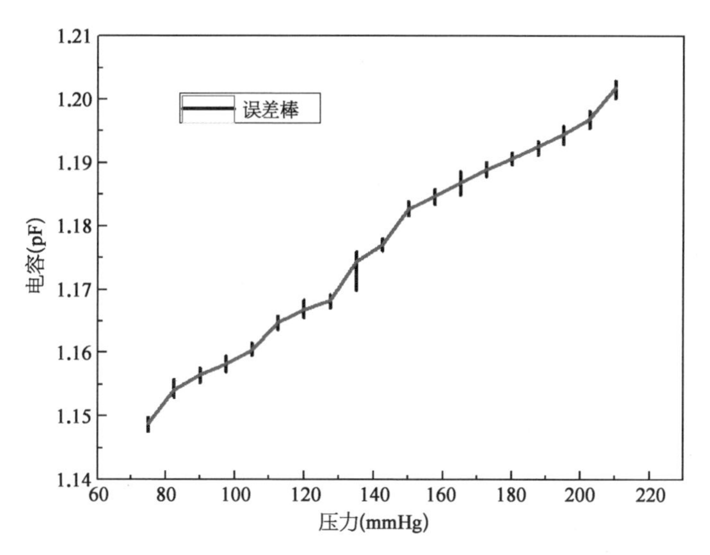

图 4.43　直流道内不同流体压力下检测到的电容值变化

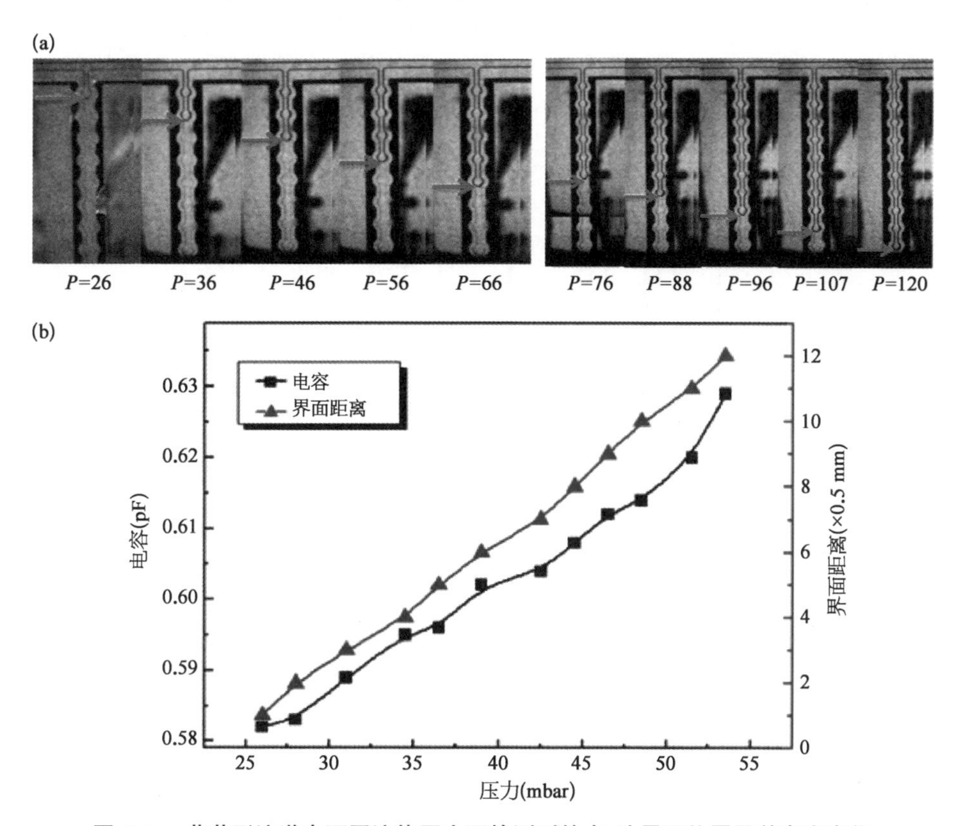

图 4.44　葫芦形流道内不同流体压力下检测到的水-油界面位置及其电容变化

从图 4.44 中可以看出,随着压力的增大,水-油界面的位移增大,而检测到的电容也增大。并且由于葫芦形的存在,除了可以使界面的辨识度提高外,葫芦形流道内的表面张力更大,使得检测流道的长度减小。同样验证了电容压力传感器的有效性。

4.3.6.2 连续脉冲压力测量

为了能够实时监控到流体压力的变化,需要实现对流体压力连续的测量与数据输出,因此在原 LCR 测量计测量硬件的基础上,通过编程,可实现将 LCR 测量计实时测量到的电容数据完整地输出到电脑端。

为了测试电容式压力传感器对脉冲式的流体压力(例如周期性的血压)的响应能力,利用微流进样系统将流体的压力设定为脉冲形式,高压为 180 mmHg,低压 106 mmHg,脉冲间隔为 10 s,然后记录下液态金属电极检测到的完整的电容随压力变化的曲线,绘制成图 4.45。红线代表通过微流进样系统施加的流体压力大小,蓝线代表检测到的电容值实时变化值。从图中可以看到,电容值会随着压力进行脉冲式的变化。虽然出现稍稍一点的滞后,但是依然可以清晰地看到,电容对于压力的检测能力,是实时、灵敏的。

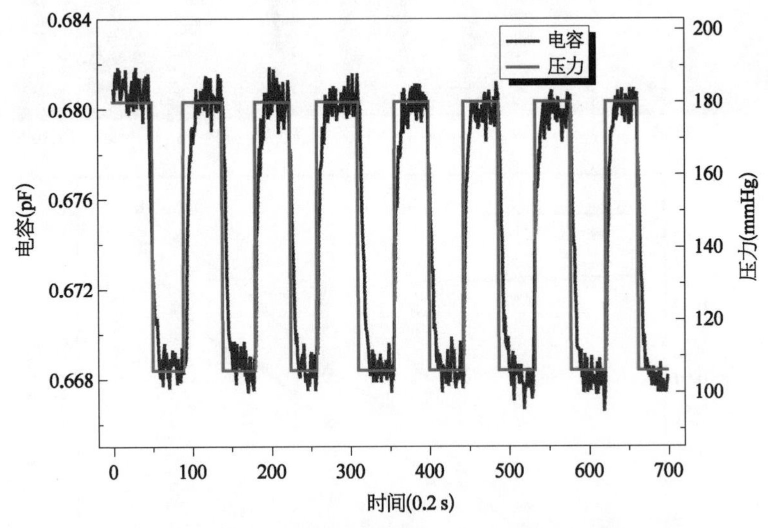

图 4.45 电容式压力传感器对脉冲式的流体压力的响应能力
(高压 180 mmHg,低压 106 mmHg)

为了测试该流体压力传感器对流体压力突然上升或突然下降的检测能力,比如某一成年人的血压一直正常,突然出现小幅上升的情况,为了验证流体压力传感器芯片对于突然上升的血压监控能力，同样利用微流进样系统设定流体的脉冲压力值，高压为 130 mmHg，低压为 80 mmHg。图 4.46 为一直保持脉冲压力（红色线条）下连续测量得到的电容变化曲线（蓝色线条），可以看出电容随着脉冲压力呈现脉动的变化。图 4.47 所示为在保持一段时间的脉冲压力变化后，在高压值处保持不变时测量得到的电容变化曲线（蓝色线条）。

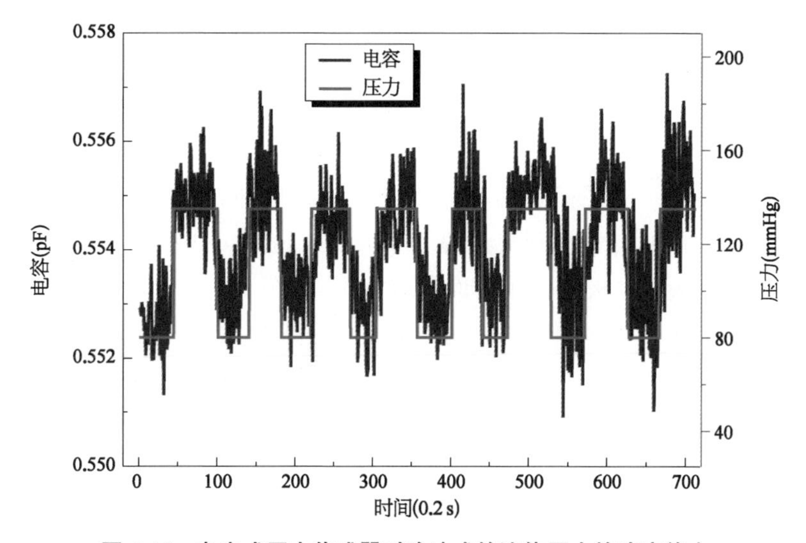

图 4.46　电容式压力传感器对脉冲式的流体压力的响应能力（高压 130 mmHg，低压 80 mmHg）

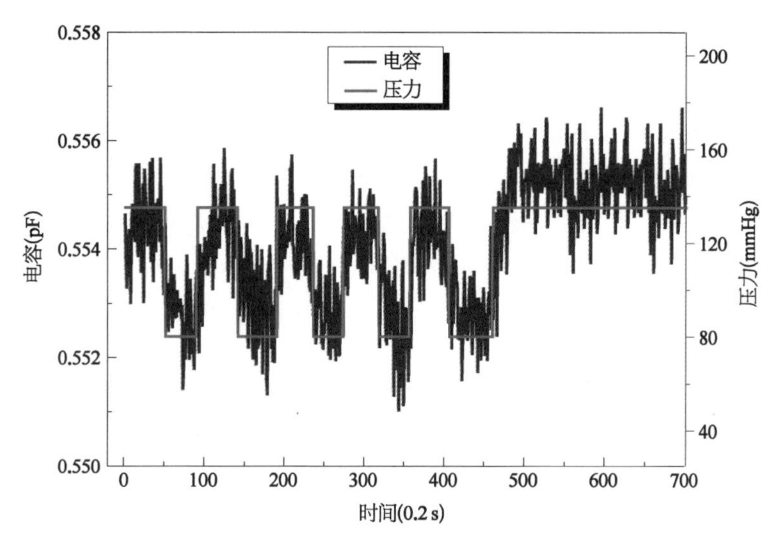

图 4.47　电容式压力传感器对流体压力突然上升的响应能力（高压 130 mmHg，低压 80 mmHg）

4.3.7 液金微流体压力传感器的结构优化

微流体压力传感器进行结构优化研究的目的是得到性能表现良好的传感器。在微制作工艺和材质不变的前提下的性能优化，主要目的是确定合适的量程，获得较高的灵敏度和稳定性。根据前面章节的原理分析可知，电容式微流体压力传感器的灵敏度是指在相同的压差下检测流道两侧的电极检测到的电容值的变化量。也就是说，相同流体压力下，电容值变化越大，说明该传感器的灵敏度越高。微流体压力传感器的量程是指可以检测到的微流道内的压力变化范围。

根据前面介绍的平板电容的数值分析结果可知，检测流道两侧的电极检测到的电容信号与该检测流道的尺寸以及流道的可压缩性有关。这些尺寸包括：两个平行电极间的正对面积 S 和两个平行电极之间的距离 D。而微电极之间的正对面积 S 是由电极微流道的高度和长度的数值乘积得到的。两个平行电极之间的距离 D 又由流道宽度和流道与电极间的 PDMS 厚度共同决定。此外，流道的可压缩性会受到流道的柔性或者该流道末端体积的影响。

为了能够得到可以测量流道管内微小压力波动的传感器，需要对以上的影响因素进行优化设计。在保持微流压力传感器芯片整体尺寸为 1 cm 宽、2 cm 长、3 mm 厚基本相同的情况下，进行其他结构尺寸的参数化研究。为了减少试验次数，提高参数化研究的效率，同时在软光刻中符合最容易制作的流道高宽度，首先，在微电极之间的正对面积这一影响因素的研究下，保持微流道高度的设计值为定值，均为 100 μm，而设计 1 cm 和 1.5 cm 不同长度的微流道。其次，根据实验控制的单一变量原则，设计不同的微流道宽度为 100 μm 和 200 μm，设计不同的 PDMS 厚度为 50 μm 和 80 μm。另外，为了研究流道柔性对传感器性能的影响，下面会对末端镂空处理的芯片以及末端加平行流道的芯片进行讨论；为了研究微流道末端体积对传感器灵敏度的影响，后面会对末端加长的芯片和末端加储液池的芯片进行讨论。测试芯片中，检测流道内预装的参考液体是硅油，而被检测流体均为去离子水。

4.3.7.1 工作区检测流道的长度

图 4.48 为工作区检测流道长度的参数化研究实验结果。图 4.48 表示的

是，液态金属电极检测到的电容信号随微流道内流体压力的变化曲线。在该实验中，工作区检测流道长度分别设计为 10 mm 和 14 mm，下面简称“14 mm 长的传感器”和“10 mm 长的传感器”，而其他尺寸和微结构均保持相同。例如，PDMS 薄膜间隙均为 80 μm，检测流道宽均为 200 μm，非工作区流道长度均为 5 mm。

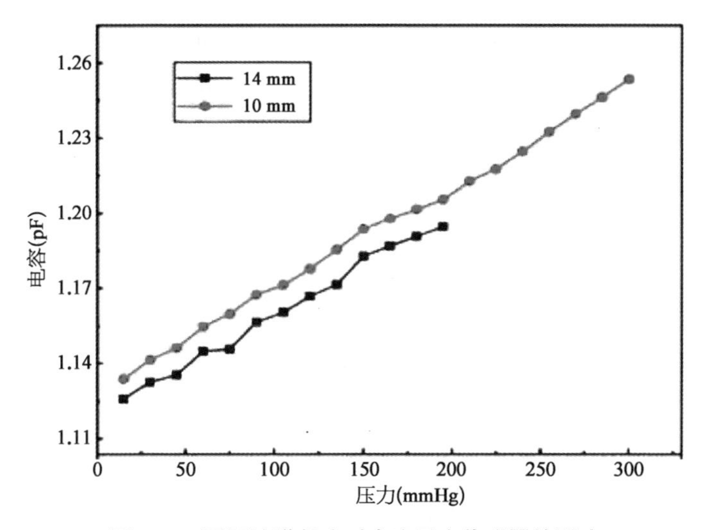

图 4.48　不同流道长度对电容压力传感器的影响

从图 4.48 中可以看出，微流体压力传感器的电极检测到的电容信号均随着压力的升高而升高，它们之间大致呈线性增长的关系。这与之前的分析结果一致，去离子水的介电常数远大于硅油，随着 l 增大，去离子水进入检测流道体积的增多，两侧电极检测到的电容就增加。14 mm 长的传感器对微流道压力的检测范围是 20～300 mbar，而 10 mm 长的传感器为 20～200 mbar。14 mm 长的流道的测量量程是 10 mm 长的流道的量程的 1.5 倍左右，也就是说量程与工作区流道长度保持正相关的关系。

10 mm 长的传感器起始电容为 0.112，小于 14 mm 长的传感器的起始电容 0.113，但是就单位压差下电容值的变化率来说，也就是说图中两条曲线的斜率来说，10 mm 长的传感器的表现与 14 mm 长的传感器相差不多。换句话说，也就是电容传感器的压力检测的灵敏度不会随着检测流道的增长而有明显的变化。这一点也可以从该芯片在显微镜下观察到的水-油界面的位置随压力变化的图像中看出，见图 4.49。

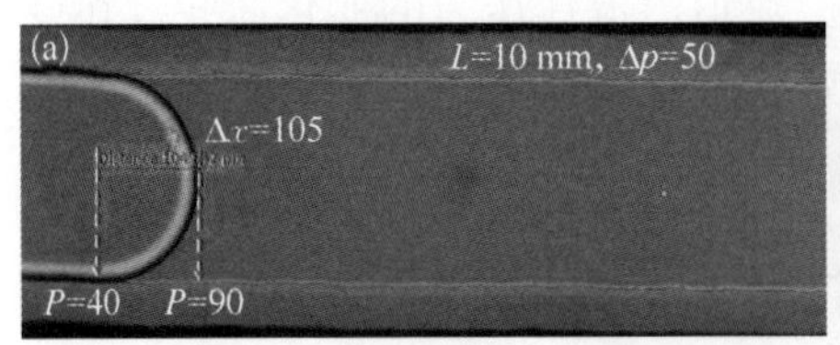

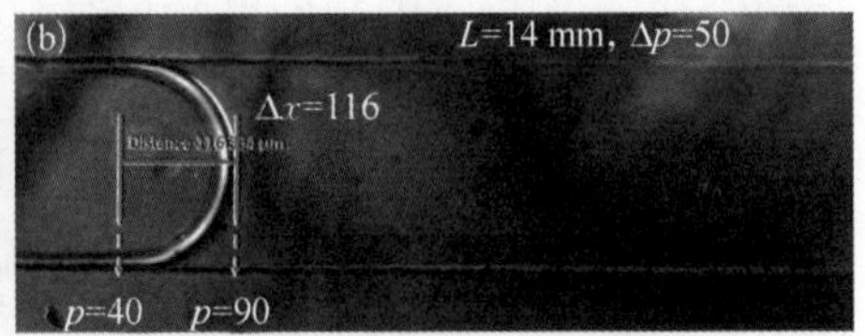

图 4.49 不同流道长度对流体界面移动位移的影响

从图 4.49 中可以看出，随着压力增大，水-油界面会朝着检测流道的末端移动。在相同的压差 50 mbar 下，10 mm 长的传感器中水-油界面移动的距离 Δx 是 105 μm，而 14 mm 长的传感器中水-油界面移动的距离 Δx 是 116 μm，两者的变化量极小，考虑到测量误差的存在，两者几乎一致。也就是说，工作区流道从 10 mm 增长到 14 mm 后，对于水-油界面的平均位移几乎没有影响。

总体来说，工作区检测流道的长度会影响到微流体压力传感器的量程，而对测量灵敏度的影响不大。当工作区流道的长度小于 10 mm 时，会使得微流压力传感器的量程减小，测量范围变小；而当工作区流道如果比 14 mm 长太多时，又会使得微流压力传感器的整体制作尺寸增大，在一定高度下，通过软光刻的工艺制作微流道的难度也会加大。因此在后面的传感器制作中，工作区微流道的设计较多采用 14 mm 长、100 μm 高。

4.3.7.2 工作区检测流道的宽度

为了探究微流体传感器检测区流道宽度对微流体压力传感器灵敏度的影响，在其他结构条件都一致的情况下，我们对微流检测区流道设计了两种宽度：200 μm 和 100 μm。在 PDMS 间隙保持一致的情况下，电容值的变化与微流道内水-油界面的移动距离呈线性关系，因此为了直观地表示微流道的宽度对于微流体压力传感器灵敏度的影响，我们选取几张显微镜下观测到的图像中水-油界面的移动位置作为分析对象，如图 4.50(a)为 200 μm 宽的流道中，水-油界面分别在流体压力为 50、100 和 150 mbar 下稳定的位置；图 4.50(b)为 100 μm 宽的流道中，水-油界面分别在 50、100 和 150 mbar 的流体压力下稳定的位置。可以看出，100 μm 宽微流道的传感器在 50 mbar 压差下移动的距离平均为 245 μm，200 μm 宽微流道的传感器在 50 mbar 压差下移动的距离平均为 125 μm，相同压差下，100 μm 宽的流道中水-油界面移动的位移是 200 μm 宽流道的 2 倍左右。也就是说，流道的宽度减小有助于微流体压力传感器灵敏度的增加。但是根据实验研究发现，在我们设计的更窄的 70 μm 宽的流道的实验研究中发现,相同压差下,水-油界面的移动位移并非与微流道的宽度严格呈反比关系。也就是说,如果微流道的宽度减小到 50 μm,相同压差下,水-油界面的移动位移并不能达到 100 μm 宽微流道中的 2 倍。这是因为微尺度下,由流道的复杂性和黏性的不同造成的。为了减小微传感器的制作难度,减小对比试验的工作量,我们根据情况常将流道设计为 100、150 或者 200 μm。

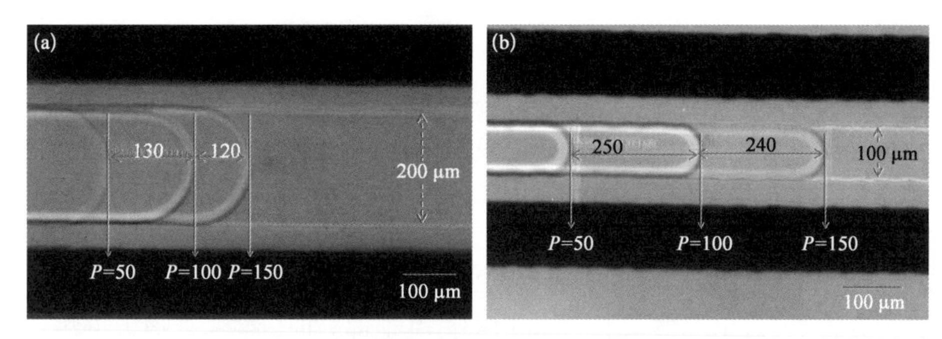

图 4.50　工作区检测流道的宽度对压力传感器的影响

4.3.7.3　液态金属电极和检测流道之间的 PDMS 厚度

图 4.51 所示为 PDMS 间隙厚度分别为 100 μm 和 50 μm 的显微镜下的图片。在其他结构完全相同的条件下,相同的压差 50 mbar 下,会使两个芯片中水-油的界面移动相同的距离,100 μm PDMS 间隙的移动了 237.604 μm,50 μm PDMS 间隙的移动了 243.529 μm,考虑到测量的误差等影响因素的存在,可以认为是水-油界面移动的距离大致相同。

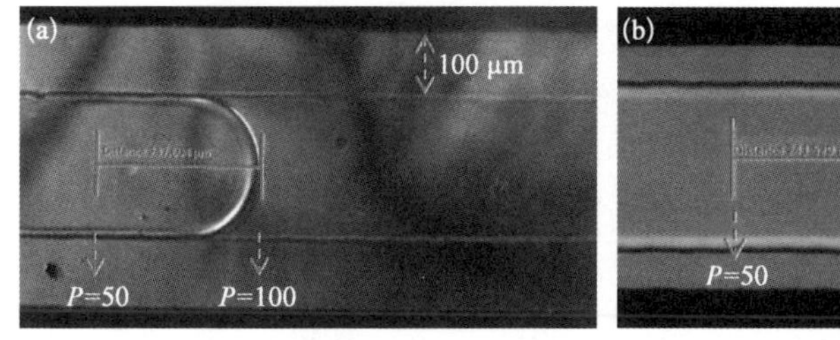

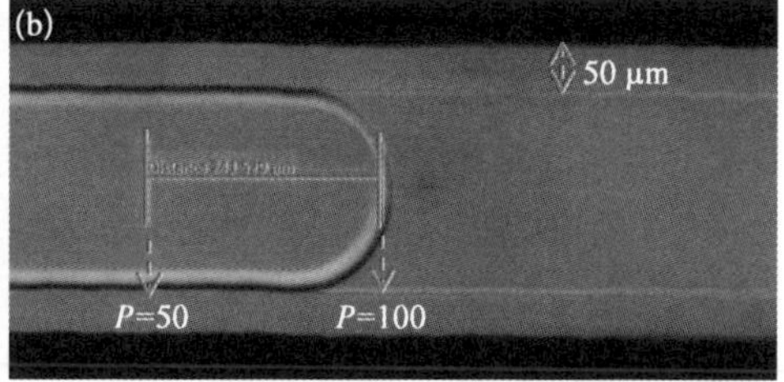

图 4.51　液态金属电极和流道与之间的 PDMS 不同厚度对压力传感器的影响

但是实验发现,在此相同的压差和大致相同的水-油界面移动的位移下,100 μm PDMS 的芯片电极检测到的电容从 0.792 pF 增加到了 0.796 pF,增量 ΔC 为 0.004 pF,而 50 μm PDMS 的芯片电极检测到的电容值从 0.861 pF 增加到了 0.867 pF，增量 ΔC 为 0.006 pF（>0.004 pF），也就是说，相同的压差下，50 μm PDMS 薄膜间隙的微传感器检测到的电容信号变化要比 100 μm PDMS 薄膜间隙的微传感器的明显，即减小 PDMS 间隙的厚度，可以减少电容分散在 PDMS 薄膜上的部分，进而可以更加有效地检测出检测流道内的物质变化。

4.3.7.4 检测流道末端的弹性

如图 4.52 所示为两种不同的提高微传感器芯片弹性的方法。图 4.52(a)所示为通过减薄微流道末端封装用 PDMS 的厚度的方法来提高末端的弹性，具体方法是三层键合的方法：首先将功能层的 PDMS 芯片打孔后，键合到一层通过旋涂得到的 20 μm 厚的 PDMS 上进行流道封装，再将一块 1.2 mm 左右厚的右端镂空的 PDMS 薄片键合在 20 μm 厚的 PDMS 上，这样除了微流道的末端部分封装 PDMS 只有 20 μm 厚外，其他部分的封装厚度均为正常厚度。图 4.52(b)所示为在微流道的末端两侧微加工制作两个平行流道的方法来提高流道末端的弹性。

图 4.52 两种提高传感器芯片末端弹性的方法

(a) 检测流道末端芯片减薄；(b) 检测流道末端两侧增加微流道。

根据理论分析，预想的结果是微流道弹性的提高可以使得在相同的压差下，水-油界面的移动位移更远，电容压力传感器的灵敏度大为提高。但是实验结果并不理想，微流压力传感器的灵敏度并没有随着末端流道的弹性增大而有显著的改变。推断可能的原因是微尺度下，末端体积大约为长 3～5 mm，宽 200 μm，高 100 μm 的极小体积。即使增加这部分的弹性，对于较长的（10～14 mm）的检测区流道的体积来说，能够引起的体积变化也是非常有限的。

4.3.7.5 检测流道末端的体积

如图 4.53 所示为不同体积的微流道的末端结构设计，图 4.53(a)为末端加一个圆形储液池的流道设计，图 4.53(b)为末端蜿蜒的流道设计，目的均为增加末端流道的体积。该组实验研究中，微流道的宽度均为 200 μm，高度均为 100 μm。

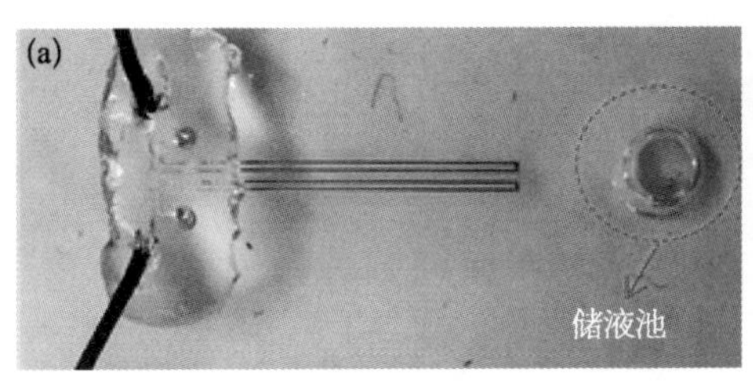

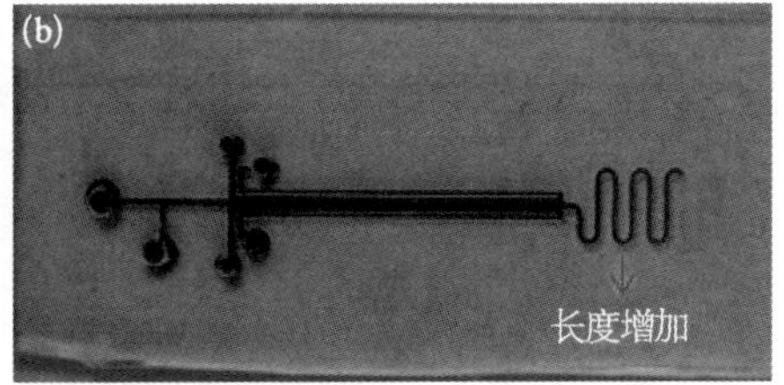

图 4.53　增加检测流道末端体积的两种方法

(a) 检测流道末端加储液池；(b) 检测流道末端长度增加。

实验结果表明，图 4.53(b)为末端蜿蜒的流道设计方法，并不能明显提高微流体压力传感器的灵敏度，也就是说相同压差下，微流道中水-油界面的位移和电极中检测到的电容变化量都与末端无增长的流道结构设计的芯片结果相似。说明用同样微加工流道的方法单纯增加微流道末端的长度是无法达到提高传感器灵敏度的效果的。

为增加末端体积，实验者在实验中采取了极限的做法，在微流道的末端设置一个在尺寸上远远大于微加工流道体积的储液池，以便进一步验证该方法的可行性。具体做法是：在微流道的末端用 φ4 mm 打孔器打一个高约 1.5～2 mm 的孔，将正常的微流道一面与空白 PDMS 薄片键合封装之后，再用另外一个小的空白 PDMS 薄片与该孔的上表面键合封装。于是一个末端带圆形储液池的微流体压力传感器便制作完成，如图 4.53(a)。

如图 4.54 所示，在对末端带储液池的微流体压力传感器进行压力测试的实验后发现，因为储液池的存在，在 10 mbar 的极小的压差下，微流体压力传感器中的水-油界面的移动位移十分大，同时电极中检测到的电容变化量为 0.004 pF，对照图 4.47(不带储液池的实验结果)，在压差为 50 mmHg 的情况下，电容的变化量为 0.002 pF。说明在检测流道末端增加了储液池之后，微流体压力传感器的测量灵敏度大大提升了，成功检测到 10 mbar 的流体压差，甚至可以检测到小至 2～3 mbar 的压力变化。说明末端体积增大到适当的体积的确可以有效提高微流体压力传感器的灵敏度。

然而，由于末端增加储液池后，在微小的压力变化下，微流道内水-油界面的移动距离却非常大，因此在微流道有限的长度内(14 mm)，可以检测到的压力变化范围便大大减小了，也就是说在微流道长度一定的前提下，灵敏度的提

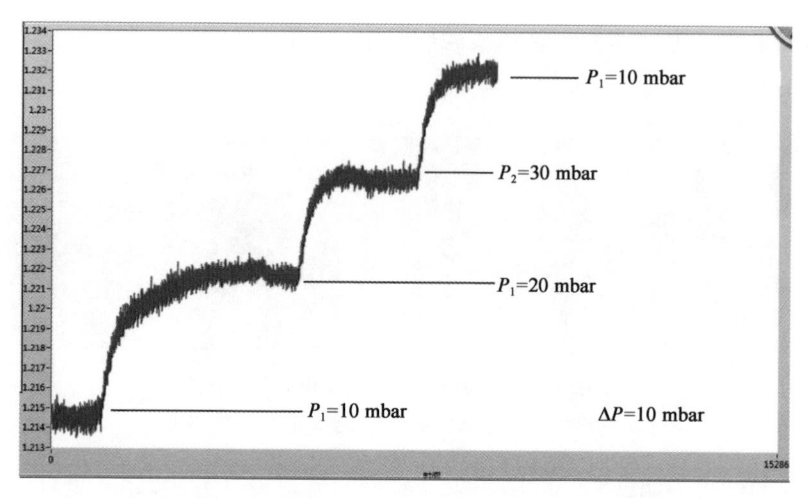

图 4.54 检测流道末端增加储液池后传感器的实验数据结果

高会限制测量量程。而对于不同的应用场合，所需要的量程和灵敏度不同，因此末端储液池的体积设计也要有所不同。比如，血压测量传感器的量程设计为 20～300 mbar，测量的灵敏度至少为 30 mbar；眼压监测传感器的量程设计为 0～20 mbar，监测的灵敏度至少为 2～3 mbar。也就是说血压测量传感器需要较大的量程范围，而对灵敏度要求不是特别高的情况下，可以采用体积很小的储液池，或者末端无须加储液池的设计。而眼压监测传感器则需要非常高的灵敏度，但对量程的范围要求较小，这样就需要选择一个末端体积较大的合适的储液池的微流体压力传感器。

4.3.8 液金微流体压力传感器用于植入式血压监控的探索

液金微流体压力传感器作为一个全柔性的压力传感器非常适合植入到生物体内进行体液压力的测量，为验证该液金微流体压力传感器在生物体内压力测量的应用，下面介绍该传感器在植入式血压监控应用上的进一步探索。

动物实验采用哺乳动物兔子进行在体实验，进行血压测量时，芯片的硅胶导管直接插入动物的颈动脉上，芯片流道与颈动脉直接连通，动脉内的压力波动便会直接传递到芯片的检测流道内部，引起检测流道内的硅油-生理盐水的界面位移改变，于是，布置在微检测流道两侧的微电极便可以检测到电容信号的改变。最终被外部的电容信号检测仪器检测到，并以电容信号变化曲线的形式输出。这是一种对血压波动进行直接测量的方法。

实验中需要对兔子进行注射升高血压药物的处理，以便能够检测到血压的波动信号。升高血压的药物选为去甲肾上腺素，其升压原理如下：在正常的情况下，血压在体液、激素以及神经的共同调节下会保持基本稳定的状态；神经系统对血压的影响是通过各种神经激素调节来实现的，当交感神经兴奋时，会通过其末梢释去甲肾上腺素，该物质会与心肌细胞膜上的一种受体(β_1)相结合，从而引起心率的加快、心肌的收缩增强，心排血量的增加，血压升高。本研究中，选择去甲肾上腺素作为促进动脉血压升高的药物，以观察微流控血压传感器芯片对于血压升高的检测功能。

血压传感器的实验分为两个部分：离体测试[图 4.55(a)]和在体测试[图 4.55(b)]。离体实验测试的目的是对压力传感器进行标定。然后将同一测量芯片用于在体测试，在体实验的目的是验证对该血压传感器对血压波动监测的有效性。

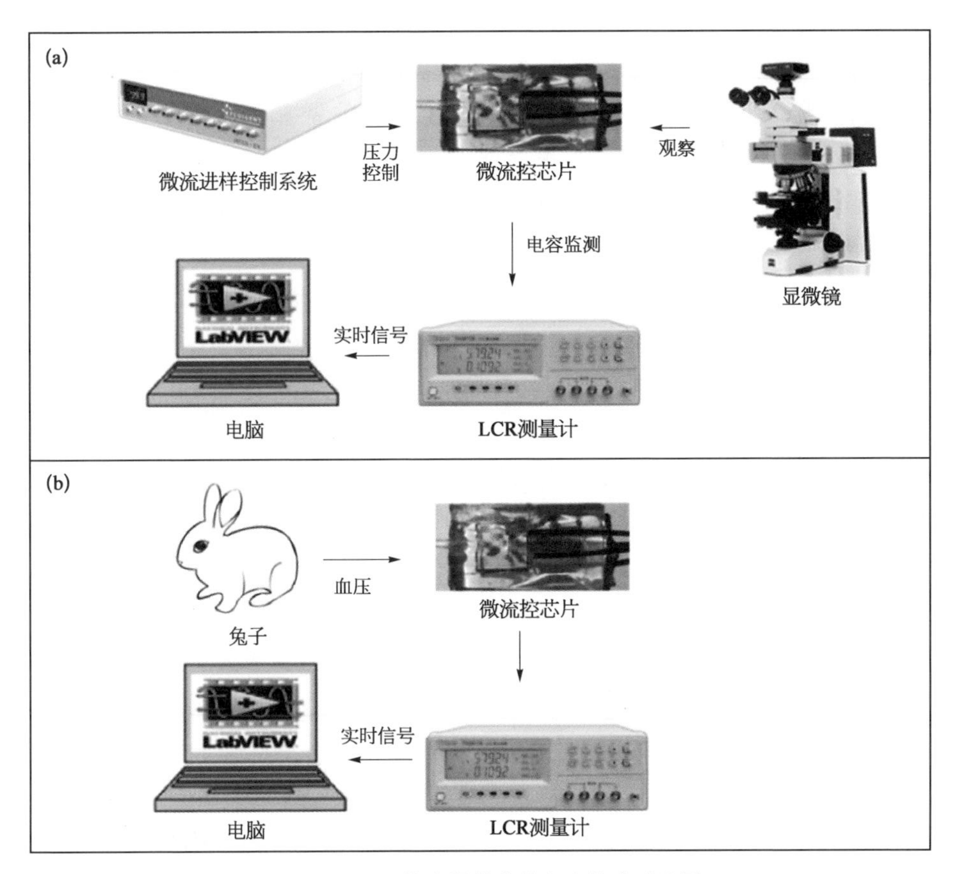

图 4.55　血压传感器的离体和在体实验设置

(a) 离体实验设置；(b) 在体实验设置。

在体实验设置和离体实验所用到的实验设备大致相同。系统采用 LCR 测量计作为微流体压力传感器芯片中微小电容信号的检测感应和数据读取设备,并通过数字电桥提供的 RS232C 通信接口功能,把检测到的电容信号传输到电脑上,将实时电容以图线的形式展示出来。不同之处在于,离体实验中,待测的生理盐水中流体压力的大小由微流进样系统提供与控制,微流进样系统出口硅胶管直接连接到芯片上;而在在体实验中,从芯片中引出的导管直接连接到兔子的颈动脉上,直接测量兔子颈动脉中的血压的波动。

对兔子颈动脉进行血压检测试验前的离体实验的实验操作过程同微流道内的压力测量芯片测试。利用微流进样系统将微流道内的流体压力调节至不同的数值,在不同的压力条件下,记录传感器芯片检测流道内的硅油-水的界面位移变化,用 Labview 程序记录 LCR 测量计检测到的电容信号波动。最后,将所测量到的不同电容信号与所施加的不同压力值绘制成图线,这样,压力值与电容信号便有了一一对应关系。在这里的离体实验中,显微镜可以用来观察硅油-水界面的位置实时移动情况,但是不会被作为标定的判断标准,因此显微镜观察到的数据无须刻意记录。离体实验过程如下:

① 设备连接:将传感器芯片置于显微镜下,芯片的引出导管连接到微流进样系统上、芯片的引出导线连接到 LCR 测量计上。

② 软件调试:打开微流进样系统的控制软件,打开 LCR 测量计的数据输出程序 Labview 的界面,保证所有仪器都能正常工作。

③ 实验记录:调节微流进样系统的流体压力,记录电容数据随压力变化的实时数值。

④ 在体实验前的芯片处理:离体实验时芯片导管的一端插在芯片上,另一端用软管连接在进样系统上。离体实验结束后,将芯片引出的导管用剪刀距离芯片约 5 cm 的位置处剪断,备用。

如图 4.56 所示为血压传感器在兔子颈动脉上进行测试实验的过程梗概图。在进行兔子颈动脉血压波动测量的实验过程中还要用到一些手术器材和手术药品。手术器材包括手术台、手术器械、双凹夹、动脉插管、动脉夹、注射器、手术灯、纱布、丝线等;手术药品包括肝素(用以防止血液凝固)、生理盐水、20%氨基甲酸乙酯(用以对兔子进行麻醉,可用 3%戊巴比妥钠代替)、0.02 g/L 去甲肾上腺素(用以使兔子心率增加,血压升高)。

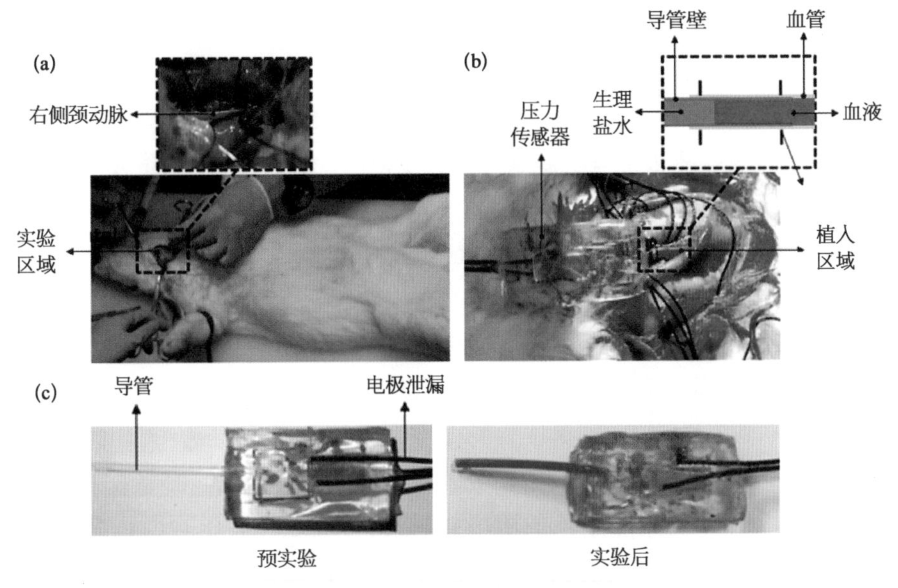

图 4.56　血压传感器的测试实验过程

兔子颈动脉血压测定手术的操作步骤如下：

① 麻醉固定：将兔子称重后，按照兔子体重每千克 5 mL 的量把质量分数为 20%的麻醉剂氨基甲酸乙酯从兔子的耳缘静脉缓缓注入，待兔子麻醉后，将其仰卧固定在手术台上，用手术剪剪去颈部位于手术视野中的毛。兔子摆放的要求：确保兔子脖子被牢牢固定，即使兔子发生抖动也不会造成兔子脖子抖动。

② 分离血管和神经：沿兔颈部正中线切开皮肤 6～7 cm，分离皮下组织及肌肉，暴露出气管。在气管的右侧分离出颈总动脉（最粗）、减压神经（最细）、交感神经和迷走神经，左侧分离出颈总动脉，并在动脉和各神经下穿线备用。

③ 动脉插动脉插管：先在远心端结扎左侧颈总动脉，再用动脉夹在近心端将其夹闭，两者相距约需 2 cm，用眼科剪在结扎线下方 0.5 cm 处的动脉壁上向心脏方向剪开一斜口，切口约为管径的一半。将注满肝素生理盐水的动脉插管向心脏方向插入动脉，用已穿好的备用线扎紧血管和已插入的动脉插管。利用远心端结扎线将动脉再次结扎固定，使动脉插管与动脉保持在同一直线上，并可防止插管滑落。芯片插管与动物心脏保持在同一水平。结扎固定后即可打开并移去动脉夹，此时即可见血液冲入芯片。

④ 芯片摆放位置的要求：芯片的检测区域与颈动脉呈平行状态；裸露在芯片外的连接硬管要全部插入颈动脉内；芯片要与兔子脖子固定在一起，另外

电极的两根导线也要固定住。

⑤ 记录正常血压下的电容曲线：在电脑上实时记录正常血压波动值。

⑥ 注射去甲肾上腺素并采集兔子血压值的变化趋势：通过兔子耳缘静脉的留置针头，缓缓将去甲肾上腺素注入兔子体内。保持 LCR 测量计数据的实时记录，记录包括注射药物在内的整个过程中的电容信号变化曲线。

⑦ 实验结束，将实验兔子按实验规范进行妥善处理，整理实验仪器与用品。

⑧ 对比实验结果，进行结果分析。

图 4.57 所示为兔子颈动脉血压测量实验的整个过程中采集到的电容信号曲线。横轴为时间，LCR 测量计采集的数据频率为 5 次/s，也即每 0.2 s 采集一个数据点；纵轴为电容值，单位为 pF。图线中的电容数据为 LCR 测量计测量到的用 Labview 程序保存到电脑上的原始实验电容数据。整条曲线包括 3 个阶段：注射去甲肾上腺素前的阶段(保持正常稳定的血压阶段)、静脉注入去甲肾上腺素的阶段和注射去甲肾上腺素后的阶段(血压升高后保持大致平稳的阶段)。整个实验过程持续大约 40 min。从图 4.57 中可以看出，在保持正常稳定血压的第一阶段，采集到的电容值稳定维持在 0.509～0.513 pF；在第二个去甲肾上腺素注入的阶段，电容值保持不断上升的趋势；在第三个注射后的阶段，采集到的电容信号稳定升高后的电容值范围在 0.512～0.516 pF 之间。图中可以看到几个极值点：第一阶段电容的最小值为 0.509 pF，最大值为 0.513 pF；第三阶段电容的最小值为 0.512 pF，最大值为 0.516 pF。

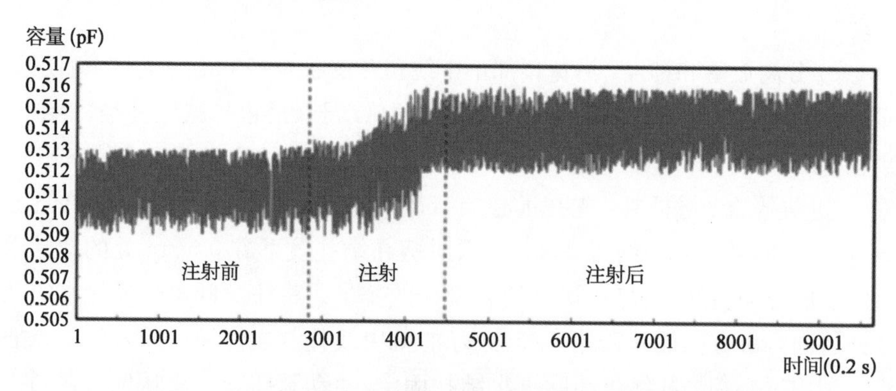

图 4.57 兔子颈动脉血压实验整个过程中的电容信号波动曲线

可以看到注射后利用血压传感器芯片成功监测到兔子的颈动脉血压的变化。采集到的电容信号曲线，可以成功反映兔子注射药物前后的 3 个阶段的血压值变化。

参 考 文 献

[1] Heikenfeld J，Jajack A，Rogers J. *et al*. Wearable sensors：modalities，challenges，and prospects. Lab on a Chip，2018，18：217 - 248.

[2] Li G，Lee D W. Advanced selective liquid-metal plating technique for stretchable biosensor applications. Lab on a Chip，2017，17：3415 - 3421.

[3] Swisher S L，Lin M C，Liao A，*et al*. Impedance sensing device enables early detection of pressure ulcers in vivo. Nature Communication，2015，6：6575.

[4] Matsuzaki R，Tabayashi K. Wearables：Highly Stretchable，Global，and Distributed Local Strain Sensing Line Using GaInSn Electrodes for Wearable Electronics. Advanced Functional Materials，2015，25：3797 - 3797.

[5] Cranmer S R，Asgari T M，Miralles M P，*et al*. The role of turbulence in coronal heating and solar wind expansion. Philosophical Transactions of the Royal Society of London A：Mathematical Physical & Engineering Sciences，2015.

[6] Gao Y J，Ota Hiroki，Schaler E，*et al*. Wearable Microfluidic Diaphragm Pressure Sensor for Health and Tactile Touch Monitoring. Advanced Materials，2017，29(39)：1701985.

[7] Hong S，Yeo J，Kim G，*et al*. Nonvacuum，Maskless Fabrication of a Flexible Metal Grid Transparent Conductor by Low-Temperature Selective Laser Sintering of Nanoparticle Ink. Acs Nano，2013，7：5024 - 5031.

[8] Kenry，Yeo J C，Yu J，*et al*. Highly Flexible Graphene Oxide Nanosuspension Liquid-Based Microfluidic Tactile Sensor. Small，2016，12：1593 - 1604.

[9] Yeo J C，Kenry，Yu J，*et al*. Triple-state liquid-based microfluidic tactile sensor with high flexibility，durability，and sensitivity. Acs Sensors，2016：acssensors.6b00115.

[10] Wong R D P，Posner J D，Santos V J. Flexible microfluidic normal force sensor skin for tactile feedback. Sensors & Actuators A Physical，2012，179：62 - 69.

[11] Woodward M A，Sitti M. Design of a miniature integrated multi-modal jumping and gliding robot. Proceedings of the IEEE/RSJ International Conference on Intelligent Robots and Systems，2011：556 - 561.

[12] Hafeman D G，Mcconnell H M. Multiple chemically modulated capacitance determination. 美国专利号：07/438675，1992.

[13] Ali M M，Narakathu B B，Emamian S，*et al*. Eutectic Ga-In liquid metal based flexible capacitive pressure sensors. IEEE，2017.

[14] Eshkeiti A，Narakathu B B，Reddy A S G，*et al*. Detection of heavy metal compounds using a novel inkjet printed surface enhanced Raman spectroscopy (SERS) substrate. Sensors & Actuators B Chemical，2012，171 - 172：705 - 711.

[15] Yang X，Wang Y，Xinlin Q. A Flexible Capacitive Pressure Sensor Based on Ionic

Liquid. Sensors, 2018, 18: 2395.

[16] Liu S, Sun X, Hildreth O J, *et al*. Design and characterization of a single channel two-liquid capacitor and its application to hyperelastic strain sensing. Lab on a Chip, 2015, 15: 1376 - 1384.

[17] Campo A D, Greiner C. SU - 8: a photoresist for high-aspect-ratio and 3D submicron lithography. Journal of Micromechanics & Microengineering, 2007, 17: 81 - 95.

[18] Khanam P N, Ponnamma D, Al-Maadeed M A S A. Electrical Properties of Graphene Polymer Nanocomposites. Springer International Publishing, 2015.

[19] Bartlett N W, Tolley M T, Overvelde J T B, *et al*. A 3D - printed, functionally graded soft robot powered by combustion. Science, 2015, 349: 161 - 165.

[20] Boley J W, Hyun S H, White E L, *et al*. Hybrid Self-Assembly during Evaporation Enables Drop-on-Demand Thin Film Devices. Acs Appl Mater Inter, 2016, 8: 34171 - 34178.

[21] Boley J W, White E L, Chiu G T C, *et al*. Direct Writing of Gallium-Indium Alloy for Stretchable Electronics. Adv Funct Mater, 2014, 24: 3501 - 3507.

[22] Boley J W, White E L, Kramer R K. Mechanically Sintered Gallium-Indium Nanoparticles. Adv Mater, 2015, 27: 2355 - 2360.

[23] Doudrick K, Liu S L Z, Mutunga E M, *et al*. Different Shades of Oxide: From Nanoscale Wetting Mechanisms to Contact Printing of Gallium-Based Liquid Metals. Langmuir, 2014, 30: 6867 - 6877.

[24] Kramer R K, Boley J W, Stone H A, *et al*. Effect of Microtextured Surface Topography on the Wetting Behavior of Eutectic Gallium-Indium Alloys. Langmuir, 2014, 30: 533 - 539.

[25] Lear T R, Hyun S H, Boley J W, *et al*. Liquid metal particle popping: Macroscale to nanoscale. Extreme Mechanics Letters, 2017, 13: 126 - 134.

[26] Liu S L Z, Sun X D, Hildreth O J, *et al*. Design and characterization of a single channel two-liquid capacitor and its application to hyperelastic strain sensing. Lab on a Chip, 2015, 15: 1376 - 1384.

[27] Zhang L J, Gao M, Wang R H, *et al*. Stretchable Pressure Sensor with Leakage-Free Liquid-Metal Electrodes. Sensors, 2019, 19(6): 1316 - 1332.

[28] Jiang J, Lee J E, Kim K S, *et al*. Oxidation behavior of Sn-Zn solders under high-temperature and high-humidity conditions. Journal of Alloys and Compounds, 2008, 462: 244 - 251.

[29] Noor E E M, Ismail A B, Sharif N M, *et al*. Characteristic of low temperature of Bi-In-Sn solder alloy. Electronic Manufacturing Technology Symposium. IEEE, 2008.

[30] 桂林,牛波,高猛.一种微流道压力传感器.发明专利 ZL201410116547.8.

[31] Joo Y, Byun J, Seong N, *et al*. Silver nanowire-embedded PDMS with a multiscale structure for a highly sensitive and robust flexible pressure sensor. Nanoscale, 2015, 7: 6208 - 6215.

[32] Chung K H, Crane M M, Lu H. Automated on-chip rapid microscopy, phenotyping and sorting of C. elegans. Nat Methods, 2008, 5: 637 - 643.

[33] Crane M M, Chung K, Lu H. Computer-enhanced high-throughput genetic screens of C. elegans in a microfluidic system. Lab on a Chip, 2009, 9: 38 - 40.

[34] Kleparnik K, Horky M. Detection of DNA fragmentation in a single apoptotic cardiomyocyte by electrophoresis on a microfluidic device. Electrophoresis, 2003, 24: 3778 - 3783.

[35] Matsunaga T, Hosokawa M, Arakaki A, *et al*. High-efficiency single-cell entrapment and fluorescence in situ hybridization analysis using a poly (dimethylsiloxane) microfluidic device integrated with a black poly(ethylene terephthalate) micromesh. Anal Chem, 2008, 80: 5139 - 5145.

[36] Shackman J G, Dahlgren G M, Peters J L, *et al*. Perfusion and chemical monitoring of living cells on a microfluidic chip. Lab on a Chip, 2005, 5: 56 - 63.

[37] Sims C E, Allbritton N L. Analysis of single mammalian cells on-chip. Lab on a Chip, 2007, 7: 423 - 440.

[38] Hufnagel H, Huebner A, Gulch C, *et al*. An integrated cell culture lab on a chip: modular microdevices for cultivation of mammalian cells and delivery into microfluidic microdroplets. Lab on a Chip, 2009, 9: 1576 - 1582.

[39] Lee P J, Gaige T A, Hung P J. Dynamic cell culture: a microfluidic function generator for live cell microscopy. Lab on a Chip, 2009, 9: 164 - 166.

[40] Abkarian M, Faivre M, Horton R, *et al*. Cellular-scale hydrodynamics. Biomedical Materials, 2008, 3(3): 034011.

[41] Garstecki P, Gitlin I, DiLuzio W, *et al*. Formation of monodisperse bubbles in a microfluidic flow-focusing device. Appl Phys Lett, 2004, 85: 2649 - 2651.

[42] Gunther A, Jensen K F. Multiphase microfluidics: from flow characteristics to chemical and materials synthesis. Lab on a Chip, 2007, 7: 935.

[43] Sonksen P H, Judd S L, Lowy C. Home Monitoring of Blood-Glucose — Method for Improving Diabetic Control. Lancet, 1978, 1: 729 - 732.

[44] Araci I E, Su B L, Quake S R, *et al*. An implantable microfluidic device for self-monitoring of intraocular pressure. Nat Med, 2014, 20: 1074 - 1078.

[45] Clarke S E, Foster J R. A history of blood glucose meters and their role in self-monitoring of diabetes mellitus. Brit J Biomed Sci, 2012, 69: 83 - 93.

[46] Chesnut R M. A Trial of Intracranial-Pressure Monitoring in Traumatic Brain Injury. New Engl J Med, 2013, 369: 2465 - 2465.

[47] Aiolfi A, Benjamin E, Khor D, *et al*. Brain Trauma Foundation Guidelines for Intracranial Pressure Monitoring: Compliance and Effect on Outcome. World J Surg, 2017, 41: 1542 - 1542.

[48] Valadka A B, Shackford S R, Spain D A, *et al*. Intracranial pressure monitoring and inpatient mortality in severe traumatic brain injury: A propensity score-matched

analysis discussion. J Trauma Acute Care, 2015, 78: 501 - 502.
[49] Berlin T, Murray-Krezan C, Yonas H. Comparison of parenchymal and ventricular intracranial pressure readings utilizing a novel multi-parameter intracranial access system. Springerplus, 2015, 4(1): 10.
[50] Springer F, Schlierf R, Pfeffer J G, *et al*. Detecting endoleaks after endovascular AAA repair with a minimally invasive, implantable, telemetric pressure sensor: an in vitro study. Eur Radiol, 2007, 17: 2589 - 2597.
[51] Kuoni A, Holzherr R, Boillat M, *et al*. Polyimide membrane with ZnO piezoelectric thin film pressure transducers as a differential pressure liquid flow sensor. J Micromech Microeng, 2003, 13: S103 - S107.
[52] Chang W Y, Chu C H, Lin Y C. A flexible piezoelectric sensor for microfluidic applications using polyvinylidene fluoride. Ieee Sens J, 2008, 8: 495 - 500.
[53] Le H P, Shah K, Singh J, *et al*. Design and implementation of an optimised wireless pressure sensor for biomedical application. Analog Integr Circ S, 2006, 48: 21 - 31.
[54] Wunderlich B K, Klessinger U A, Bausch A R. Diffusive spreading of time-dependent pressures in elastic microfluidic devices. Lab on a Chip, 2010, 10: 1025 - 1029.
[55] Srivastava N, Burns M A. Microfluidic pressure sensing using trapped air compression. Lab on a Chip, 2007, 7: 633 - 637.
[56] Song W Z, Psaltis D. Optofluidic pressure sensor based on interferometric imaging. Opt Lett, 2010, 35: 3604 - 3606.
[57] Kohl M J, Abdel-Khalik S I, Jeter S M, *et al*. A microfluidic experimental platform with internal pressure measurements. Sensor Actuat a-Phys, 2005, 118: 212 - 221.
[58] Hosokawa K, Hanada K, Maeda R. A polydimethylsiloxane (PDMS) deformable diffraction grating for monitoring of local pressure in microfluidic devices. J Micromech Microeng, 2002, 12: 1 - 6.
[59] Chung K, Lee H, Lu H. Multiplex pressure measurement in microsystems using volume displacement of particle suspensions. Lab on a Chip, 2009, 9: 3345 - 3353.
[60] Hoera C, Kiontke A, Pahl M, *et al*. A chip-integrated optical microfluidic pressure sensor. Sensor Actuat B-Chem, 2018, 255: 2407 - 2415.
[61] Abkarian M, Faivre M, Stone H A. High-speed microfluidic differential manometer for cellular-scale hydrodynamics. P Natl Acad Sci USA, 2006, 103: 538 - 542.
[62] 桂林,周旭艳,高猛.用于微流道内压力检测系统及其制作方法,检测方法.发明专利,CN201610852362.2.
[63] Xia Y N, Whitesides G M. Soft lithography. Angew Chem Int Edit, 1998, 37: 550 - 575.
[64] Tan Y C, Fisher J S, Lee A I, *et al*. Design of microfluidic channel geometries for the control of droplet volume, chemical concentration, and sorting. Lab on a Chip, 2004, 4: 292 - 298.
[65] Chiechi R C, Weiss E A, Dickey M D, *et al*. Eutectic gallium-indium (EGaIn): A

moldable liquid metal for electrical characterization of self-assembled monolayers. Angew Chem Int Edit, 2008, 47: 142 - 144.
[66] So J H, Thelen J, Qusba A, *et al*. Reversibly Deformable and Mechanically Tunable Fluidic Antennas. Adv Funct Mater, 2009, 19: 3632 - 3637.
[67] Dickey M D, Chiechi R C, Larsen R J, *et al*. Eutectic gallium-indium (EGaIn): A liquid metal alloy for the formation of stable structures in microchannels at room temperature. Adv Funct Mater, 2008, 18: 1097 - 1104.
[68] So J H, Koo H J, Dickey M D, *et al*. Ionic Current Rectification in Soft-Matter Diodes with Liquid-Metal Electrodes. Adv Funct Mater, 2012, 22: 625 - 631.
[69] 桂林，刘冰心.电磁屏蔽系统的制作方法、电磁屏蔽系统及芯片检测设备.发明专利，申请号 201910137921.5.

第5章 液态金属微流体容性流体检测

5.1 引言

流体检测是一种在医疗、环境等领域被广泛应用的检测方法，检测的对象往往是少量流体，通过微流控芯片对流体的电学特征进行检测，从而得到人们需要的检测信息。而电学特征一般分为电阻、电容和电感信号。如前几章所述，液态金属由于其特殊的流体性和金属性兼具的特点，有广泛用在微电极上的潜力，因而液态金属在微流体的电学特征检测中也有着广泛的应用领域。由于液态金属作为电极经常工作在液体状态，其形态强烈依赖于其限定环境，除了一部分利用表面张力可以将液态金属自身限定在一定范围外，大部分情况下液态金属作为电极的应用都处于一个密闭环境中，因此，液态金属电极很多情况下都属于非接触式的微电极，也即液态金属和被测物质之间会隔着一层用于将液态金属进行封装的材料。而在电学信号检测中，电阻信号的检测一般要求检测电极和被测物质之间有良好的电学接触，而电容信号则比较容易通过非接触电极进行检测，因此液态金属在电容微传感器领域有着天然的优势。而且电容信号由于其检测过程的非接触性以及低能耗性有着广泛的应用前景，因此液态金属非接触式电极有着广泛应用于微流体的容性流体检测的潜在趋势，很多学者已经对此进行了一系列的研究。

流式容性微传感器是一种基于微流控芯片的针对某种连续流体流动的电容型微传感器，在生化分析、医学诊断、环境监测、压力测量等 MEMS 技术领域具有广泛的应用[1-5]，可用于流体分析物的检测，包括粒子、细胞、生物大分子、微液滴、金属粉末等[6-14]。流式容性微检测技术不仅能够用于检测电解质类微流体分析物，还可用于检测介电类微流体分析物[15]。而流式检测技术中应用最为广泛的流式电阻检测则仅能够用于检测电解质类微流体分析物，却难以灵敏检测介电类微流体分析物。这主要是因为当微流体分析物成分发生改变时，介电类微流体分析物电容信号会有非常明显的变化，而电阻信号则仅有微弱的变化[13-14]。由于与待测微流体分析物保持非接触，相比接触式流式电容微传感器和流式电阻微传感器，液态金属非接触式流式电容微传感器可有效解决电解反应、电极腐蚀、气泡、焦耳热等问题，检测信号稳定性更高、可靠性更好。液态金属流式容性微传感器按照其电极摆放形式，根据其适合的应用场景，分为双侧布置式和共面布置式。

5.2　双侧布置式液态金属容性流体检测

在集成型流式电容检测中，微电极对流式电容微传感器灵敏、高效检测微流体分析物是至关重要的，同时微电极材料选择、制作工艺对流式电容微传感器在微流控芯片中集成工艺和成本具有重要影响[16-18]。传统的集成型微电极多采用铂、金等惰性金属材料在检测微流道底部芯片基底表面沉积或溅射而成，如图 5.1 所示。为在检测微流道内形成电容型检测区域，图中所示的铂、金薄膜微电极多以共面的形式沿检测微流道方向布置[11]。在流式电容检测过程中，微流体分析物需依次流过图中所示的两个共面薄膜微电极。由于机械强度、集成度高，化学性质较稳定，铂、金共面薄膜微电极已在对流式电容检测方面得到了广泛应用和发展[11-12]。另外，Kitsara 等人[8]还提出一种交错布置的共面薄膜微电极阵列，对化学反应物进行流式电容检测。

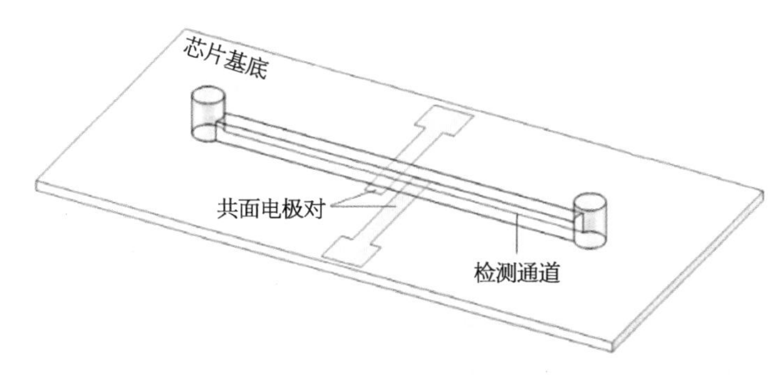

图 5.1　铂、金共面微电极流式电容检测微芯片示意图

上图所示的共面薄膜微电极在流式电容检测时通常与待测微流体分析物保持直接接触，这就会产生微流体分析物电解、微电极腐蚀等问题。为避免这些问题，相关学者提出采用 PDMS、SU8 介电薄膜层将微流体分析物与共面薄膜微电极隔开，PDMS、SU8 介电薄膜层可通过旋涂方法在共面微电极表面制作[11]。这种介电薄膜层隔离方法无疑会增加流式电容微传感器的制作成本，同时也会影响电容检测的灵敏度。对于大高宽比的微流道颗粒检测，如图 5.2 所示，检测微流道上半部区域（高度方向远离共面微电极的检测微流道区域）电容信号比较弱，共面薄膜微电极难以捕捉感应到这部分区域的微弱电容信号，而对于电极布置在流道两侧的双侧式容性检测则可以得到比较稳定的电容信号。为此，为解决大高宽比的流道检测，容性传感器要求其检测电极被布置在流道的两侧，对整个流道进行有效的检测。

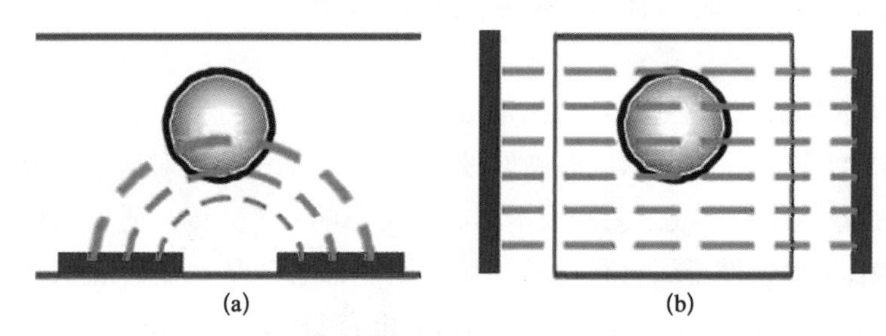

图 5.2 共面式容性检测(a)和双侧式容性检测(b)的比较

实际上人们对电极的双侧式布置进行了许多尝试。Ye 等[19]提出运用在微生物燃料电池中的石墨电极，他们将 1 mm 厚的石墨板作为电极并排放在一起，在石墨板之间形成了 2 mm 宽、40 mm 长的微流道，使得电极布置在微流道的两侧，如图 5.3 所示：

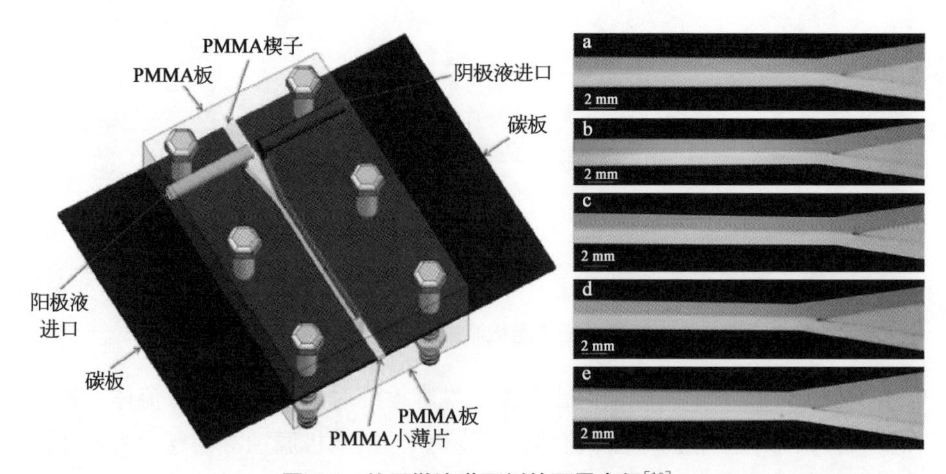

图 5.3 处于微流道两侧的石墨电极[19]

显然 Ye 等人提出的这个微电极虽然实现了电极在微流道的两侧布置，但是由于石墨电极很难微型化，在电极长度上到达了厘米的量级，无法对微米量级的小颗粒或者液体样品进行精确的检测。而液态金属作为一种流动的金属，结合微流道的光刻或者软光刻的制作技术，则很容易通过微灌注克服这个缺点，实现微米量级两侧式电容电极的高精度布置。

5.2.1　双侧布置式液态金属容性传感器的工作原理

如图 5.4 所示为液态金属双侧布置式电容微传感器的 PDMS/玻璃微流控芯片示意图。微传感器检测区域为平行平板电容器状微结构，由液态金属微电极、检测微流道、PDMS 介电薄膜组成。液态金属微电极由注射充满液态金属的微流道制作而成，与检测微流道等高，布置在同一水平面上。液态金属微流道对称布置在检测微流道两侧，作为微电极检测的正极和负极。PDMS 介电薄膜用于隔开液态金属微流道和检测微流道，以使待测微流体无法直接接触液态金属微电极。基于结构形式和布置方式方面的优势，这种非接触式液态金属微电极非常适于具有大高宽比检测微流道的流式电容检测应用场合。

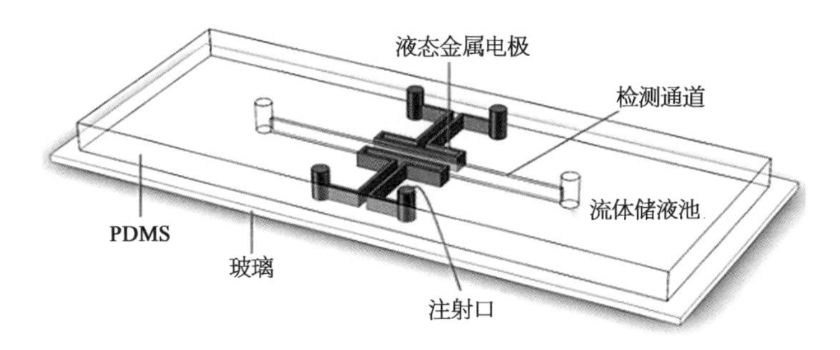

图 5.4　液态金属双侧布置式电容微传感器示意图

图中所示双侧布置式电容微传感器的检测区域电容可以看作是一个平行平板电容，其电容值可由下式计算。

$$C=\varepsilon_0 \cdot \varepsilon_r \cdot \frac{A}{D} \tag{5-1}$$

式中 ε_0 为真空介电常数，$\varepsilon_0=8.85\times10^{-12}$，$\varepsilon_r$ 为检测区域介电质的相对介电常数，A 为微电极的面积 $A=L\times H$，其中 L 和 H 分别为微电极的长度和高度，D 为两个微电极之间的间距。

如图 5.5 所示为液态金属双侧布置式电容微传感器检测区域等效电容示

意图，即两个液态金属微电极中间的区域。从图中可以看出，等效电容包括3个组成部分：检测层(流体微流道)和两层PDMS介电薄膜。PDMS介电薄膜层可将液态金属微流道与检测微流道隔开，使两者始终保持非接触，从而能够有效避免待测微流体与液态金属的直接接触。这种非接触式微电极在流式电容检测微流体时具有两个优势：一是避免待测微流体与液态金属之间的交叉污染，保持微流体介电性质；二是消除微电极表面极化现象，保持微电极结构和性能稳定。

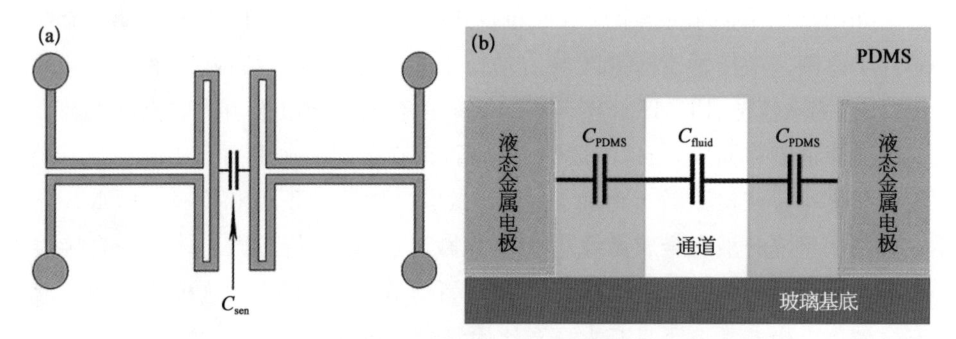

图5.5 液态金属双侧布置式电容微传感器工作原理示意图

(a) 由液态金属微电极组成的微型平板电容器示意图；(b) 微型平板电容器等效电容示意图。

图5.5所示的流式电容微传感器的等效电容值可表示为：

$$\frac{1}{C_{sen}}=\frac{1}{C_{PDMS}}+\frac{1}{C_{fluid}}+\frac{1}{C_{PDMS}} \tag{5-2}$$

从而电容微传感器的等效电容的具体表达式可以写为：

$$\frac{1}{C_{sen}}=\frac{2}{\varepsilon_0\cdot\varepsilon_{PDMS}\cdot\dfrac{A_{PDMS}}{D_{PDMS}}}+\frac{1}{\varepsilon_0\cdot\varepsilon_{fluid}\cdot\dfrac{A_{fluid}}{D_{fluid}}} \tag{5-3}$$

式中ε_{PDMS}为PDMS材料相对介电常数($\varepsilon_{PDMS}=2.5$)；ε_{fluid}为待测微流体的相对介电常数。另外传感器电容检测区域尺寸$A_{PDMS}=A_{fluid}$，$D_{PDMS}=D_{fluid}$。

从上式可以看出，当待测微流体介电性质(ε_{fluid})、PDMS介电薄膜尺寸(A_{PDMS}、D_{PDMS})和检测微流道尺寸(A_{fluid}、D_{fluid})发生变化时，液态金属流式电容传感器检测区域电容值就会发生改变。液态金属流式电容检测系统通过探测微传感器检测区域电容值的变化，就可以对微流道内的微流体进行检测。分析液态金属流式电容检测系统可能的应用领域如下：

（1）微流体介电性质检测

当微流体始终以同一恒定流速流过液态金属流式电容微传感器检测区域时，检测区域 PDMS 介电薄膜尺寸（A_{PDMS}、A_{fluid}）和检测微流道尺寸（A_{fluid}、D_{fluid}）保持不变，流式电容检测系统可通过测量检测区域电容值的变化间接对微流体介电性质进行检测。微流体介电性质由流体种类、成分决定，因此流式电容检测系统可对微流体介电常数、微颗粒悬浮液进行检测。微颗粒悬浮液检测内容可以是微颗粒浓度、微颗粒计数、微颗粒筛选等，而微颗粒可以为聚合物颗粒、微液滴、细胞、生物大分子等。

（2）微流体流速、压力测量

当确定种类及成分的微流体以不同的流速流过液态金属流式电容微传感器检测区域时，检测区域 PDMS 介电薄膜尺寸（A_{PDMS}、A_{fluid}）和检测微流道尺寸（A_{fluid}、D_{fluid}）会因 PDMS 介电薄膜的形变作用而发生改变，流式电容检测系统可通过测量检测区域电容值的变化间接对 PDMS 介电薄膜形变程度进行检测，进而确定微流体在检测微流道内的流速。在流式检测微流体流速时，还可对微流体内部的压力进行检测。

5.2.2　双侧布置式液态金属容性传感器的特点及优势

相比铂、金薄膜共面微电极，双侧布置式液态金属微电极在流式电容微传感器的应用中具有明显的技术优势。

① 液态金属微电极制作简单、封装方便、成本低廉。

② 液态金属微电极与检测微流道之间的定位容易操作，在设计（软件绘图）阶段就可以自动实现。

③ 液态金属微电极与检测微流体由 PDMS 介电薄膜隔开，可有效避免微电极与微流体之间的交叉污染，进而消除电极极化问题。

④ 液态金属非接触式微电极非常适于大高宽比检测微流道应用场合。

5.2.3　双侧布置式液态金属容性传感器的性能测试及实验装置

以去离子水、空气等介电流体为测试对象，对双侧布置式液态金属电容检测系统的检测性能进行测试，同时对检测系统进行校准标定。而后以微颗粒悬浮液为测试对象，采用流式电容检测系统对悬浮液中微颗粒浓度进行测定。

5.2.3.1　电容检测微芯片的制作

150 μm 高的液态金属微流道和流体微流道由 SU8 2075 负性光刻胶制

作，转印在 PDMS 上。PDMS 微流道与载玻片基底通过等离子键合封装在一起。液态金属镓铟锡合金($Ga_{66}In_{20.5}Sn_{13.5}$)通过注射方式灌入充满微流道，形成流式电容检测微电极。铜导线(外径 150 μm)插入液态金属微流道灌注进、出口作为液态金属微电极的外部引线，以与 AD7746 微控制系统进行连接。铜导线与液态金属微电极连接处通过 705 透明绝缘硅胶密封。如图 5.6 所示为集成液态金属微电极的流式电容检测 PDMS/玻璃微流控芯片实物图。

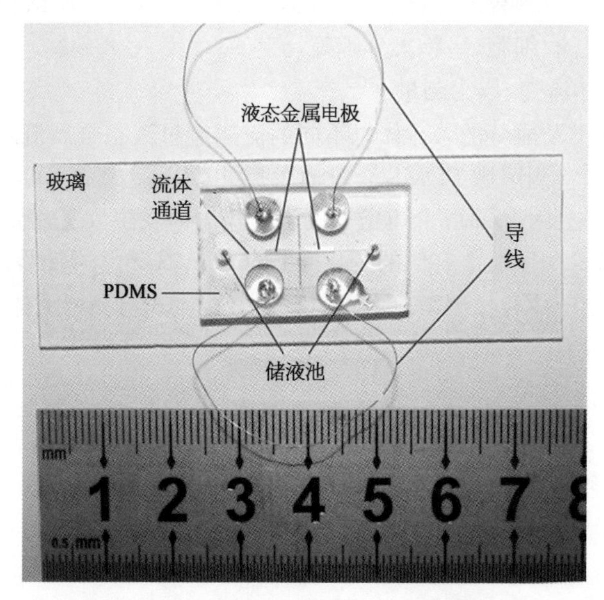

图 5.6　双侧布置式电容微传感器的 PDMS/玻璃微流控芯片实物图

PDMS/玻璃微流控芯片尺寸为：PDMS 层长度为 3 cm、宽度为 2 cm、厚度为 2 mm；玻璃基底为标准生物载玻片，长度为 7.6 cm、宽度为 2.5 cm、厚度为 1 mm；液态金属微流道和检测微流道高度和宽度分别为 50 μm 和 30 μm；检测微流道长度为 2 cm；液态金属微流道检测区域沿检测微流道方向的长度为 1 cm，两段引线长度为 5 mm；PDMS 介电薄膜尺寸为 30 μm。

5.2.3.2　电容检测系统及性能测试实验

如图 5.7 所示为基于液态金属微电极的流式电容微芯片检测系统示意图。系统采用数字电容转换器 AD7746 作为流式电容微芯片中微小电容信号的感应、读取、记录和数字转换设备，并通过 ATmega328 微控制器控制 AD7746 的电容数字转换过程。ATmega328 微控制器由接入计算机的 USB

供电，并通过 I^2C 协议与 AD7746 数字电容转换器进行通信。USB 不仅要为 ATmega328 微控制器供电，而且还要作为微控制器向计算机发送检测电容信号的传输通道。

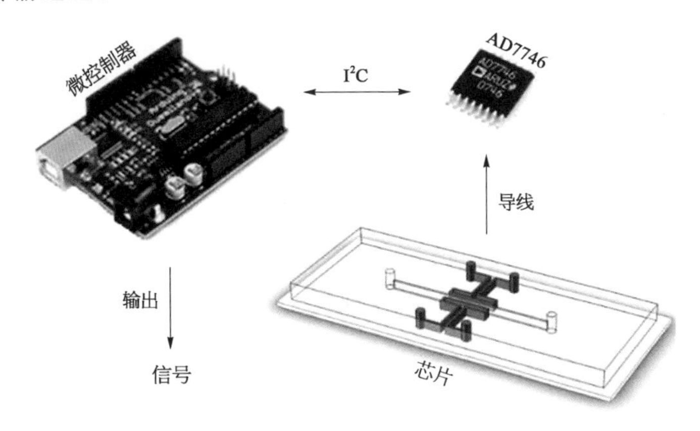

图 5.7　双侧布置式液态金属电容微传感芯片检测系统示意图

在液态金属流式电容微芯片检测性能测试中，待测微流体由微量注射泵（LSP10-1B，longer precision pump）操控，经微芯片流体储液池注射进入检测微流道液态金属微电极检测区域，微泵注射流量设定为 0.5 μL/min。测试环境温度设定为 25±0.5℃，空气相对湿度控制在 40%～60%。

流式电容微芯片检测系统由 5 种已知介电性质的流体进行校准标定，这 5 种流体包括去离子水（$80\varepsilon_0$）、甘油（$43\varepsilon_0$）、无水乙醇（$25\varepsilon_0$）、乙酸（$6.2\varepsilon_0$）和空气（ε_0）。系统校准标定完成后，对微颗粒悬浮液进行检测，以测定悬浮液中微颗粒的浓度。选择外径为 1.84 μm 的聚苯乙烯微球形颗粒（Spherotech Inc.）作为检测对象，微球形颗粒基液密度为 1.05 g/cm^3。微颗粒基液与去离子水按体积比进行均匀混合稀释，配制成待检测的微颗粒水基悬浮液（浓度 0～50 颗/pL）。

在每组测试完成后，检测微流道壁面分别依次由去离子水和空气进行冲洗，以清除前一组测试中残留的检测流体。去离子水和空气由微量注射泵泵送，注射流量设定为 0.5 μL/min，冲洗时间分别为 10 min。

5.2.4　双侧布置式液态金属电容微传感检测系统的性能测试结果

5.2.4.1　微流体介电性质的流式电容检测结果

对于已知介电性质微流体的流式电容检测，传感器电容检测区域等效电容值的理论校准标定值可由公式(5-2)进行计算。PDMS材料相对介电常数$\varepsilon_{PDMS}=2.5$;待测微流体相对介电常数ε_{fluid}分别为去离子水$80\varepsilon_0$、甘油$43\varepsilon_0$、无水乙醇$25\varepsilon_0$、乙酸$6.2\varepsilon_0$和空气ε_0。传感器电容检测区域尺寸$A_{PDMS}=A_{fluid}=1\ \text{cm}\times 150\ \mu\text{m}$,$D_{PDMS}=D_{fluid}=30\ \mu\text{m}$。

图5.8所示为流式电容检测系统测定几种已知介电性质微流体的电容值结果与理论曲线的对比情况。图中黑色线框为实验测定数据,而红色曲线为根据式(5-3)计算而得的理论曲线。以空气和去离子水为标定流体,对流式电容检测系统进行校准标定。系统校准标定完成后,即可对其他几种微流体介电性质进行测定。从图中可以看出,无水乙醇、甘油和乙酸的电容检测实验结果与理论曲线非常吻合,表明经校准标定的流式电容检测系统具有非常高的检测灵敏度和稳定性。

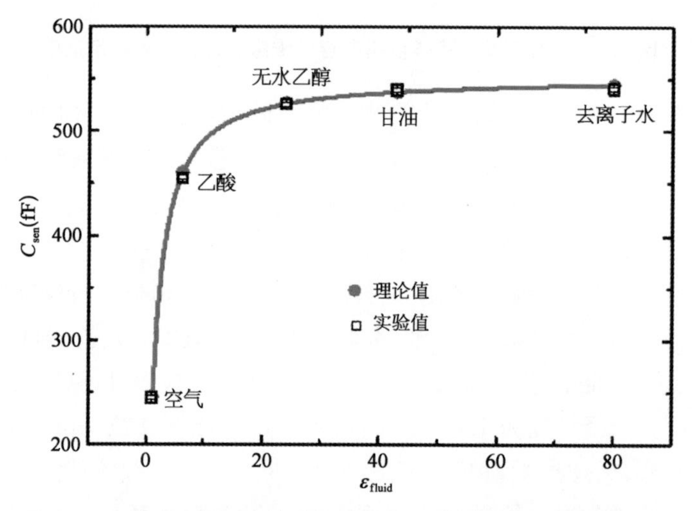

图5.8 几种介电微流体介电性质的电容检测结果与理论值对比

另外从图中还可以看出,当待测微流体相对介电常数由20增加到80时,电容检测系统仅会有约20 fF的电容值变化。这主要是因为在式(5-3)所述的等效电容值中,PDMS介电薄层($\varepsilon_{PDMS}=2.5$)的等效电容值远远小于待测微流体($\varepsilon_{fluid}=20\sim80$)。由此从式(5-3)可以看出,等式右边的第二项就会远远小于第一项,对式(5-3)的影响作用非常小。换句话说,等式右边ε_{fluid}值的增加仅能够引起C_{sen}值微弱的提高。然而AD7746数字电容转换器具有高达4 aF的检测精度,足以检测到非常小的电容信号变化,而且经校准标定的电容检测系统噪声信号可控制在 1.1 fF 以下。对比上图所示的几种微流体电容实验测定结果和理论曲线可以得出，液态金属流式电容检测系统测量误差在 0.25%范围内，表明系统具有足够高的测量精度，能够很好地测定微流体的介电性质。

5.2.4.2　悬浮液中微颗粒浓度的电容检测结果

采用校准标定的液态金属流式电容检测系统对微颗粒悬浮液进行检测，以测定悬浮液中的微颗粒浓度。当微颗粒均匀悬浮在液体试剂中时，混合悬浮液的相对介电常数可由式(5-4)[20]表示。

$$\varepsilon_{mix}=\varepsilon_1+\frac{3\upsilon\cdot\varepsilon_1\cdot(\varepsilon_p-\varepsilon_1)}{2\varepsilon_1+\varepsilon_p-\upsilon\cdot(\varepsilon_p-\varepsilon_1)} \tag{5-4}$$

式中 ε_1 为液体相对介电常数，ε_p 为微颗粒相对介电常数。υ 为微颗粒在液体中的体积分数，假定所有微颗粒尺寸相同。其中 υ 可表示为 $\upsilon=4\pi r^3\cdot\rho/3$，$r$ 为微颗粒半径尺寸，ρ 为微颗粒在液体中数量浓度，即单位体积液体中的微颗粒数量。由此式(5-4)可变为：

$$\varepsilon_{mix}=\varepsilon_1+\frac{12\pi r^3\cdot\rho\cdot\varepsilon_1\cdot(\varepsilon_p-\varepsilon_1)}{6\varepsilon_1+3\varepsilon_p-4\pi r^3\cdot\rho\cdot(\varepsilon_p-\varepsilon_1)} \tag{5-5}$$

图 5.9 所示为聚苯乙烯球形微颗粒水基悬浮液相对介电常数ε_{mix}随微颗粒数量浓度 ρ 变化的理论曲线，由式(5-5)得到，其中聚苯乙烯相对介电常数为

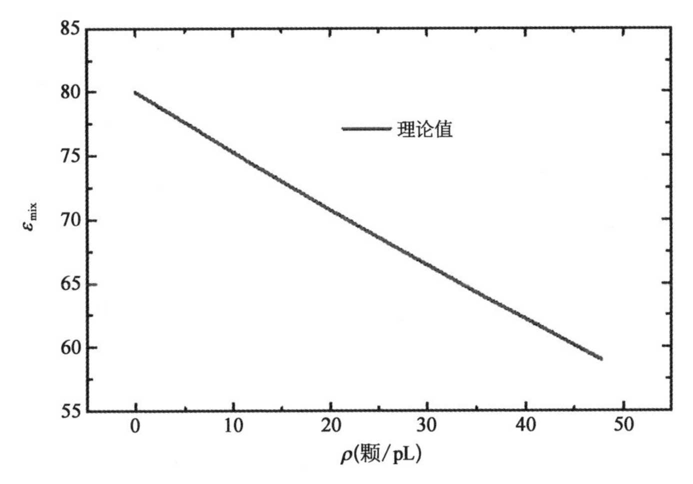

图 5.9　聚苯乙烯球形微颗粒水基悬浮液ε_{mix}随数量浓度 ρ 变化的理论曲线

$\varepsilon_p=1.3$，去离子水相对介电常数为$\varepsilon_l=80$。可以清楚地看出，微小的微颗粒浓度变化就可使微颗粒悬浮液相对介电常数发生很大的改变。相应地，流式电容检测系统检测得到的电容值也会有很大的改变，如图 5.10 所示。图 5.10 中黑色方框为实验测定值，而红色曲线为实验值的拟合结果，蓝色虚线为实验测定结果的理论对比曲线，由式(5－3)～(5－5)得到。

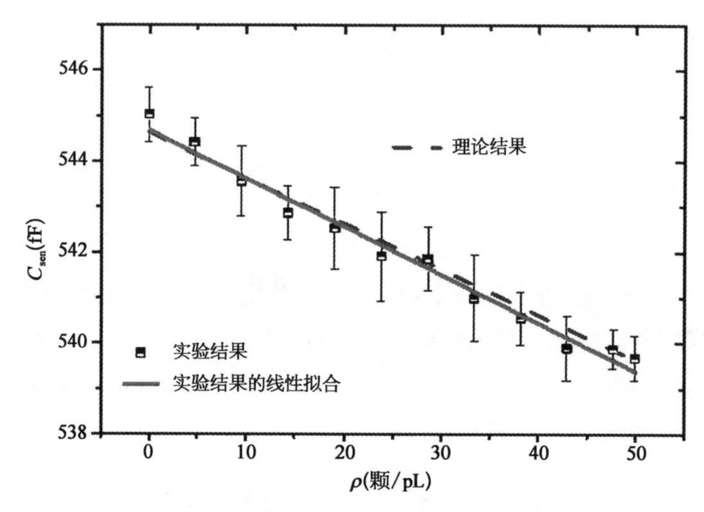

图 5.10 悬浮液中微颗粒浓度的流式电容检测结果

从图 5.10 可以看出，微颗粒悬浮液的浓度测定结果与理论曲线非常接近，表明校准标定后的流式电容检测系统具有检测微颗粒浓度的精度和稳定性。因此，可以通过测定微颗粒悬浮液的电容值并根据图中所示的拟合曲线确定悬浮液中微颗粒的浓度。

5.3 共面布置式液态金属容性流体检测

液态金属除了可以通过微灌注的方法将电极布置到流道两侧，也可以做成共面布置式电极，通过待测流道下方或者上方对流道中的电容信号进行监测，从而完成容性流体监测。与常规的共面式电极的制作方法不同，液态金属可以通过多层流道制作的技术，将电极流道布置在待测流道上方或者下方，然后通过微灌注形成容性检测电极。该种流体检测方法可用于液滴的检测或者人体汗液的检测。

5.3.1　共面布置式液态金属容性液滴传感器的工作原理

图 5.11 为一个典型的共面布置式液态金属容性传感器结构示意图。

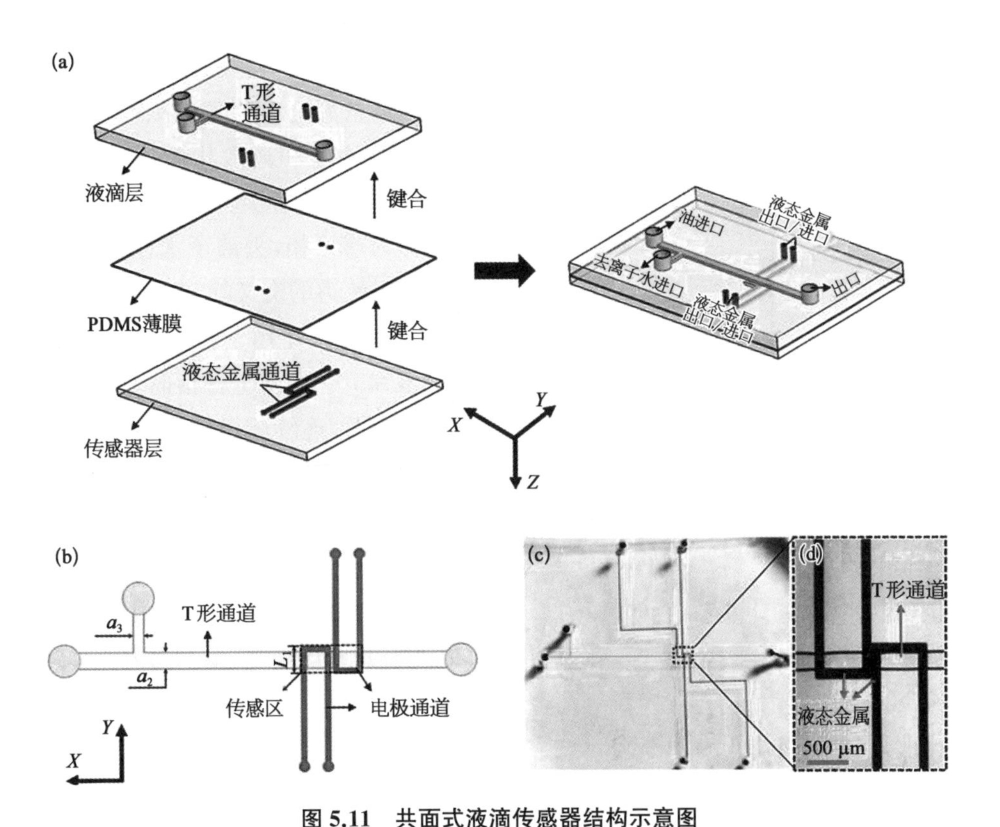

图 5.11　共面式液滴传感器结构示意图

(a) 三维结构示意图；(b) $X-Y$ 示意图；(c) 芯片的彩色墨水图；
(d) 实验中所用芯片的实物图。

该传感器采用非接触式传感器结构，可避免电极对检测样本造成污染。如图所示，液滴微流控芯片由液滴层、传感器层和位于两者中间的 PDMS 薄膜组成。传感器层和液滴层分别集成了电极微流道和 T 形微流道。电极微流道正交于 T 形微流道，如图 5.11(b)所示。其中，液态金属可被直接手动注射进电极微流道中构成工作电极，如图 5.11(d)所示。传感器是由一对间隔很近，在同一平面上的 U 形电极构成。电极呈薄膜状，它的厚度一般在 10～20 μm 之间。每根电极由感应段和导体连接段组成。感应段在 T 形微流道内产生的电容变化量约等于传感器的电容变化量；导体连接段一般很长

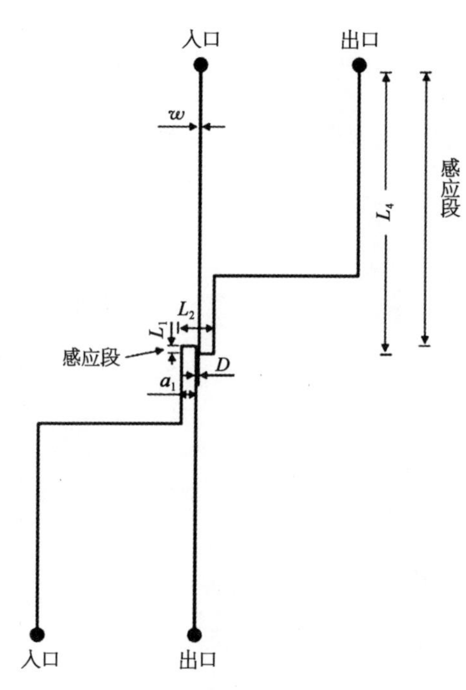

图 5.12　U 形电极的结构示意图

而且离得很远，它们产生的电容一直保持不变，主要用于电极与芯片外部引线的连接。因此，感应段覆盖的面积是传感器的检测区域，如图 5.12 所示。

T 形微流道用于生成液滴。它由连续相微流道和离散相微流道垂直相交 90°构成。本实验中选择二甲基硅油作为连续相，去离子水作为离散相。在微流道的交叉处，离散相在连续相的剪切力作用下被切割成一个一个液滴，并随着连续相向右运动。一般情况下，连续相微流道的宽度是离散相微流道的 2 倍，以便更容易控制液滴的长度和运动速度。设计微流控芯片时，检测区域的宽度必须大于连续相微流道的宽度。而且，为了降低制作时对准的难度，检测区域的宽度一般预留对准容差，比连续相微流道的宽度要大于 100 μm 以上。另外，感应段中与连续相微流道平行的水平部分(记作水平段)在设计时是为了更容易灌注液态金属，不用于检测液滴。

5.3.2　共面式电容器的理论计算

5.3.2.1　建立传感器的等效电容图

在建立传感器的电容模型时，不考虑电极的水平段，以便简化 U 形电极结构，将每根 U 形电极看作 2 个直线形电极。因此，液滴传感器的电容可看作由 4 根直线型电极生成，如图 5.13(a)所示。其中 E_1 和 E_2 的电位相同，E_3 和 E_4 的电位相同，所以 E_2 与 E_3 组成电容 C_1；E_1 与 E_3 组成电容 C_2；E_2 与 E_4 组成电容 C_3；E_1 与 E_4 组成电容 C_4，并且 C_1、C_2、C_3 和 C_4 是并联的，如图 5.13(b)所示。传感器的电容等于 C_1、C_2、C_3 和 C_4 4 个电容之和。

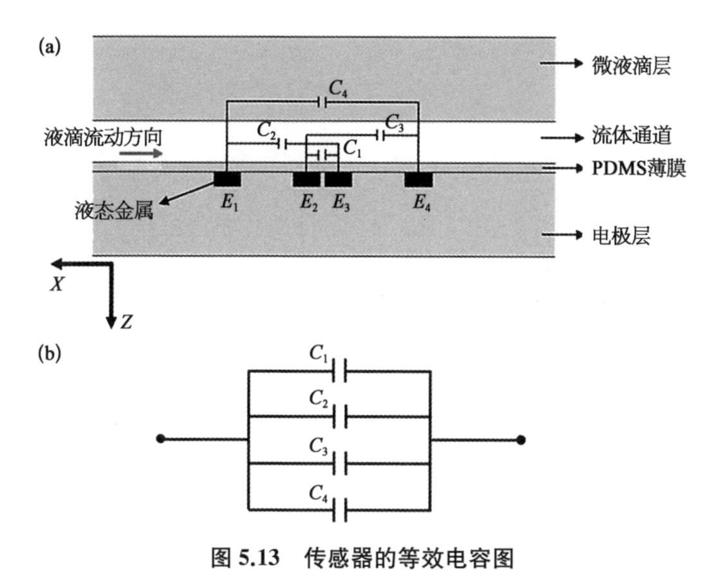

图 5.13　传感器的等效电容图

(a) $X-Z$ 平面示意图;(b) 传感器由 C_1、C_2、C_3和 C_4 4 个电容并联组成。

5.3.2.2　理论计算传感器的电容值

一对共面的直线形电极产生的电场是非均匀的,如图 5.14 所示。平行板电容器的电容计算公式不适合共面式传感器,可采用 Elbuken 等[21]运用保角映射技术推导出来的电容计算公式。它适合于由一对半无限长的共面式电极构成的传感器。电容计算公式如下所示:

$$C=\frac{2L_4\varepsilon_r\varepsilon_0}{\pi}\ln\left[1+\frac{w}{D}+\sqrt{\left(1+\frac{2w}{D}\right)^2-1}\right] \tag{5-6}$$

其中 ε_r 是二甲基硅油或去离子水的介电常数(取决于哪种流体在上面流动),ε_0 是真空介电常数,L_4 是电极的长度,w 和 D 分别是电极的宽度和电极间距离的一半。虽然该公式是在假设 $w/D>1$ 的条件下推导出来的,但它仍然非常适合用于 $w\approx D$ 计算电容值。例如,对于 $w/D=1.1$,运用公式(5-6)计算出的结果在 10%的误差范围内。

Elbuken 等还提出有效宽度的概念,认为作用于电容变化的电场只由一部分的电极生成。当电极的宽度大于有效宽度时,即使电极变宽,电容的变化规律也不会受影响。

检测区域内电场线延伸的深度由电极间的距离和电极的宽度决定。当电

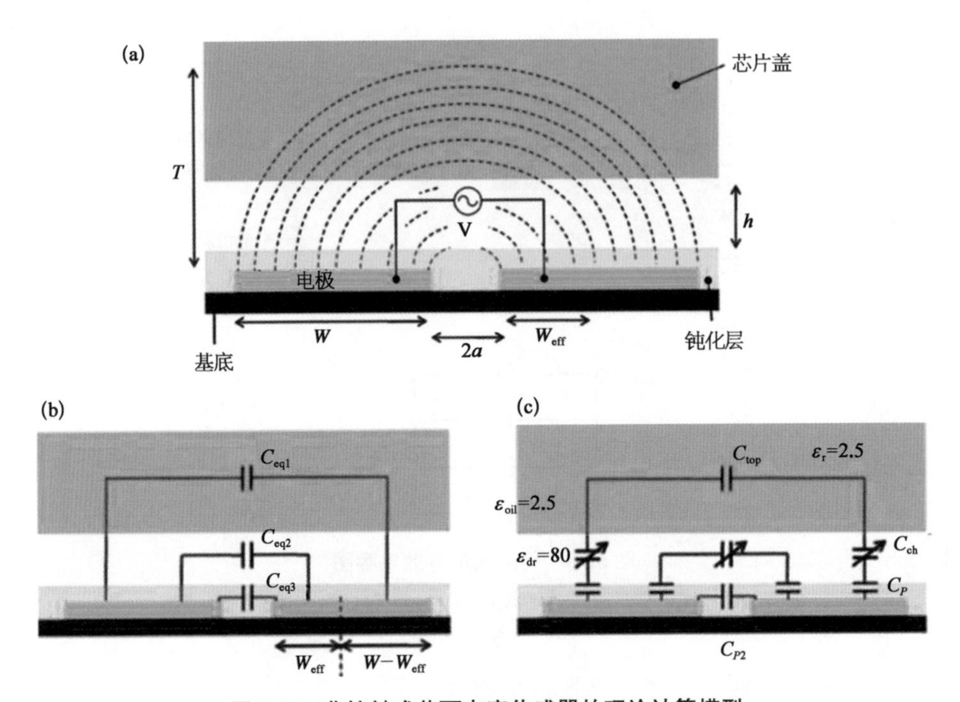

图 5.14　非接触式共面电容传感器的理论计算模型

(a) 共面式电极产生的电场；(b) 共面电容传感器由 3 个并联的电容 C_{eq1}、C_{eq2} 和C_{eq3} 构成；(c) 单个电容的组成部分。

极放置在微流道的下方时，一部分电场线会穿过微流道上方的 PDMS，如图中所示。由于 PDMS 的介电常数比微流道内物质的介电常数要少很多，所以穿过 PDMS 的电场线是始终保持不变的，它不会造成电容的变化。这就导致了只有一部分电极对电容的变化是有用的，而这部分电极被定义为电极的有效宽度（w_{eff}）。当电极的宽度等于 w_{eff} 时，电极产生的电场线刚好延伸到微流道的顶部，因此可得到 w_{eff} 与 D 存在如下关系：

$$w_{eff}=D\left(\sqrt{1+\left(\frac{h}{D}\right)^{2}}-1\right) \tag{5-7}$$

其中 h 是连续相微流道的高度。当 h 与 D 的值确定后，电极的设计宽度应要大于 w_{eff}，才能保证电场产生的电场能够覆盖上方的连续相微流道。另外，PDMS 薄膜的厚度会影响信号的强度，在计算电容值时需要考虑 PDMS 薄膜的影响。因此，由一对共面直线形电极生成的电容 C 由 C_{eq1}、C_{eq2} 和 C_{eq3} 并联组成，如图 5.14(b)所示。电容 C 的计算公式如下：

$$C = C_{eq1} + C_{eq2} + C_{eq3} \tag{5-8}$$

其中 C_{eq1}、C_{eq2} 和 C_{eq3} 分别是电场线穿过 PDMS 薄膜层，微流道和顶部 PDMS 层产生的电容。而 C_{eq1}、C_{eq2} 都包含了两种介电常数不同的物质，因此 C_{eq1}、C_{eq2} 都由多个电容串联构成，如图 5.14(c)。Elbuken 等计算得出，当油包水液滴经过传感器的检测区域时，造成的电容变化量为：

$$\Delta C \approx \Delta \frac{C_{ch}}{1 + 2(C_{ch}/C_p)} \tag{5-9}$$

其中，C_{ch} 和 C_p 分别是电场线经过连续相微流道和 PDMS 薄膜产生的电容。另外，PDMS 薄膜的厚度一般在 100 μm 以下，且与电极的表面接触，因此可以认为穿过 PDMS 薄膜的电场线是均匀的，且垂直与电极表面。C_p 可以用平行板电容器的计算得到：

$$C_p = \varepsilon_p A / t_p \tag{5-10}$$

其中，ε_p 和 t_p 分别是 PDMS 薄膜的介电常数和厚度，A 是电极上表面的面积。C_{ch} 可以用式(5-6)计算得出。

从式(5-9)和(5-10)中可知，PDMS 薄膜会降低传感器的电容强度，它的厚度越大，电容值的变化量就越小。而且，从式(5-6)和(5-9)中可知，当 $w(w > w_{eff})$ 一定时，D 越小，ΔC 就越大。本实验中，等效的 4 根直线形成的电极间的距离关系为 $D_{14} > D_{13} = D_{24} > D_{23}$($D_{14}$、$D_{13}$、$D_{24}$ 和 D_{23} 分别是电极 E_1 与 E_4、E_1 与 E_3、E_2 与 E_4 和 E_2 与 E_3 间的距离)，因此电容 C_1、C_2、C_3 和 C_4 的变化大小关系为 $\Delta C_1 > \Delta C_2 = \Delta C_3 > \Delta C_4$。

另外，本实验中使用的 LCR 测量计存在能够测量的最小电容变化量，记为 ΔC_{min}。当 D 太大以致液滴造成的电容变化量小于 ΔC_{min} 时，LCR 测量计无法检测出传感器产生的信号。

5.3.3　液滴微流控芯片的设计与制作

5.3.3.1　液滴微流控芯片的设计

液滴微流控芯片的基本功能包括生成不同长度和移动速度的液滴以及检测液滴的属性。本实验中采用 T 形微流道生成油包水液滴，连续相是二甲基硅油($\varepsilon_r = 2.5$，Xilong Chemical Co.，Ltd.，Shantou，China)，离散相是去离子水($\varepsilon_r = 81$，Merck Chemical Technology Co.，Ltd.，Shanghai，China)。

如图 5.11(b)所示,T 形微流道由连续相微流道和离散相微流道垂直相交 $90°$ 构成。它有一个连续相入口、一个离散相入口和一个出口,并可分成液滴生成段和液滴运动段。连续相和离散相微流道的设计宽度分别是 300 μm(a_2)和 150 μm(a_3)。液滴在生成时,微流道交叉口处的压力分布呈周期性变化。而且,在微流体压力的作用下液态金属电极会发生形变,从而液体金属电极的电阻会发生变化。为了避免微流体压力影响液滴检测的准确性,传感器的检测区域应该远离交叉口,处于微流体压力分布较稳定的区域。本实验中,检测区域与交叉口的设计距离为 11 μm,而且实验结果显示,在生成液滴时,液态金属电极的电阻基本上保持不变。

T 形微流道的入口和出口都是 1.2 mm 的圆柱孔。其中,芯片外部的压力泵与入口连接,提供流体流动的压力。通过分别控制连续相和离散相入口的压力,可以生成不同长度和运动速度的液滴。而且,当合理选择好入口的压力后,T 形微流道可以连续地生成长度和运动速度都相等的液滴。

本实验中同样选择 PDMS 作为微流控芯片的基底材料。PDMS 除了具有良好的柔性外,透光性也非常好,这有利于通过光学显微镜观察和记录实验细节。另外,在液滴实验中,为了能够稳定地连续生成液滴,通常要求芯片的基底材料对连续相浸润,而对离散相不浸润。这样可以避免因微流道表面对液滴的拉拽致使液滴变形而改变微流体的压力分布,导致 T 形微流道不能稳定地连续生成液滴。微流道的尺寸一般是几十到几百微米,而且流体流动时,雷诺数 Re 非常小,通常小于 1。所以,在微流道中,表面张力会比体积更容易影响流体压力的分布规律。PDMS 对有机溶剂的浸润性非常好,并且是疏水的。液滴在微流道运动时,微流道表面始终黏附着一层薄薄的硅油。它可以将液滴与微流道表面隔开,避免液滴与微流道表面直接接触。

5.3.3.2 液态金属电极的结构设计

如图 5.12 所示,两个电极微流道的形状和尺寸是一样的且两根电极间的设计距离是 20 μm(D)。每根电极呈 U 形,且有一个入口和出口。其实,U 形电极的基本功能可以用结构更简单的两根直线形电极代替。本实验中采用 U 形电极结构是由液态金属的灌注方式决定的,下文中将对此进行更详细的分析。电极微流道的设计宽度和高度分别是 100 μm(w)和 20 μm(h)。水平段的设计长度是 480 μm(a_1),它决定了 D_{23} 与 D_{13}(或D_{23} 与 D_{24})的比值大小。

每根电极在 Y 方向的直线设计长度是 5 mm，相比 500 μm 宽的检测区域，它可以看作半无限长的电极。电极的出口和入口都是 1.2 mm 的圆柱孔，液态金属注入微流道后，电极引线会插入电极的入口和出口。

在设计液态金属电极结构时，一般要考虑 4 个方面，包括优化传感器的检测性能、选择合适的液体金属灌注方式、微流控芯片的制作工艺，以及缩小电极的尺寸，以便提高传感器的集成度。在考虑这些方面的情况下，在液体金属电极结构设计需要注意以下几点：

① 为了提高传感器的检测性能，U 形电极间的距离和 PDMS 薄膜的厚度越小越好。D 越小，两 U 形电极产生的电场强度越大，液滴造成的电容变化量就会越大。同样，PDMS 薄膜的厚度越小，电容变化量的信号强度也会越大，传感器的分辨率和灵敏度就越好。

② 微流控芯片的制作工艺包括制作微流道的软光刻技术和 PDMS 薄膜制作技术。软光刻技术适用于制作高度在微米尺度且高宽比较低的微流道。本实验中能制作出来的微流道高宽比一般少于 2.5，而且微流道间的间隔一般大于 10 μm。当微流道间的设计间隔小于 10 μm 时，会因为光刻胶的过曝现象使得微流道间的间隔"消失"，制作出来的两根 U 形电极微流道是连通的。本实验中，能够制作出来的电极间的最小距离为 20 μm。另外，本实验中采用旋涂的方法制作 PDMS 薄膜。该方法通常适合于制作 5～100 μm 薄膜。当 PDMS 薄膜的设计厚度太薄并采用旋涂的方法制作时，PDMS 薄膜在与液滴层或传感器层键合时通常会破裂，导致芯片制作失败。本实验中 PDMS 薄膜的厚度是 5.81 μm。

③ 液态金属电极的灌注方法主要有普通注射器灌注、盲端灌注和多孔薄膜灌注方法。普通注射器灌注方法，要求液态金属电极必须有一个入口和出口。而盲端灌注和多孔薄膜灌注方法，要求液态金属电极有一个入口就可以。这两种方法可以简化电极的结构，缩小电极占用的空间，便于电极的集成化。本实验中，所用的 PDMS 薄膜很薄且 PDMS 是透气的，理论上是可以用盲端灌注的方式制作只有一个入口的直线形液态金属电极。但盲端灌注的实验过程中，电极微流道内空气经 PDMS 透出去的速度太慢，空气会不断地被压缩，导致微流道内空气压强越来越大，致使 PDMS 薄膜经常被压破。因此，在灌注液态金属时，它会流进 T 形微流道中。而多孔薄膜灌注方法虽然能有效解决空气排出微流道太慢的问题，但 PDMS 薄膜是多孔的，流体会通过 PDMS 薄膜的空隙与电极接触，容易被污染。目前来

说，普通注射器灌注是制作本实验中液态金属电极成功率最高、制作最简单的方法。

④ 避免传感器电容的初值过大。本实验中，液滴造成的电容变化量一般在 100 fF 以下，属于小电容信号。对于小电容信号的测量，电容初值过大会降低电容变化量与电容初值的比值。而且，电容初值越大，电容信号中的噪声也越大，从而导致传感器的信噪比太小，影响传感器的检测性能。电极感应段的长度是决定电容初值的关键因素。感应段长度越大，电容的初值就越大。但感应段的长度必须大于连续相微流道的宽度，才能保证传感器能够检测液滴的所有信息。因此，理论上，最优的感应段长度应等于连续相微流道的宽度。

⑤ 电极水平段的长度和宽度要根据需要合理设计。电极水平段的长度与传感器能够测量的最小液滴移动速度有关。水平段的长度越小，传感器能够测量的最小移动速度就越小，具体分析过程见下文。而水平段的位置会影响 U 形电极覆盖的区域，从而改变电极在连续相微流道内产生的电场的分布规律。原则上，U 形电极必须与连续相微流道正交，且水平段刚好与连续相微流道的流道壁平齐，如图 5.11(d)所示。此时，U 形电极产生的电场的分布规律才适用于形成多平原电容信号。

5.3.3.3 液滴微流控芯片的制作

液滴微流控芯片运用多层软光刻技术制作而成，制作流程和液滴操控芯片类似，如图 5.11(a)所示。首先，运用光刻胶 SU8 2050 和 SU8 2005 (MicroChem)分别在硅片上制作出 T 形微流道和电极微流道的模具。接着将 PDMS(A 和 B 两种物质按照质量比为 10 ∶ 1 进行混合，Dow Corning)倒入硅片上，并被放在 65℃的烤板上加热固化。PDMS 固化后，从硅片上可分别切割出集成有 T 形微流道和电极微流道的液滴层和传感层。

5.81 μm 厚的 PDMS 薄膜采用旋涂法制作而成。首先将涂有 PDMS 溶液的硅片放置在匀胶机上。接着匀胶机以 5 000 rpm 的转速旋转 60 s，PDMS 溶液可以均匀地铺展在硅片上。然后硅片被放置 75℃的烤板上加热 30 min，将 PDMS 溶液固化，可形成 5.81 μm 的 PDMS 薄膜。最后，通过氧等离子体表面处理的方法将液滴层、PDMS 薄膜和传感层依次键合在一起。在键合前，用 1.2 mm 的打孔器分别制作出 T 形微流道和电极微流道的入口和出口。键合时，需要运用对准机，将电极的感应段准确地放置在连续相微流道的正上方。

键合完后的微流控芯片示意图如图 5.11(a)所示。

氧等离子体表面处理后的 PDMS 表面由疏水变成亲水。T 形微流道在生成液滴前，微流控芯片需要在 95℃的烤板上至少烘烤 48 h 进行 PDMS 表面的疏水处理。实验经验显示，微流控芯片烘烤的时间越长，PDMS 表面的疏水效果越好。

PDMS 表面经疏水处理后，运用注射器手动将液态金属(熔点为 10.6℃的镓铟锡合金)灌注进微流道制作出传感器的电极。接着在电极微流道的入口和出口都插入铜导线，作为电极外部的引线，并用 705 硅胶进行封装，防止液态金属的溢出。

5.3.4　液滴微流控芯片的实验装置

如图 5.15 所示，本实验的装置系统图包括流体压力控制器、光学显微镜和电容信号采集仪器。采用压力控制精度是 0.1 mbar 的微流体进样系统(MFCSTM - EZ, FLUIGENT, France)来控制去离子水和二甲基硅油的入口压力。在生成液滴前，先用二甲基硅油灌满整个 T 形微流道，充分浸润 PDMS 的表面至少 20 min。接着，通过调节去离子水和二甲基硅油的入口压力，依次在 T 形微流道内生成 8 种不同长度和移动速度的液滴。为了验证传感器测量液滴长度和移动速度的准确性，我们同时利用显微镜将被检测的液滴以视频的方式记录下来，从而获得液滴长度和移动速度的真实值。另外，在

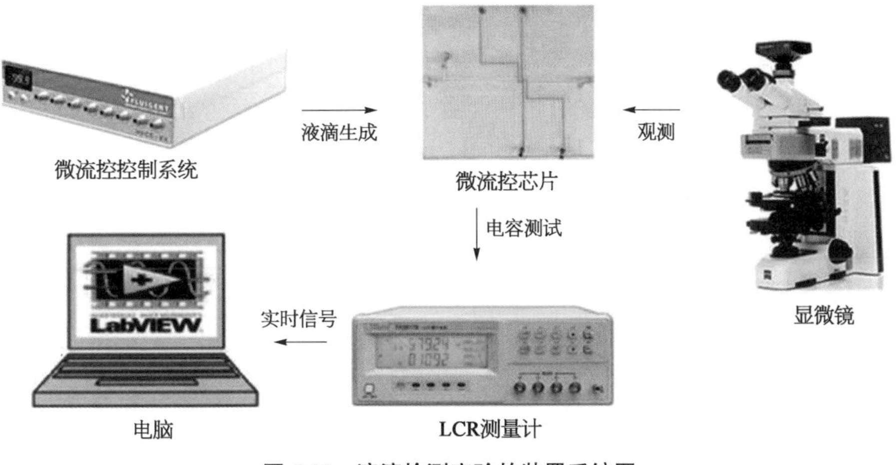

图 5.15　液滴检测实验的装置系统图

相同的压力条件下，T 形流道必须连续生成 10 个以上相同的液滴，用于传感器的连续采样。

LCR 测量计(TH2817A，Precision LCR Meter, China)被用来测量传感器微小电容的变化。它是运用自动平衡电桥的方法测量传感器的电容，并采用带有屏蔽层的夹具。测量电容过程中，运用自主设计的 LabVIEW 程序控制 LCR 测量计，可实现实时地显示电容的变化趋势和存储电容值。一台光学显微镜(Axio Observer Z1, Carl Zeiss)被用来观察液滴的生成过程以及以视频的方式记录实验细节。在处理测量数据时，将绝对误差与真实值的比值作为传感器的误差。真实值是 10 个液滴的长度或移动速度的平均值。

5.3.5 多平原特征电容信号波形图机器产生原理分析

当一个油-水液滴流过 U 形电极时，传感器会生成一个多平原的电容信号。而且每个平原时期都与液滴在检测区域的位置一一对应，以及在平原时期，液滴移动所花费的时间可以从电容信号中直接获取。因此利用这个对应关系，液滴的移动速度和大小可以直接从多平原电容信号中计算得出。其中，多平原电容信号有 3 种形状，分别由不同大小的液滴生成。3 种多平原电容信号分别称为 I、Ⅱ 和 Ⅲ 型，如图 5.16 所示。根据实验结果，我们定义从液滴的前端边缘到后端边缘的距离为液滴长度。一个多平原电容信号的周期，我们定义以液滴前端开始进入检测区域为时间起点(液滴前端开始运动至电极 E_1 的上方)，以液滴的后端离开检测区域为时间终点(液滴后端离开电极 E_4 的上方)。另外，因为电容的变化量是我们的研究对象，在处理数据时，将电容的初值去掉，以便更清楚地展示电容变化的规律。因此电容信号中电容变化(ΔC)的初值是零。

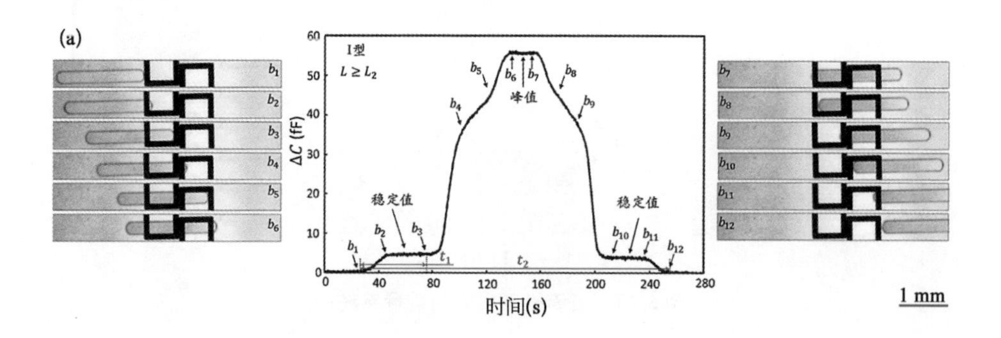

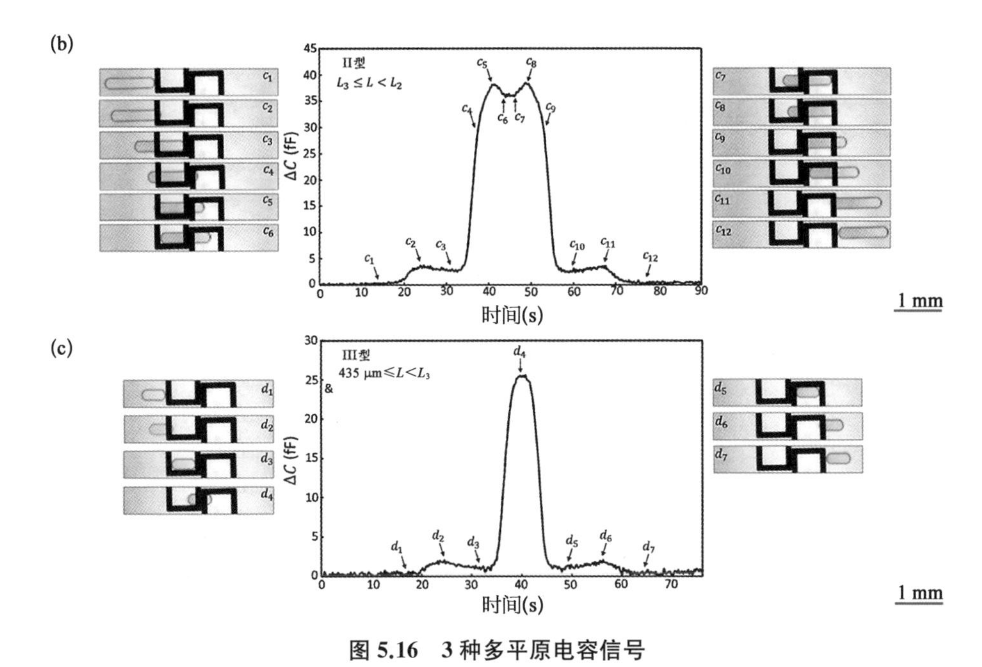

图 5.16　3 种多平原电容信号

(a) Ⅰ型电容信号，由长度不小于 L_2 的液滴生成；(b) Ⅱ型电容信号，由长度不小于 L_3，但小于 L_2 的液滴生成；(c) Ⅲ型电容信号，由长度不小于 435 μm，但小于 L_3 的液滴生成。

实验过程中，LCR 测量计的信号激发频率为 100 kHz。从第 5.3.2 节中可知，当 $D_1 > D_2 = D_3 > D_4$ 时，ΔC_1 比 ΔC_2、ΔC_3 和 ΔC_4 都要大很多。故液滴经过检测区域时，传感器的电容变化量主要由电容器 C_1 造成。但在不同时刻下，电容的变化分别由不同的电容器造成。下面将分别介绍 3 种多平原电容信号的具体产生过程：

5.3.5.1　Ⅰ型多平原电容信号的产生过程

Ⅰ型多平原电容信号有 2 个平原期和 1 个峰值期。它是由长度足够覆盖整个检测区域的液滴生成，即液滴的长度不小于 L_2，如图 5.16(a)所示，是由一个长度为 1 818 μm 的液滴生成的Ⅰ型多平原电容信号。

当液滴开始进入检测区域至覆盖电极 E_1 时，ΔC 从初值上升到平原值(ΔC_p)（从 b_1 到 b_2），ΔC_p 大概等于 4.67 fF。从 b_1 到 b_2，液滴只经过了电容器 C_2 和 C_4 覆盖的区域，因此可认为 ΔC_p 几乎是由电容器 C_2 和 C_4 造成的。在液滴覆盖电极 E_2 之前，ΔC 几乎保持在 4.67 fF(从 b_2 到 b_3)。电容保持不变的时间段称为第一个平原时期。从 b_2 到 b_3，理论上传感器的电容是上升的，但由于 C_2 和 C_4 的变化太小而无法被 LCR 测量计检测到。当液滴从电极 E_2 移动到电极 E_3 时，ΔC 开始迅速地上升（从 b_3 到 b_4）。这是由于液滴除经过 C_2、C_3 和 C_4 的覆盖区域，还经过 C_1 的覆盖区域，造成 C_1 迅速地增大。因此从 b_3 到 b_4，C_1、C_2、C_3 和 C_4 共同造成 ΔC 的上升。但是，当液滴移动到电极 E_4 时（从 b_4 到 b_5），ΔC 上升的速度开始变小。接着，当液滴继续向前运动直至覆盖电极 E_4（从 b_5 到 b_6）时，ΔC 上升的速度又开始变大。从 b_4 到 b_6，ΔC 的变化主要由于 C_3 和 C_4 的上升，相对于 C_1，C_3 和 C_4 的变化明显要小很多。另外，相比于从 b_4 到 b_5，在从 b_5 到 b_6 时期，C_3 和 C_4 的变化要快得多。此时，电容上升至峰值并保持不变，直到液滴的末端开始从电极 E_1 离开（从 b_6 到 b_7）。电容的峰值（ΔC_{peak}）等于 55.69 fF。从 b_6 到 b_7，液滴一直覆盖所有的检测区域，所以 ΔC_{peak} 是传感器电容变化的最大值。

当液滴开始从电极 E_1 离开，ΔC 开始减少（从 b_7 到 b_8），这是由于 C_2 和 C_4 的下降。与 ΔC 上升的规律类似，当液滴从电极 E_1 离开至电极 E_2 时（从 b_8 到 b_9），ΔC 下降的速率也开始变小。接着，当液滴从电极 E_2 离开至电极 E_3 时（从 b_9 到 b_{10}），ΔC 下降的速率又开始变大。当液滴从电极 E_3 离开至电极 E_4 时，电容又一次保持不变（从 b_{10} 到 b_{11}）。同样的，从 b_{10} 到 b_{11}，C_3 和 C_4 的变化太小以致 LCR 测量计无法检测，这是第二个平原时期。最后，当液滴从电极 E_4 离开时，电容又回到了初值（从 b_{11} 到 b_{12}）。从 b_{11} 到 b_{12}，ΔC 也等于 5.23 fF，这是由于 C_3 和 C_4 的减少造成。

从Ⅰ型多平原电容信号的产生过程中可知，在电容信号的一些时间点，如 b_1、b_2、b_3、b_6、b_7、b_{10}、b_{11} 和 b_{12}，液滴在检测区域的位置是确定的，而且液滴在这些位置间移动时，液滴移动的距离从电极微流道的设计尺寸中可以获知，液滴运动所花的时间也可以从电容信号中直接获得。因此，利用多平原电容信号中的这些时间点可以建立液滴长度和运动速度的关系式，从而直接计算出液滴的长度和运动速度。

5.3.5.2 Ⅱ型多平原电容信号的产生过程

Ⅱ型多平原电容信号是由长度能同时覆盖电极 E_1 和 E_2，但不能覆盖整个检测区域的液滴生成（$L_3 \leqslant L < L_2$）。与Ⅰ型信号不同的是，Ⅱ型信号不仅有 2 个平原时期，还出现了 2 次峰值。

如图 5.16(b)所示，当一个长度为 1 046 μm 的液滴覆盖电极 E_1 和 E_2 时，ΔC 第一次上升到峰值，等于 38.07 fF（从 c_1 到 c_5）。这是由 C_1、C_2、C_3 与 C_4

的增加造成的。但是，当液滴从电极 E_1 离开时，ΔC 开始下降，减少了 3.06 fF（从 c_5 到 c_6）。共面式电极产生的电容分布是不均匀的，从 c_1 到 c_5，液滴从由电容器 C_2 和 C_4 产生的电容较强点运动到较弱的点，导致 C_2 和 C_4 下降。在液滴运动至覆盖电极 E_4 前，ΔC 保持不变（从 c_6 到 c_7）。在 x 方向，电容关于检测区域的中心点对称分布。从 c_6 到 c_7，液滴造成的电容变化几乎为零。接着，当液滴覆盖电极 E_3 和 E_4 时，ΔC 又上升到峰值（从 c_7 到 c_8）。这是由于液滴从电容器 C_3 和 C_4 生成的电容较弱的点运动到较强的点，造成 C_3 和 C_4 的增加。

但是，当液滴运动速度较大时，2 个峰值间的间隔会非常小而无法被区分出来。对于长度满足 $L_3 \leqslant L < L_2$ 的液滴，建议使用点 c_1、c_2、c_3、c_{10}、c_{11} 和 c_{12} 来计算液滴的长度和移动大小。

5.3.5.3　Ⅲ型多平原电容信号的产生过程

Ⅲ型多平原电容信号是由长度不能同时覆盖电极 E_1 和 E_3 的液滴生成的（$L \leqslant L_3$）。如图 5.16(c)所示，一个液滴长度为 517 μm 的液滴经过检测区域时，ΔC_p 等于 1.37 fF，ΔC_{peak} 等于 25.33 fF。对于长度满足 $L \leqslant L_3$ 的液滴，在平原时期，它会从电容较强的点移动到较弱的点，ΔC 会有下降趋势。但在点 d_3 与 d_5，液滴在检测区域的位置仍然是确定的，分别是液滴前端刚要移动到电极 E_2 和液滴后端刚要离开电极 E_3 时。

从图 5.16 中可知，液滴的长度越小，ΔC_p 和 ΔC_{peak} 就越小。当液滴处于平原时期或峰值时，液滴覆盖的检测区域越大，造成的电容变化量就会越大。如果液滴能够覆盖整个检测区域时，ΔC_{peak} 处于最大值，即使液滴的长度变大，ΔC_{peak} 也不会变大。但是当液滴的长度越来越小时，ΔC_p 的值就会变得越来越小，直至小于 LCR 测量计能检测的最小电容变化量。当 $\Delta C_p = \Delta C_{min}$ 时，液滴的长度是传感器能够检测的最小值。在信号激发频率是 100 kHz 的情况下，LCR 测量计能够检测到的最小电容变化量是 1.05 fF，这是由液滴长度为 435 μm 的液滴生成的。当液滴长度小于 435 μm 时，电容信号中不会出现平原时期，只有一个峰值。此时，无法准确地判断液滴在检测区域的位置，也就无法直接计算得到液滴的长度和移动速度。

5.3.6　液滴移动速度和大小的计算方法

在平原时期，液滴移动的距离等于 a_1，所花的时间也可以从电容信号中直接获得。根据我们的经验，采用更长的计算间隔可以得到更准确的结果。因此液滴的速度可通过下面的计算公式得到：

$$v = L_5 / \Delta t_1, \tag{5-11}$$

其中 L_5 和 Δt_1 分别是液滴从 b_1 移动到 b_3 时，移动的距离和花费的时间。L_5 等于 w 与 a_1 之和。当液滴的末端离开电极 E_4 时，液滴在一个周期内移动的距离等于液滴长度（L）与检测区域的长度之和。因此液滴的长度可通过下面的公式计算得到：

$$L_6 = L + L_2, \tag{5-12}$$

另外，L_6 可通过液滴移动速度与时间的关系计算得到：

$$L_6 = v \times \Delta t_2, \tag{5-13}$$

其中 Δt_2 是电容信号的周期。因此，液滴的长度和移动速度可通过式（5-11）、（5-12）和（5-13）直接计算得到。

5.3.7 共面布置式U形电极电场模拟

电容器的两根电极被绝缘物质隔开，当绝缘物质的介电常数发生变化时会造成电极产生的电场分布规律发生改变，从而改变电容器储存电容的能力。电场在空间上的分布规律能够反映电容在两电极间的分布情况。本节将运用Comsol软件对U形电极进行静电模拟，探究电场的分布规律以及影响电场分布规律的因素。

在建立计算模型时，为了加快模拟进度和减少模拟误差，简化了微流控芯片的3D模型。其中，3D模型中不包括5.81 μm厚的PDMS薄膜。因为在网格剖分时，PDMS薄膜处的网格会过于密集，不仅会影响模拟的计算速度，而且会因计算尺寸太小造成更多的迭代误差。虽然PDMS薄膜会衰减电场的强度大小，但不会影响电场在空间上的分布规律。另外，3D模型中不包括所有微流道的进出口，静电模拟的研究对象是U形电极产生的感应区域。3D模型按照1∶1的设计尺寸比例进行设计。

5.3.7.1 U形电极的电场分布规律

如图5.17(a)所示，我们分别对U形和直线形电极产生的电场进行了数值计算。两个电极的电压分别被设置为1 V和0 V(接地)，芯片的外表面都设定

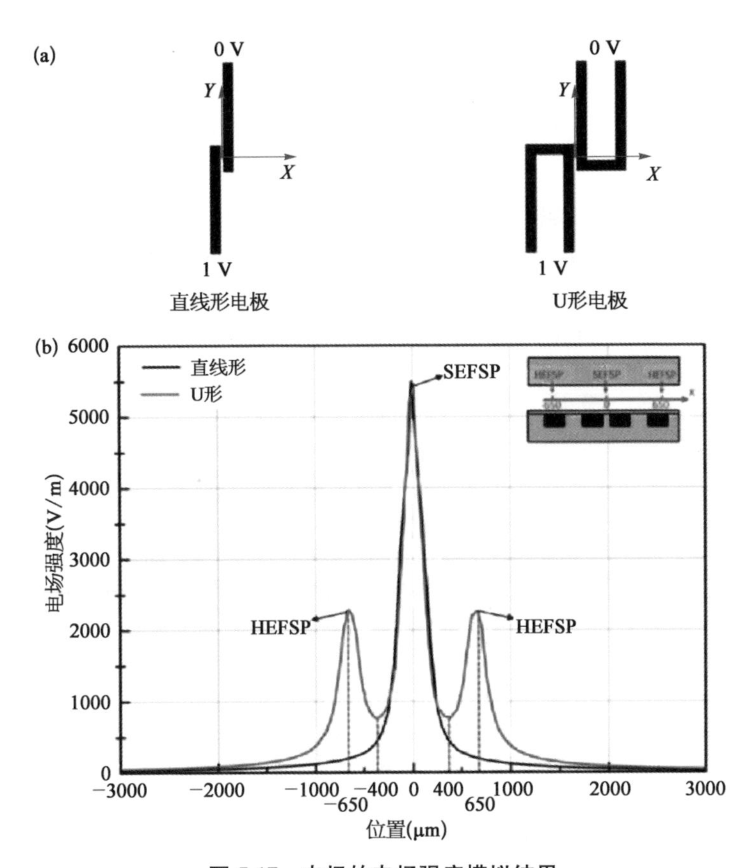

图 5.17　电极的电场强度模拟结果

(a) 直线形和 U 形电极的计算模型；(b) 直线形和 U 形电极的电场强度分布规律。

为电绝缘条件。T 形微流道内假设充满了空气且芯片的基底材料为 PDMS。电极间的间隔为 20 μm。

共面式电极产生的电场强度在空间分布上具有一定的规律。在 Y 方向，电场强度保持不变；在 Z 方向，电场强度向上递减，直至等于零；在 X 方向，电场强度的分布规律由电极的形状决定。如图 5.17(b)所示，对于 U 形和直线形电极，电场强度的最高值都位于 $x=0$ 处，且两个最高值相等。但 U 形电极产生的电场强度还有两个峰值点，它们分别位于电极 E_1 和 E_4 的上方，$x=-650$ μm 和 $x=650$ μm 处。与电容变化的规律对应，两个峰值点分别对应 b_2 和 b_{11} 时刻。当液滴从 b_1 流到 b_2 时，电场强度会发生较大的变化，造成传感器的电容增大。另外，U 形电极产生的电场强度还有两个峰谷，它们分别位于 $x=-400$ μm 和 $x=400$ μm 处。电容信号中平原信号的产生，主要是由于峰值点与峰谷点之间的电场强度太小，液滴造成的电场强度变化很微弱，从而LCR测量计无法检测到电容的变化。而且，峰值点与峰谷点之间的距离会影响传感器的测量量程。两者的距离影响平原时期的长度，距离越小，平原时期的长度越小。

为了研究清楚影响峰值点和峰谷点的位置以及电场强度大小的因素，我们对U形电极进行了参数化模拟。

5.3.7.2 U形电极的参数化研究

我们对U形电极的4个尺寸进行了参数化研究，分别是电极间的距离(D)、电极水平段的距离(a_1)、电极感应段的长度(L_1)和电极的宽度(w)。如图5.18(a)所示，当D的值从20 μm逐渐增大到60 μm时，电场强度的最大值(E_{max})越来越小。但D的值从60 μm增大到70 μm时，电场强度降低的速率变小了，而且峰谷处电场强度几乎保持不变。实际上，D值的增大也会造成电

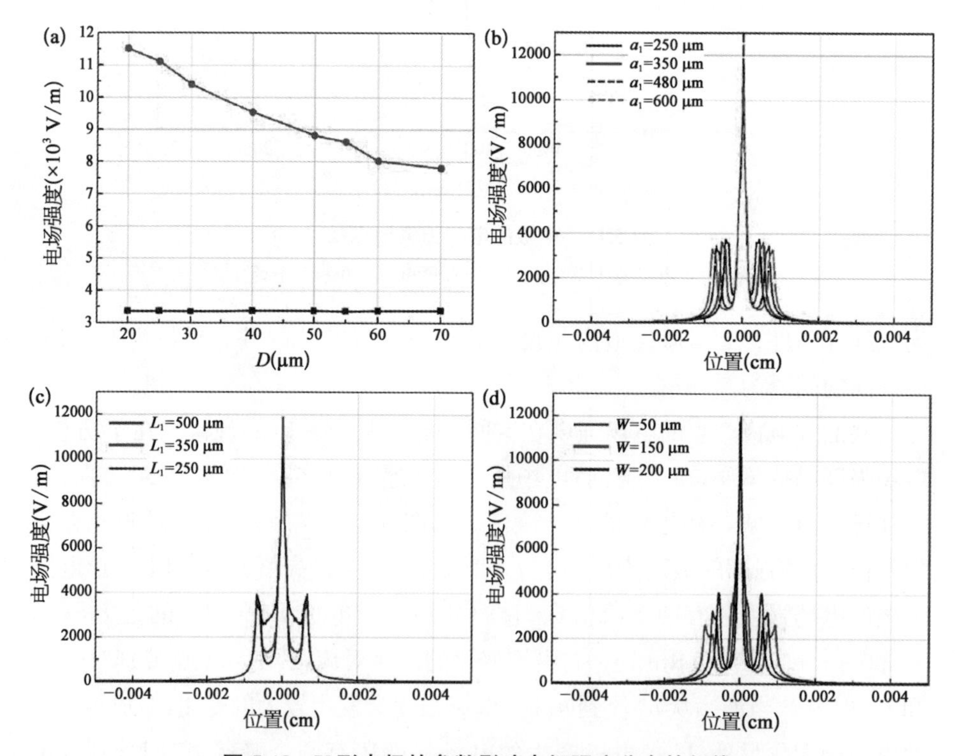

图5.18 U形电极的参数影响电场强度分布的规律

(a) 电极间的距离；(b) 电极水平段的距离；(c) 电极感应段的长度；(d) 电极的宽度。

极间距离的增大。这说明,当电极间距离大于 70 μm 时,电场强度随电极间距离变化而变化的趋势会越来越弱。如图 5.18(b)所示,当 a_1 的值从 250 增大到 600 时,峰值处电场强度降低了大约 183 V/m,减少非常缓慢。另外,峰谷点与峰值点的距离也随之变长。

在 Z 方向,电场强度越靠近电极就越大。因此,电极水平段的位置会影响电场强度的分布规律。如图 5.18(c)所示,当感应段的长度从 500 μm 减少到 250 μm 时,峰谷处电场强度越来越大。随着感应段长度的减少,水平段越来越靠近 T 形微流道,从而造成 T 形微流道在 X 方向的电场强度逐渐增大。另外,由于峰值点原来一直处于电极的上方,峰值处的电场强度不会因水平段位置的变化而变大。但是电极的宽度变大时,峰值处的电场强度逐渐变小,如图 5.18(d)所示。电极宽度的变化会造成电极 E_1 和 E_3 或 E_2 和 E_4 间的距离变大,从而导致电极生成的电场强度变小以及峰谷点与峰值点的距离变大。

5.3.8 液态金属电极形变对电容信号产生的影响

液态金属发生形变有 2 种形式:一是在外力的作用下,芯片发生形变,以致液态金属电极发生形变;二是在微流体压力的作用下,PDMS 薄膜发生形变,以致液态金属电极局部发生形变。本节中将探讨第 2 种液态金属电极发生形变时对电容信号形状的影响,第 1 种形式将在下节中进行讨论。

如第 2 章中所述,在微流体压力的作用下,PDMS 薄膜会向下发生凹陷,从而导致液态金属电极的形状发生局部变化。在液滴微流道中,液滴流过检测区域时会造成压力分布的变化,液态金属电极的形状随之发生改变。电极形状的变化会改变电场的分布规律。因此,我们猜测电极形状的变化是否会影响电容信号的形状。

为了验证这个猜想,我们从电极形变的反例进行了实验,也就是当电极不发生形变时,电极生成的电容信号是否与液态金属电极生成的电容信号有差别。我们选择熔点是 60.5℃ 的铋铟锡合金作为传感器的电极来进行验证实验。在室温下,铋铟锡呈固态。因此,电极的形状不会随流体压力的变化而发生改变。铋铟锡电极的制作也是通过普通注射器灌注工艺,但在灌注过程中,需要提供 65℃ 及以上的环境温度来融化固态的铋铟锡。

实验结果如图 5.19 所示,是由一个Ⅱ型液滴经过铋铟锡电极生成的多平原电容信号。相比镓铟锡电极,铋铟锡电极生成的电容信号形状基本上相同,但电容噪声要更大。因此,我们可以得出结论,在微流体压力作用下,镓铟锡电极的形变不会造成对电容信号形状的改变。由于液态金属电极是密封的，电极的形状在微流体压力的作用下不会变化很大。而且，实验中发现液态金属电极被挤压发生的变形会自动复原。我们认为因液态金属电极变形造成的电场分布规律的变化是非常小的，以致无法被 LCR 测量计分辨出来。

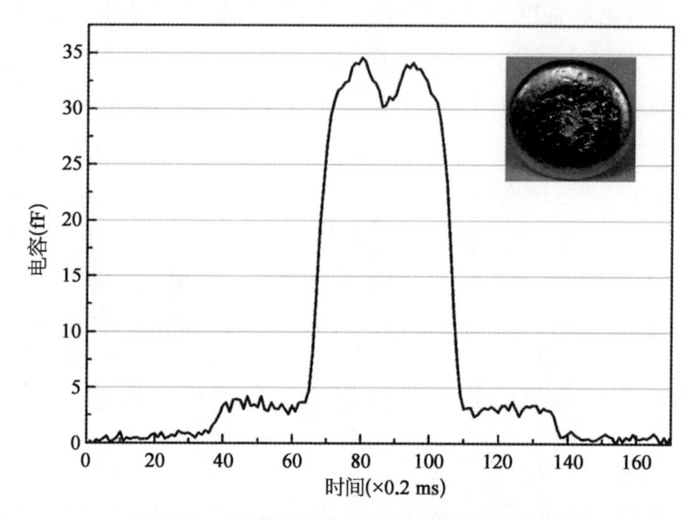

图 5.19 铋铟锡电极产生的多平原电容信号

但是，当微流体压力过大导致 PDMS 薄膜完全凹陷下去时，电极处会形成“轨道”，如第 2 章中所述。液滴流过“轨道”处时，流速和形状都会发生变化。此时，液滴生成的电容信号变得不规则，也无法准确地反映液滴在检测区域内的位置。

5.3.9 基于共面式液态金属电极的微液滴计数

每个油包水液滴流过电容传感器的检测区域时都会生成一个电容信号脉冲。因此，微流道中液滴的数量等于传感器生成的电容信号脉冲个数。对于液滴的多参数测量，传感器除了能够实现微液滴的计数，还应该同时能测量液滴的移动速度、大小和介电常数。因此，在运用基于 U 形电极的电容传感器进行液滴的多参数测量时，需要保证每个液滴流过检测区域时都能生成多平原电容信号脉冲。如图 5.20 所示，是由 9 个大小相等的液滴生成的Ⅱ型多平原电容信号脉冲。对于长度相等的液滴，U 形电极能够稳定地生成相同的电容信号脉冲。另外，在图 5.20 中，每个电容信号脉冲的生成间隔都大于 10 s。这说明液滴间的距离足够长，能够保证每次只有一个液滴在检测区域内。因为当液滴间的距离太短时，两个或多个液滴会同时在检测区域内。这时，传感器生成的电容信号会发生叠加，多平原时期有可能会消失，以致无法准确地判断液滴在检测区域的位置。

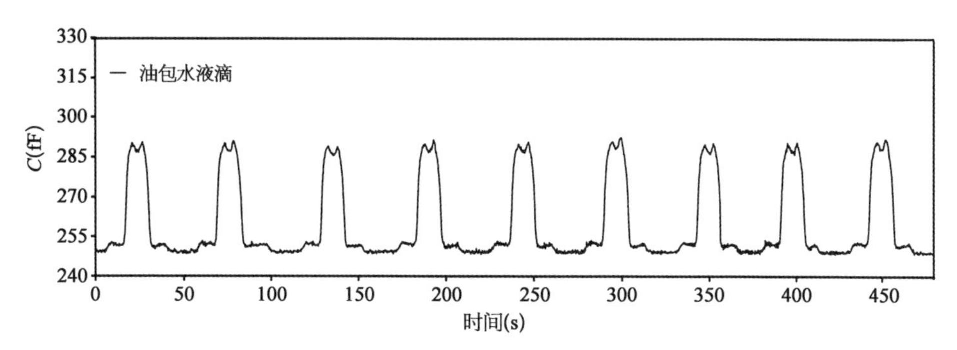

图 5.20　9 个大小相等的液滴生成同一种类型的多平原电容信号

在液滴微流控芯片中，液滴的生成速率通常在 1 Hz～100 kHz 之间，不同的液滴生成速率，液滴间的距离会发生变化。如果两个液滴间距离太近，它们流过检测区域的过程中，有一段时间会同时出现在检测区域。前一个液滴的后端还未离开检测区域时，后一个液滴的前端已经流进检测检测区域。传感器生成的两个电容信号脉冲中都只有一个多平原时期。虽然我们仍然可以通过计算电容信号脉冲的个数得到微液滴的数量，但无法直接计算得出液滴的长度和移动速度。

因此，在进行微液滴的计数时，为了能够同时测量液滴的长度和移动速度，液滴间的距离至少要大于检测区域的长度，才能保证任何时间，检测区域内都只有一个液滴流过。

5.3.10　微液滴内物质的介电常数的测量

不同种类的物质，介电常数也不同，因此可以通过测量液滴内物质的介电常数来判断物质的种类以及浓度。通常，在常温下空气的介电常数大约为 1。本节中，空气作为连续相，并以它的介电常数作为基准，分别测量去离子水($\varepsilon_r=81$)、甘油($\varepsilon_r=37$)和二甲基硅油($\varepsilon_r=2.5$)的介电常数。从公式(5-6)和(5-9)中可知，物质的介电常数越小，液滴造成的电容变化量就越小。因此可以通过测量电容的变化量来判断物质的种类。另外，U 形电极产生的电容分布是不均匀的。当液滴的长度小于检测区域的长度时，液滴的长度越小，造成的电容变化量也越小。但当液滴的长度大于检测区域的长度时，电容的变化量一直处于最高值，不会随着液滴长度的变化而变化。所以，在对液滴内物质的介电常数进行测量时，液滴的长度应该大于检测区域的长度，避免液滴的长度对电容变化量的影响。

如图5.21(a)所示，ΔC会随着物质的介电常数的增大而上升，这表明电容传感器可以用来检测不同物质的介电常数。其中，实验结果显示，当离散相是二甲基硅油时，LCR测量计仍然能检测到电容的变化量大约是3.0 fF。如图5.21(b)所示，是由11个空气-二甲基硅油液滴依次流过检测区域时产生的电容信号。二甲基硅油和空气相差1.5个介电常数，这是该传感器能够分辨的最小介电常数。但是由于两者的介电常数相差太少，空气-二甲基硅油液滴经过检测区域时造成的电容变化量太小，电容信号只有一个波峰，没有平原时期。这限制了传感器对液滴移动速度和长度的测量。对于介电常数较小的物质，可以通过提高传感器对介电常数的灵敏度来生成多平原电容信号。比如，缩小U形电极间的距离或者减小PDMS薄膜的厚度，可以增加液滴造成的电容变化量。

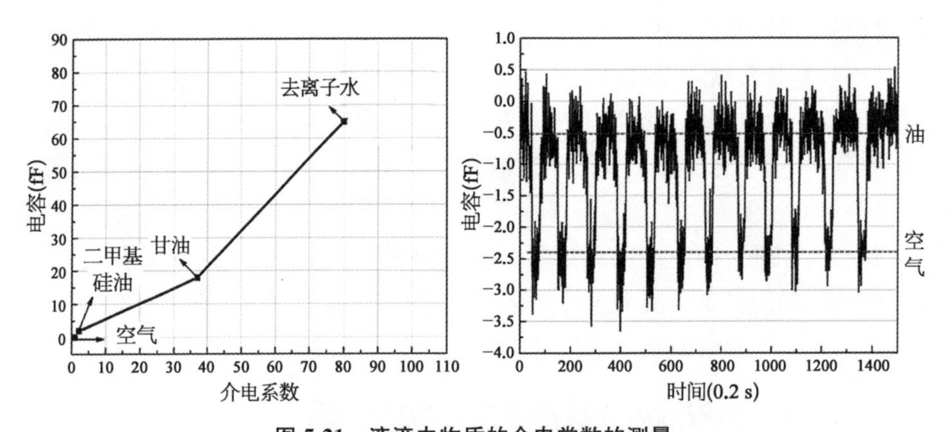

图5.21 液滴内物质的介电常数的测量

(a) 介电常数的测量；(b) 空气-二甲基硅油液滴生成的电容信号。

5.3.11 微液滴的移动速度和长度的测量

5.3.11.1 液滴移动速度和长度的测量结果

本实验中采用视频的方式测量液滴的长度和移动速度的真实值，称为光学结果。光学结果被用来验证电容传感器检测液滴长度和移动速度的准确性。电容传感器的检测值称为电学结果。

实验中，我们用电容传感器进行了8组液滴长度和移动速度的测量，光学结果和电学结果如图5.22所示。这两种结果中的每个数值都是10个液滴样本的平均值。当去离子水和二甲基硅油的入口压力都保持不变时，T形流道可以稳定地连续生一系列液滴。其中，T形流道生成液滴的稳定性决定了光学结果的误差范围。T形流道生成液滴越稳定，液滴的数值就越趋近于相同，液滴长度或移动速度的相对误差就越小。另外，相机照片的像素大小也会影响光学结果的误差，像素越大，光学结果的误差就越小。本节中，LCR测量计的信号激发频率是40 kHz，采样速率（f_s）是每秒5个样本。

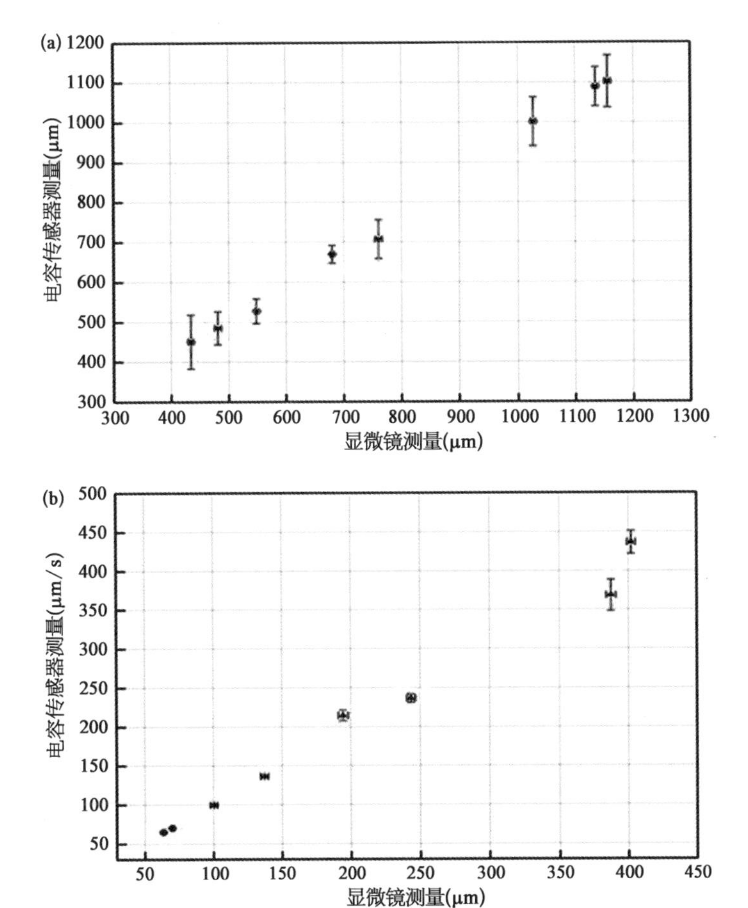

图5.22 比较液滴长度和移动速度的电容测量结果与光学测量结果

(a) 液滴长度的测量；(b) 液滴移动速度的测量。误差棒是10个液滴的标准偏差(绿色，电容结果；红色，光学结果)。

相对光学结果，电学结果中液滴长度和移动速度的误差分别保持在小于7.2%和2.8%，如表5.1所示。影响电容传感器测量准确度的因素主要是电容信号的噪声和LCR测量计的采样频率。由于ΔC_p和噪声的大小处在同一个量级上，在分辨平原时期的时候，两者容易被混淆，这增加了准确判断平原时期的难度，导致确定Δt_1和Δt_2的大小时会产生误差。采集频率决定了电容信号中是否准确地包含了液滴的信息。采集频率越高，描述液滴信息的数据量就越大，电学结果就会越准确。

表5.1 8种液滴的电容检测结果和光学检测结果

测量值		测量样本							
		液滴1	液滴2	液滴3	液滴4	液滴5	液滴6	液滴7	液滴8
显微镜	长度($L_{m,\mu m}$)	1 156	1 135	1 026	761	680	548	435	481
	速度($v_{m,\mu m/s}$)	63.42	70.1	100.48	137.2	210.26	243.39	372.08	424.39
电容传感器	长度($L_{c,\mu m}$)	1 102	1 088	1 001	706	669	527	451	485
	速度($v_{c,\mu m/s}$)	64.96	70.24	99.61	136.12	214.55	236.53	368.17	436.17
长度误差$\left(\frac{L_c - L_m}{L_m}\right)$		4.67%	4.14%	2.44%	7.23%	1.62%	3.83%	3.68%	0.83%
速度误差$\left(\frac{v_c - v_m}{v_m}\right)$		2.43%	0.2%	0.87%	0.79%	2.04%	2.82%	1.05%	2.78%

另外，实验结果显示，在这8组液滴中，液滴的长度越大，电容的变化量就越大。

5.3.11.2 电容传感器测量液滴移动速度和长度的极限性

电容传感器能否用来测量液滴的长度和移动速度，取决于液滴流过检测区域时能否产生包含两个平原时期的电容信号。而且，平原时期的Δt_1太小或ΔC_p太小时都会提高判断平原时期的难度，从而增加传感器的测量误差。

当$f_s=5$样本/s时，传感器能够测量的液滴移动速度不能大于424.39 μm/s。当液滴移动速度大于424.39 μm/s时，液滴会迅速地流过电极E_1和E_2间，以致LCR测量计采集到的数据太少而不能准确地判断出Δt_1的大小。因此LCR测量计的数据采集频率会限制电容传感器的测量移动速度的范围。实际上，Δt_1与f_s存在如下关系：

$$\Delta t_1 = \frac{n}{f_s}, \tag{5-14}$$

其中，n 是在第一个平原时期采集到的数据样本数。从上面等式可推导得出 v 与 f_s 的关系：

$$v=\frac{L_5\times f_s}{n},\tag{5-15}$$

本实验中，L_5 和 f_s 分别等于 622 μm 和 5 样本/s。另外，根据实验经验可知，数据样本数不少于 7 时才能准确地判断平原时期。因此，电容传感器在理论上能够测量的最大移动速度是 444.3 μm/s，这与实验结果 424.39 μm/s 很接近。为了能够测量移动更快的液滴，可以采用更快的数据采样频率。

另外，当 a_1 和 D 分别等于 480 μm 和 20 μm 时，传感器能够测量的液滴长度不小于 435 μm。此时，LCR 测量计的信号触发频率是 100 kHz，ΔC_p 等于 1.05 fF。如果液滴的长度小于 435 μm，电容信号中 ΔC_p 的值会非常小，以致无法从噪声中分辨出来。当液滴的长度确定时，ΔC_p 与 a_1 相关。a_1 越小，ΔC_p 的值就会越大，传感器就能测量更小的液滴。但 a_1 也不能太小，否则会减少 L_5，从而缩小移动速度的测量范围。

5.3.12　实时监测液滴的形状

当液滴的直径大于 T 形微流道的宽度时，液滴受微流道壁面的影响，其形状呈圆柱状。一般情况下，液滴是等宽的，且其宽度大约等于 T 形微流道的宽度。另外，液滴的前后两侧是对称的，因此它生成的电容信号的左右两侧也沿着中心线(s－s)对称。微液滴在微流道内流动时，其形状容易受微流道壁面的粗糙度和亲水性的影响而发生变形。不等宽的液滴生成的电容信号是不对称的。如图 5.23 所示，8 个不等宽的液滴依次流过检测区域时生成不对称的多平原电容信号。液滴表面的变形会造成微流道内压力分布不稳定，从而导致 T 形微流道无法持续稳定地生成液滴。而且，液滴表面的持续变形容易演变成液滴的断裂。

微流道壁面的粗糙度主要受胶片掩膜的精度的影响。胶片掩膜的精度较低时，微流道的边缘会变得模糊，其壁面呈啮齿状。液滴容易受啮齿状表面的拉拽而发生形变。另外，当微流道壁面存在局部亲水时，液滴也容易因亲水的壁面“吸引力”而发生变形。

因此，实时检测微流道内液滴的形状可以判断微流体的流动状态。如图 5.23 所示，液滴的后端由于微流道壁面的拉拽而发生收缩，使得液滴后端的

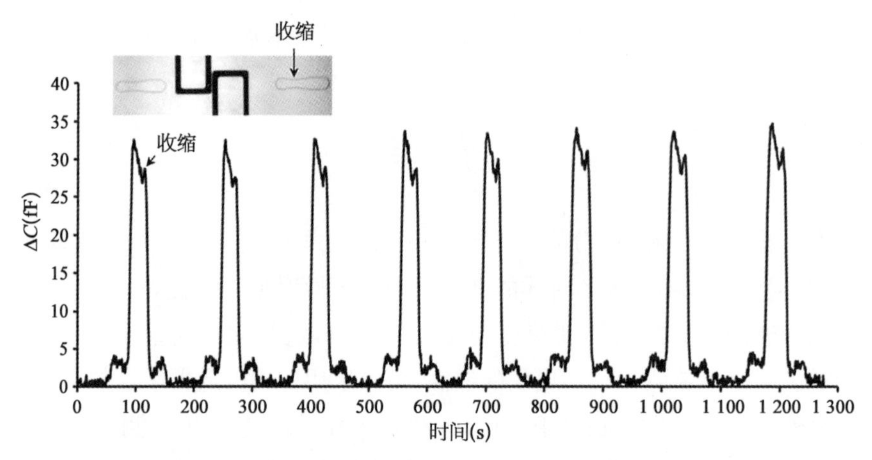

图 5.23 液滴的后半部分发生收缩,导致电容信号不对称

宽度小于前端的宽度。当液滴后端经过电极 E_2 和 E_3 时,电容的变化量小于 ΔC_{max}。在 Y 方向,电场强度分布均匀。液滴在 Y 方向的长度越大,造成的电容变化量就越大。也就是说,液滴的宽度越大,电容的变化量就越大。因此,不等宽的液滴的不同部位造成的电容变化量是不同的。

5.3.13 噪声对液滴检测的影响

ΔC_p 值的大小通常在 fF 范围内,它属于微小电容的测量。电容噪声值的大小是决定传感器能否检测微小电容的关键因素。当噪声值大于真实信号时(传感器的信噪比小于 1),真实信号会被噪声淹没,这会造成液滴经过检测区域时无法生成多平原电容信号。因此,为了测量微小电容变化量,噪声值应该越小越好。

对于电容式传感器,LCR 测量计的信号激发频率会影响电容的变化量,同样也会影响测量时噪声的大小。如图 5.24(a)所示,传感器的噪声值依赖于 LCR 测量计的激发频率。从 10 kHz 到 100 kHz, ΔC_p 和噪声值都逐渐下降。对于属于Ⅱ型形状的液滴,当 f_s =10 kHz 时,噪声的值大到可以覆盖平原时期电容的变化量。因此,传感器将不会生成多平原电容信号。相反,电容信号的信噪比随着 f_s 的增大而上升,如图 5.24(b)所示。信噪比越高,平原时期就越容易被区分出来,这将会提高传感器的测量准确度。当 f_s =100 kHz 时,信噪比上升到最高值,但 ΔC_p 的值也同时下降到了最小值,这将会缩减液滴长度的测量范围。本节中,我们选择 40 kHz 作为验证传感器准确性实验的信号激发频率。这样既可以获得一个较好的信噪比,也能保证 ΔC_p 足够大。

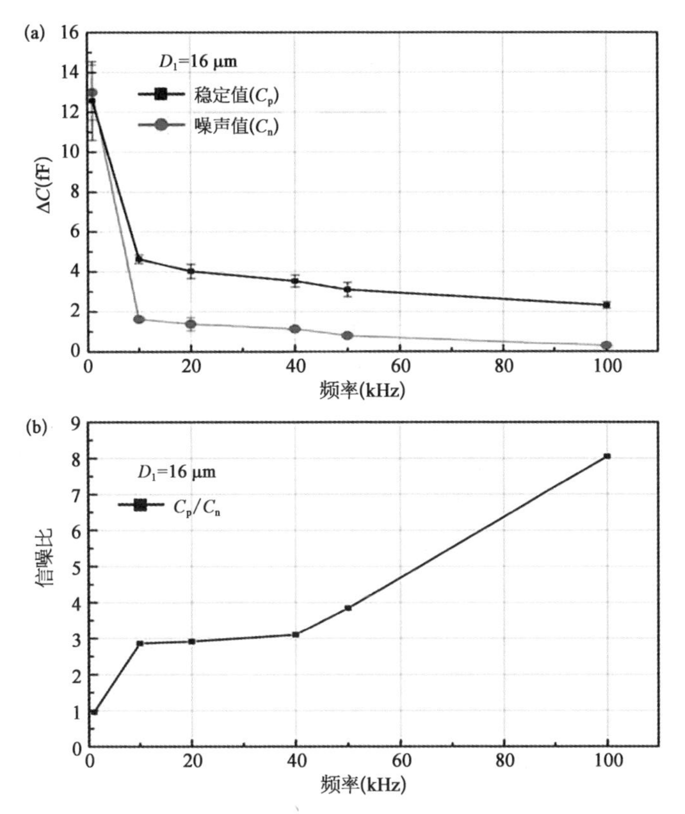

图 5.24 LCR 测量计的信号激发频率对电容信号的影响

不同的 LCR 测量计信号激发频率下，ΔC_p 与电容噪声的变化趋势(a)和传感器信噪比的变化趋势(b)。

5.3.14 液态金属液滴传感器的柔性测试

5.3.14.1 超薄液滴传感器的制作

穿戴式器件通常需要贴附在人体皮肤表面进行工作，这要求器件不仅具有良好的柔性，厚度还不能太大。本实验通过优化芯片的加工工艺制作出了超薄的液滴传感器芯片。制作基于液体金属电极的超薄传感器芯片(厚度在 0.5 mm 以下)，需要解决两个问题：一是当液滴层的厚度小于 100 μm 时，由于 T 形微流道处 PDMS 的厚度太薄，导致在制作过程中微流道容易断裂(T 形微流道的高度是 50 μm)；二是芯片厚度太薄时，直接手动用注射器灌注液态金属容易将芯片戳穿。

(1) 采用半固化制作工艺解决微流道容易断裂的问题

半固化制作工艺的原理是：在两块 PDMS 片未完全固化前，将 PDMS 片贴合在一起放在烤板上固化。固化时,在接触面上两者的固化剂(B)和基底剂(A)会分别发生交联反应,从而实现两块 PDMS 片的键合。但是,当按照 A∶B等于 10∶1 的比例来配置 PDMS 时,实验中发现,通过半固化制作工艺键合的 PDMS 片不是永久性的黏合,可以被分开。因此,在采用等离子体键合芯片前,运用半固化制作工艺在薄薄的液滴层和电极层上面分别黏合一层 2 cm 厚的 PDMS 片来增加这两层的厚度。在制作出 T 形微流道和电极微流道后,再将 2 cm 厚的 PDMS 片从液滴层和电极层上分开。

首先,采用旋涂的方法分别在两块刻有 SU8 光刻胶的硅片上旋涂 100 μm 厚的 PDMS(匀胶机的转速是 100 rpm)和一块光滑的硅片上旋涂 5.81 μm 厚的 PDMS 薄膜,并制作两块已经固化了的 2 cm 厚 PDMS 片,分别称为 slice-1 和 slice-2。分别将旋涂有 100 μm 厚 PDMS 的硅片和旋涂有 5.81 μm 厚 PDMS 薄膜的硅片放置在 75℃的烤板上烘烤 10 min 和 30 min。10 min 后,100 μm 厚的 PDMS 还未完全固化,但其硬度已经足够大,可防止 PDMS 片放置在其上面时被压变形而损坏微流道。接着,将 slice-1 和 slice-2 分别放在两块 100 μm 厚的 PDMS 上面,并一起放置在 75℃的烤板上烘烤 30 min 进行固化。然后,分别将固化好的 PDMS 从硅片上切割下来,完成 T 形和电极微流道的制作。接下来,采用等离子体键合的方法分别将液滴层和电极层、PDMS 薄膜依次进行永久性的键合。最后将 slice-1 和 slice-2 分别从液滴层和电极层上分离开,从而完成了液滴传感器芯片的制作。如图 5.25(a)所示,液滴传感器芯片的厚度大约为 200 μm,可以很好地贴附在手的皮肤上面。

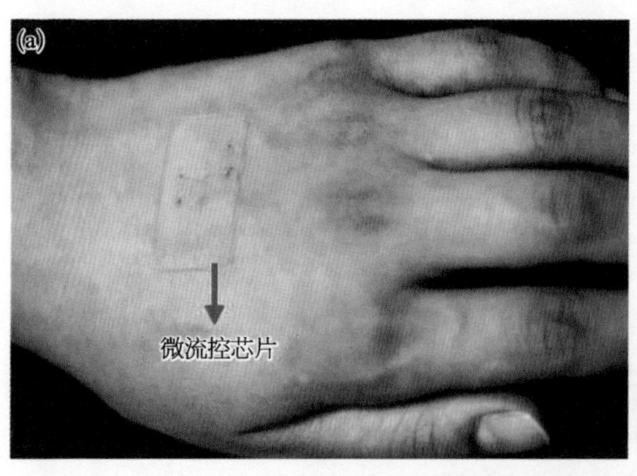

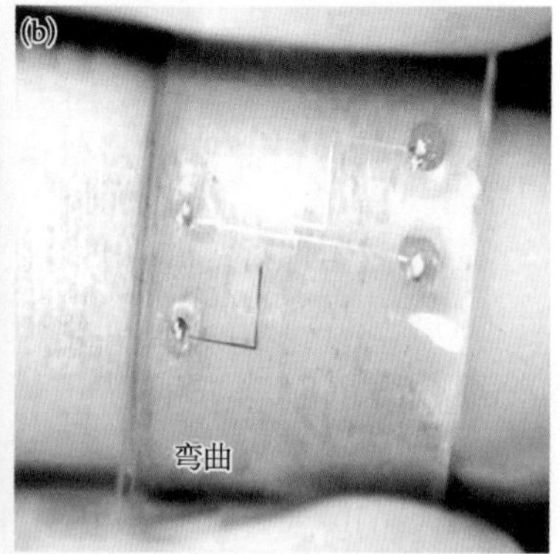

图 5.25　超薄的柔性液滴传感器芯片

(a) 芯片贴附在皮肤表面;(b) 芯片容易弯曲。

(2) 借助夹具灌注液态金属

芯片的厚度为 200 μm 时,电极微流道的入口高度大约是 100 μm。运用注射器灌注液态金属的过程中,通常需要将针头直接插入电极微流道的入口,而对于入口高度太小的电极微流道,针头容易从入口喷出或者直接将入口戳穿,从而导致液态金属电极的制作成功率太低。为了避免针头的问题,我们采用夹具将针头或特氟龙管直接固定在入口的上方,针头不用插入微流道的入口。夹具有两个作用,一是夹具前端可以固定特氟龙管;二是垫片内有磁铁,在磁力的作用下,夹具前端和垫片相互吸引,从而可以让特氟龙管紧紧地贴合在微流道的入口上方。

在夹具的帮助下,液态金属可以很容易被灌注进超薄的芯片内,从而制作出传感器的电极。因此,利用优化后的加工工艺可以简单地制作出具有很好柔性且超薄的液滴传感器芯片。

5.3.14.2　液态金属液滴传感器的弯曲实验

在弯曲的状态下仍然能保持正常的功能是柔性器件必须具备的特点。下面将研究液态金属电极在变形的状态下是否仍然能生成多平原电容信号。如图 5.26 所示,芯片在夹具的挤压下发生变形。通过旋转夹具的螺杆可以增加芯片的弯曲程度。本实验中,芯片的弯曲角度依次是 35°、38°、52°、75°、86°和 96°。芯片每弯曲一个角度,在微流体控制系统的作用下,一个油包水液滴会在微流道生成,并流过检测区域。液滴的长度都大于检测区域的长度。一台摄像机被用来实时记录实验过程,从录像中计算得到的液滴长度和移动速度被用来验证传感器检测的准确性。实验过程中,LCR 测量计的信号激发频率为 10 kHz。

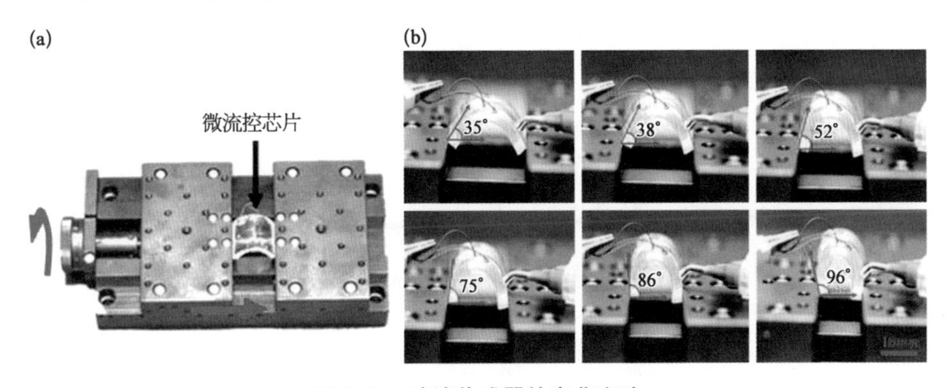

图 5.26　液滴传感器的弯曲实验

(a) 夹具实物图;(b) 在夹具的挤压作用下,芯片发生弯曲,弯曲角度依次是 35°、38°、52°、75°、86°和 96°。

实验结果显示，在芯片弯曲的状态下，U形电极仍然能产生多平原的电容信号，即使芯片的弯曲角度达到96°。如图5.27(a)和(b)所示，对于属于Ⅰ型的液滴流过弯曲的微流道时，传感器检测液滴长度和移动速度的误差分别是小于8.8%和小于6.6%。而且，液态金属电极在弯曲时，其电阻的变化量很小，保持在8.5 Ω以下。这说明液态金属电极即使弯曲至96°，仍然具有很好的导电性。这证明基于液态金属电极的液滴传感器在弯曲状态下仍然能准确地测量液滴的长度和移动速度。

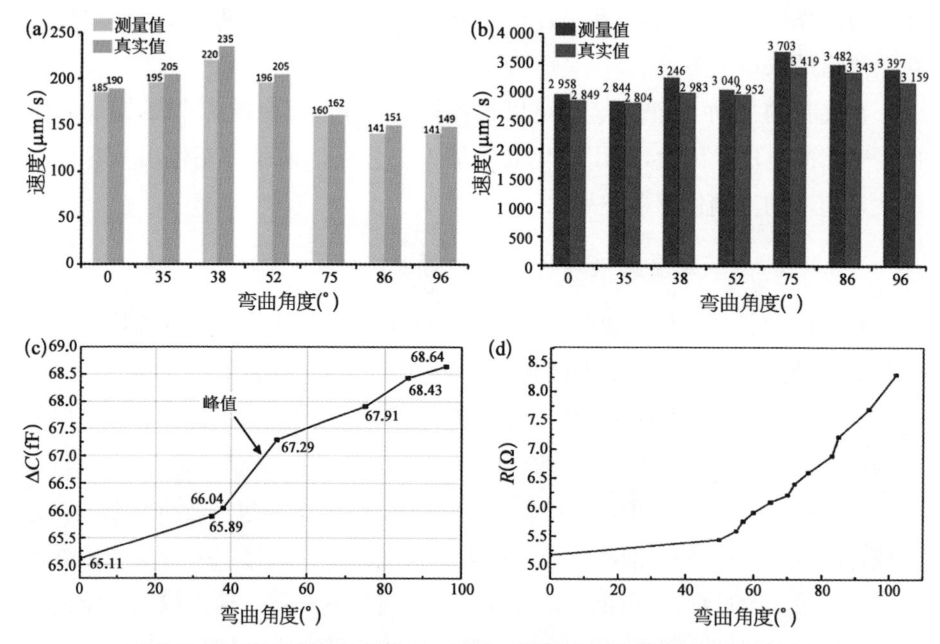

图5.27 芯片弯曲实验的结果：电容测量结果和光学测量结果的对比

(a) 液滴长度；(b) 液滴移动速度；(c) 电容的峰值与芯片弯曲角度的关系；(d) 液态金属电极的电阻与芯片弯曲角度的关系。

另外，ΔC_{p}和ΔC_{peak}会随着芯片弯曲角度的增大而上升，如图5.27(c)所示。芯片弯曲后，U形电极间的距离会缩短，从而导致电容变化量的增大。也就是说，随着ΔC_{p}的上升，传感器在弯曲状态还能够测量长度更小的液滴。

5.3.15 液态金属液滴传感器用于人体皮肤表面汗液的测量

作为液态金属液滴柔性传感器的一个典型应用，其可以被用作人体皮肤表面汗液的健康监测。

如图5.28所示，我们运用液滴传感器进行了人体皮肤产汗速率的测量。

测量产汗速率的原理是：将皮肤分泌出的汗液收集到微流道内，在空气的剪切力作用下，汗液被切割成液滴，并流过传感器的检测区域。汗液中大部分成分是水，其与空气的介电常数仍然相差很大。因此，当空气-汗液液滴的长度足够大时，传感器会生成多平原电容信号，并从多平原电容信号中可以直接计算出液滴的长度。由于液滴的宽度等于微流道的宽度，从而可以得出单位时间内人体皮肤的产汗量。

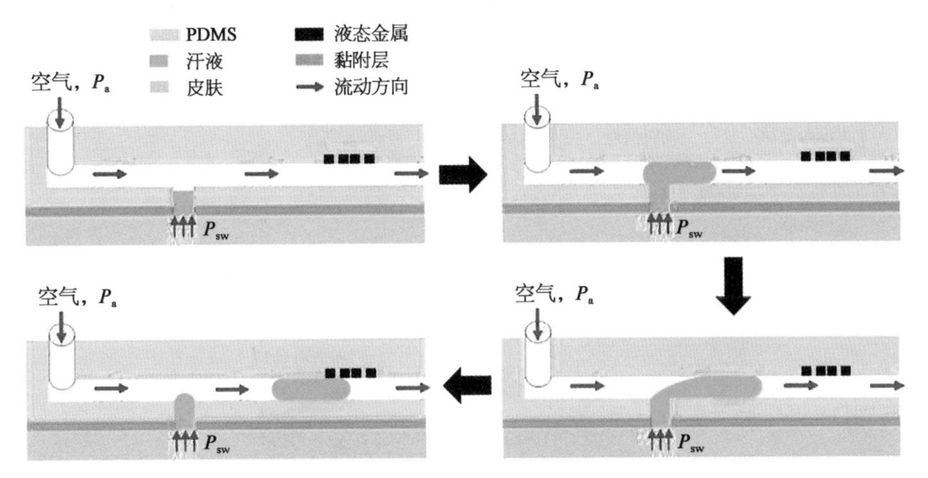

图 5.28　人体皮肤产汗速率的测量原理

我们采用医用双面胶将芯片与实验者的皮肤紧紧地贴合。在双面胶一侧，有一个直径为 2 mm 的圆柱形汗液腔，被用来收集皮肤上汗腺分泌的汗液。在汗腺分泌力的作用下，汗液不断流进汗液腔内。由于汗液腔四周被双面胶紧紧密封了，汗液会在汗液腔内不断地累积，进而沿着汗液入口流进微流道内。为了加快产汗速率，实验者在测量前骑了 15 min 的自行车。实验装置系统如图 5.29 所示。微流体控制系统与微流道的空气入口连接，用来控制空气的压力。

实验中使用的芯片实物图如 5.30(a)所示，芯片的厚度是 1 mm，电极微流道的参数保持不变。直流道代替了原先的 T 形微流道，其实际宽度(a_2)和高度(H)分别等于 235 μm 和 35 μm。当实验者停止运动后，微流体控制系统连接到空气入口并泵送空气进微流道内，将微流道内的汗液全部排出。接着，过了 15 s 后，汗液又慢慢地流进微流道内，并被空气切割成液滴。在空气的驱动下，液滴流过检测区域。同时，传感器生成了一个多平原电容信号，如图 5.30(b)所示。根据公式(5－11)、(5－12)和(5－13)可以从电容信号中计算得

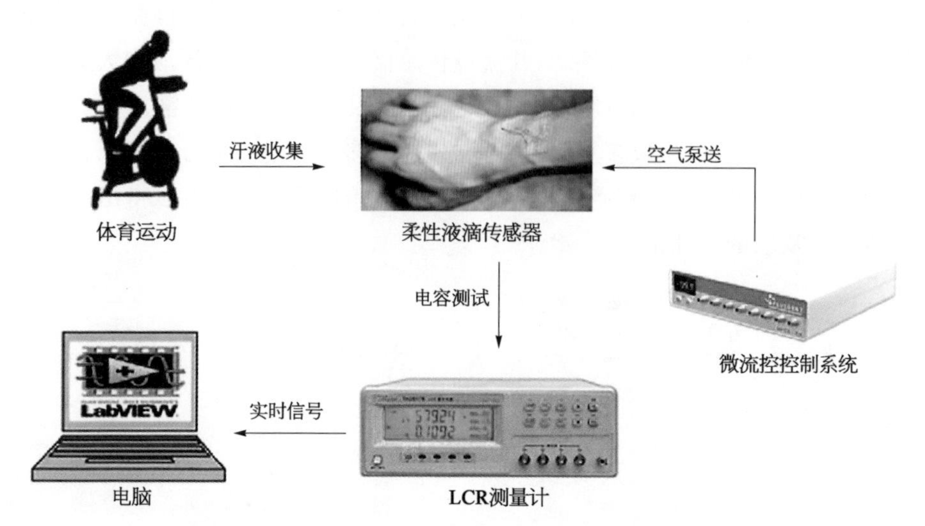

图 5.29　人体皮肤产汗速率测量实验的装置系统图

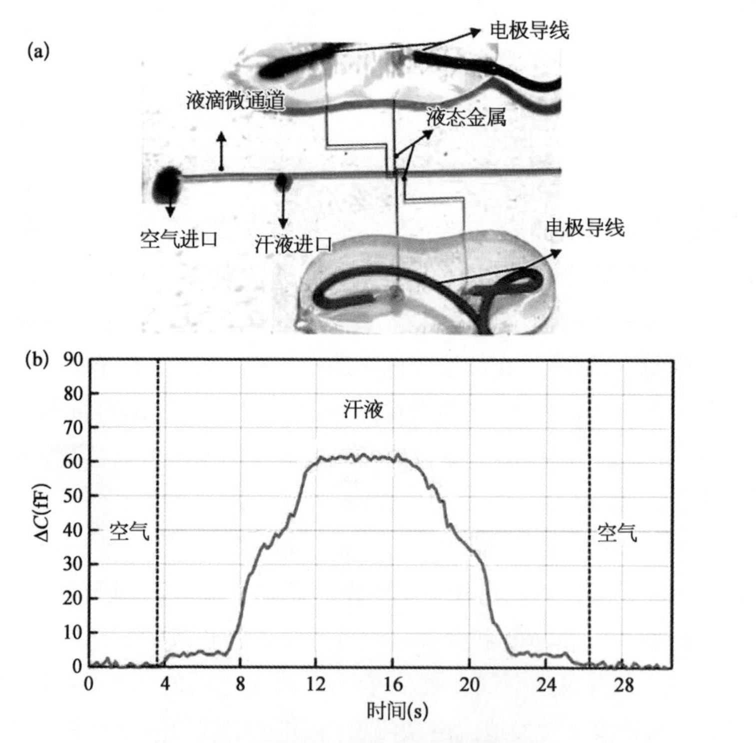

图 5.30　人体皮肤产汗速率的测量结果

(a) 产汗速率测量实验用芯片实物图；(b) 空气包汗液液滴流过检测区域时生成一个多平原电容信号。

到液滴的长度(L)为 2 587 μm。汗液腔的底部表面积为 3.14 μm²。因此,汗液的分泌速度等于 V/T。其中 V 和 T 分别是液滴的体积和生成液滴的时间。液滴生成时大约花费了 15 s,而液滴的体积可以通过 $L \times H \times a_2$ 计算获得。因此实验获得的汗液分泌速率是 0.027 μl/mm²・min。

实验结果比 Bariya 等人[22]报道的 0.03 μl/mm²・min 要小。汗液的分泌速度主要受汗腺的分布密度和实验者的运动程度的影响。加强运动程度或者换成一个汗腺分布更密的实验者,可以提高汗液分泌速度。

参考文献

[1] Eric K S, Anna L F, David J B. The present and future role of microfluidics in biomedical research. Nature, 2014, 507(7491): 181 - 189.

[2] Whitesides G M. The origins and the future of microfluidics. Nature, 2006, 442(7101): 368 - 373.

[3] Vilkner T, Janasek D, Manz A. Micro total analysis systems: Recent developments. Analytical Chemistry, 2004, 76(12): 3373 - 3386.

[4] Arora A, Simone G, Salieb-Beugelaar G B, *et al*. Latest developments in micro total analysis systems. Analytical Chemistry, 2010, 82(12): 4830 - 4847.

[5] Bilitewski U, Genrich M, Kadow S, *et al*. Biochemical analysis with microfluidic systems. Analytical and Bioanalytical Chemistry, 2003, 377(3): 556 - 569.

[6] Hansen C, Quake S R. Microfluidics in structural biology: smaller, faster ... better. Current Opinion in Structural Biology, 2003, 13(5): 538 - 544.

[7] Yeo L Y, Chang H C, Chan P P Y, *et al*. Microfluidic devices for bioapplications. Small, 2011, 7(1): 12 - 48.

[8] Kitsara M, Goustouridis D, Chatzandroulis S, *et al*. Single chip interdigitated electrode capacitive chemical sensor arrays. Sensors and Actuators B: Chemical, 2007, 127(1): 186 - 192.

[9] Weibel D B, Whitesides G M. Applications of microfluidics in chemical biology. Current Opinion in Chemical Biology, 2006, 10(6): 584 - 591.

[10] Ramadan Q, Jafarpoorchekab H, Huang C B, *et al*. NutriChip: nutrition analysis meets microfluidics. Lab on a Chip, 2013, 13(2): 196 - 203.

[11] Zhang Z, Nagrath S. Microfluidics and cancer: are we there yet? Biomedical microdevices, 2013, 15(4): 595 - 609.

[12] Mao X L, Huang T J. Microfluidic diagnostics for the developing world. Lab on a Chip, 2012, 12(8): 1412 - 1416.

[13] Jebrail M J, Bartsch M S, Patel K D. Digital microfluidics: a versatile tool for

applications in chemistry, biology and medicine. Lab on a Chip, 2012, 12(14): 2452 - 2463.

[14] Dittrich P S, Manz A. Lab-on-a-chip: microfluidics in drug discovery. Nature Reviews Drug Discovery, 2006, 5(3): 210 - 218.

[15] Langer R, Tirrell D A. Designing materials for biology and medicine. Nature, 2004, 428(6982): 487 - 492.

[16] Webster A, Greenman J, Haswell S J. Development of microfluidic devices for biomedical and clinical application. Journal of Chemical Technology and Biotechnology, 2011, 86(1): 10 - 17.

[17] Ismagilov R F. Integrated microfluidic systems. Angewandte Chemie International Edition, 2003, 42(35): 4130 - 4132.

[18] Erickson D, Li D Q. Integrated microfluidic devices. Analytica Chimica Acta, 2004, 507(1): 1 - 26.

[19] Ye D, Yang Y, Li J, *et al*. Performance of a microfluidic microbial fuel cell based on graphite electrodes. International Journal of Hydrogen Energy, 2013, 38(35): 15710 - 15715.

[20] Merkel T C, Bondar V I, Nagai K, *et al*. Gas sorption, diffusion, and permeation in poly(dimethylsiloxane). Journal of Polymer Science: Part B: Polymer Physics, 2000, 38(3): 415 - 434.

[21] Elbuken C, Glawdel T, Chan D, *et al*. Detection of microdroplet size and speed using capacitive sensors. Sensors and Actuators A: Physical, 2011, 171(2): 55 - 62.

[22] Bariya M, Nyein H Y Y, Javey A. Wearable sweat sensors. Nature Electronics, 2018, 1(3): 160 - 171.

第6章 液态金属电渗流微泵

6.1 引言

微泵是热学微流控制系统中实现微流体精确驱动控制不可或缺的核心功能元器件，是微量甚至更小体积微流体驱动控制技术的具体实现形式[1,2]。微泵在生物化学分析[3~5]、植入式医疗[6~8]、微流体（颗粒缓冲液、药物等）泵送输运[9~11]、微电子芯片冷却[12,13]等领域具有广泛的应用，其发展已成为衡量微流控系统技术发展水平的重要标志。

在集成型微流体驱动系统中，系统往往需要在微米量级空间区域精确驱动操控微流体，以完成微流道内特定微小区域的生化反应或分析。为实现精确驱动操控，系统需要将微泵集成在微流控芯片上[14]，同时要求微泵泵区的有效尺度也要控制在微米量级。微泵按照其驱动原理可以分为机械微泵和非机械微泵[15]。机械微泵由于有运动部件，尺寸过大、功耗过高，不太适合集成在微米量级空间区域内进行流体的操控，往往需要一个较大的外部设备来配合微泵进行驱动[16,17]。而非机械微泵分为磁液态动力泵[18~20]、电泳动力泵[21,22]、毛细泵[23,24]以及电渗流微泵[25]。其中磁液态动力泵对驱动流体有磁性的要求，有一定局限性；电泳动力泵主要是用于驱动液体中的颗粒，不是对液体本身进行直接驱动；毛细泵很多情况下需要一个开放的环境，对其应用场景有诸多局限；电渗流微泵由于只要加电就可以直接对流体进行驱动，并且电渗流驱动是一个面积力驱动，在比表面积非常大的微观领域驱动有着不可替代的驱动优势，逐渐成为片上集成化的一个主流驱动方式。而液态金属由于其独特的流体和导体的双重性质，在微观中能起到简化微电极制作工艺和缩小电极尺寸的作用，因而在电渗流微泵中起到重要作用[26,27]。

电渗流微泵是一种基于电渗流[28]现象的电控驱动微泵，电渗流是流体在微观世界中特有的一种驱动现象。当沿微流道方向加载平行电场时，流体与微流道交界面处的电双层[29]就会在电场力作用下发生剪切滑移，进而拖拽着附近微流体在微流道内移动，形成电渗流。由此可知，电渗流微泵泵体主体微结构(泵区微流道)是流体微流道的一部分，泵体在泵送微流体时无须机械运动部件，通过调控加载于泵体微电极上的驱动电压大小和方向即可实现泵内微流体流速的控制及流向的双向调节。在组成电渗流微泵泵体的功能微器件中，微电极是除泵区流体微流道之外的另一个核心功能元器件，其在材料、结构形式、制作工艺、集成方法等方面的选择直接影响电渗流微泵驱动系统在热学微系统中的集成化程度、制作成本以及工作性能。

迄今为止，在集成型电渗流微泵应用方面，固态金属铂、金微电极应用最为广泛，铂、金微电极之所以在电渗流微泵中得到普遍关注和广泛应用[30~34]，主要是因为铂、金是惰性族类金属，化学性质稳定，抗氧化、抗电解等抗腐蚀能力强。相比铜、银等金属微电极，铂、金微电极在与微流体直接接触应用时能够大大减弱电解、气泡、电极腐蚀、焦耳热等问题。铂、金薄膜多通过沉积或溅射等工艺在流体微流道底部芯片基底表面或有机薄膜微流道两侧表面形成[35~39]，由于金属薄膜为纳米尺度厚度，在微泵泵体中占用的空间极小，非常有利于泵体的微型化和集成。但由于制作铂、金薄膜的沉积或溅射等工艺过程复杂且耗时，封装精度要求极高，使得微泵泵体整体制作成本非常高昂，难以满足低成本应用领域的需求。因此，探索开发一种制作工艺简单、成本低廉、性能稳定的新型集成型电渗流微泵用微电极是当前集成型微流体驱动技术所面临的重要挑战。

镓或镓基合金液态金属由于镓氧化物的存在，对 PDMS、玻璃等微流道具有非常好的浸润、黏附效果，并且在微流道内的流动阻力非常低，可通过简单的注射方式灌入充满微流道，形成液态金属微电极[40~42]。这种液态金属微电极制作简单、封装方便、成本低廉，并且非常有利于系统的微型化和集成，已在电阻式微粒计数检测(弱电信号检测)等方面得到很好的应用。

鉴于此，本章将介绍将液态金属微电极拓展到电渗流微泵领域的应用，及其一种基于镓基合金液态金属微电极的电渗流微泵驱动方法。

6.2 液态金属微电极电渗流微泵结构及原理

6.2.1 液态金属微电极电渗流微泵结构

图 6.1 所示为基于镓基液态金属微电极的易制作、低成本电渗流微泵示意

图[43]，微泵泵体结构通过软光刻制作工艺集成在 PDMS/玻璃微流控芯片上。可以看出，镓基液态金属微电极电渗流微泵泵体结构简单，包括液态金属微电极和流体微流道两个组成部分。液态金属和流体微流道通过软刻蚀工艺同时设计、制作、封装在 PDMS/玻璃微流控芯片中，两种微流道等高、在同一水平面上，液态金属微电极则通过液态金属的注射灌注在液态金属微流道内形成。在微泵泵体结构中，沿微流道方向平行设计布置两对液态金属微电极，分别作为微泵泵体连接外部供电电源正、负（或负、正）两极的上游电极和下游电极。液态金属微电极与流体微流道之间保持非接触，两者由 PDMS 薄膜间隙天然隔开。PDMS 薄膜间隙可有效避免微流体与液态金属之间的交叉流动甚至污染，一方面能够保护液态金属微电极，使其在液态金属微流道内保持结构稳定；另一方面能够阻挡微流体分子进入液态金属，发生电解反应。

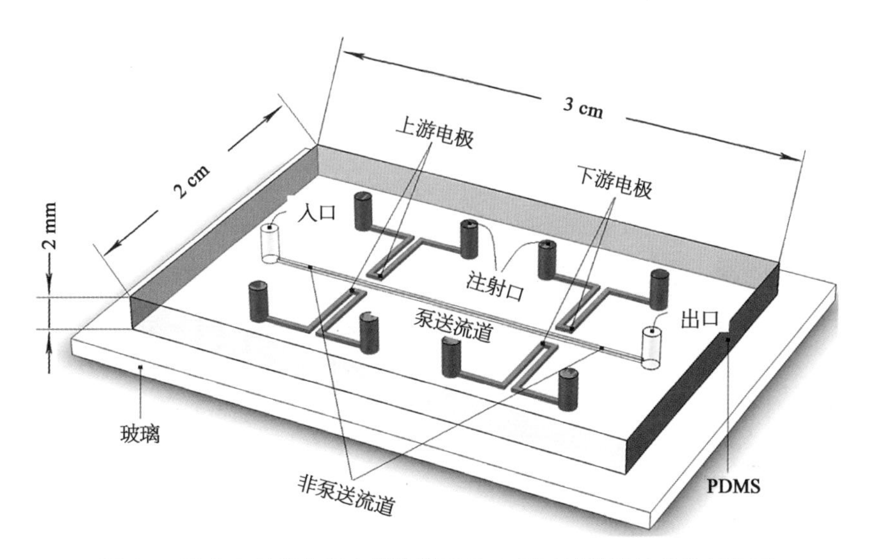

图 6.1　液态金属微电极电渗流微泵 PDMS/玻璃微流控芯片示意图

在集成型电渗流微泵应用中，液态金属微电极可根据需求灵活设计成诸多结构形式，其中以 U 形、V 形、Ω 形 3 种结构形式最为简单。在实际应用中，U 形、V 形微电极与 PDMS 薄膜间隙是点接触。在低电压或低强度电场工作条件下，微电极与 PDMS 薄膜接触点就有可能会堆积自由移动电荷，形成高电流密度接触点，从而可能在该接触点产生电迁移现象（PDMS 薄膜间隙被击穿）。而 Ω 形结构由于与 PDMS 薄膜间隙属面接触，可大大减弱甚至消除电迁移现象，可用于高电压或高强度电场场合。目前，Ω 形结构是经实验证实设计最为合理、最便于液态金属注射灌注成形操作的微电极结构形式，几乎能在整个泵区流体微流道内形成平行于微流道壁面的均匀电场。液态金属通过其中一个注射口灌入液态金属微流道，而从另一个注射口自由流出，进而充满整个微流道形成液态金属微电极。综合考虑，将液态金属微电极初步设计成 Ω 形结构，并以 Ω 形结构为基础进行改进升级，以满足不同结构形式的电渗流微泵应用需求。

集成微泵泵体的 PDMS/玻璃微流控芯片尺寸是：PDMS 层长度为 3 cm、宽度为 1.5 cm、厚度为 2 mm，如图 6.1 所示；玻璃基底为标准生物载玻片，长度为 7.6 cm、宽度为 2.5 cm、厚度为 1 mm。液态金属微电极和流体微流道尺寸示意详见图 6.2[43]，图中所有微流道高度尺寸均为 50 μm。液态金属微电极头部(靠近流体微流道的平行直流道部分)长度为 1 mm，其两段引线长度分别为 5 mm 和 3 mm，微电极宽度为 200 μm。流体微流道包括一段泵区微流道和两段非泵区微流道，长度分别为 1 cm 和 2 mm，微流体微流道宽度为 40 μm。液态金属微电极与流体微流道之间的 PDMS 薄膜间隙为 40 μm。

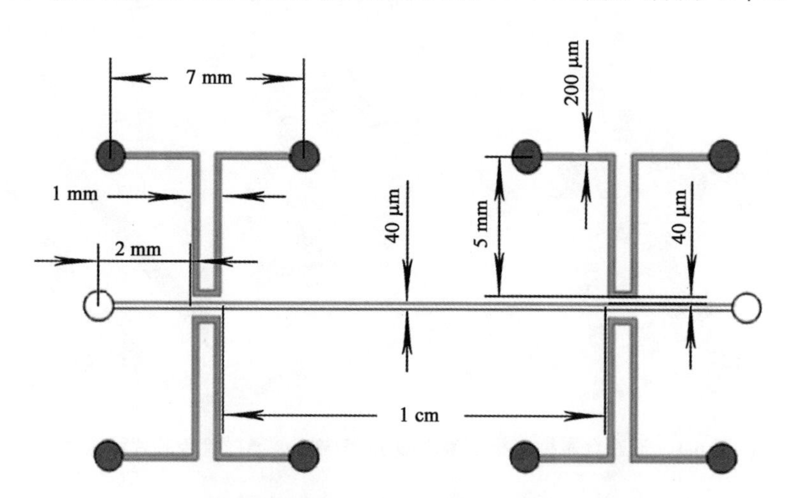

图 6.2　液态金属微电极和流体微流道尺寸示意图

6.2.2　液态金属微电极工作原理

图 6.3 所示为 Ω 形液态金属微电极在集成型电渗流微泵(如图 6.1)中的工作原理示意图[43]。当上、下游液态金属微电极分别与外部电源设备正、负两极连接时，泵区流体微流道内就会产生平行于微流道壁面的均匀电场。沿流体微流道壁面平行分布的均匀电场对微流道壁面电双层施加电场力作用，使

电双层在微流道壁面上发生剪切滑移。在黏性力作用下，电双层的剪切滑移拖拽微流道内的其他区域流体向前移动，形成电渗流。

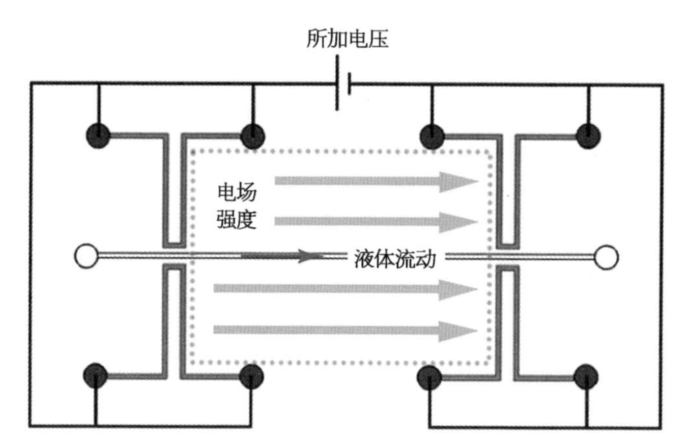

图 6.3　液态金属微电极工作原理示意图

尽管 PDMS 芯片材料具有非常高的电阻率，但由于液态金属微电极与流体微流道之间的 PDMS 薄膜间隙非常小，在尺度上远小于泵区流体微流道长度，PDMS 薄膜间隙在上、下游微电极之间就成了一个电阻值非常大的"微电阻"。这个 PDMS 薄膜间隙"微电阻"是一个多孔薄膜状结构，氧气、氢气等少数几种气体分子可自由通过薄膜上的微小孔洞，水等液体分子却无法自由通过。由于 PDMS 薄膜间隙能够很好地阻挡微流体中水分子进入液态金属，液态金属微电极就可避免因直接接触铂、金薄膜微电极在高电压或高强度电场工作条件下所发生的电解反应、气泡、电极腐蚀等问题。

6.2.3　液态金属微电极电渗流微泵的特点及优势

相比铂、金薄膜微电极集成型电渗流微泵，镓基液态金属微电极电渗流微泵在制作工艺、集成性及泵送功能等方面具有明显的优势。

① 液态金属微电极制作工艺简单、封装方便、成本低廉。液态金属微流道在设计阶段(绘图软件绘制)即可容易与流体微流道精确定位对准。

② 液态金属电极微流道与流体微流道等高，两者处于同一水平上。微电极可在流体微流道内形成平行于流体微流道的均匀电场，非常适于流体微流道内产生稳定流速的电渗流。

③ 液态金属微电极与流体微流道由 PDMS 薄膜间隙隔开，两者可避免交叉污染。在高电压工作条件下，液态金属微电极可避免电解、气泡、电极腐蚀

等问题的产生，并能在很大程度上减弱微流体内部电流焦耳热的产生，使微流道壁面电渗流性质始终保持稳定。

④ 外部金属引线通过液态金属微流道注射口直接插入浸没于液态金属中，与微电极之间接触非常好(两者之间接触电阻非常小)，导电性能稳定。

⑤ 液态金属微电极流道有进、出口，可通过测量进、出金属引线之间的电阻值，简单而直接地确定微电极是否导通。

6.3 液态金属微电极结构形式及布置方式的数值优化设计

如前面所述，U形、V形、Ω形是集成型电渗流微泵用液态金属微电极中结构最简单的3种形式，其中以Ω形结构形式最佳。Ω形电极微流道不仅便于液态金属的注射灌注、外部引线连接，而且能在整个泵区流体微流道内形成平行于微流道壁面的均匀电场。这种平行均匀分布电场非常有利于壁面电双层的驱动，在微流道内产生电渗流。

以下建立基于液态金属微电极驱动的电渗流微泵芯片物理模型，通过数值模拟方法对液态金属微电极驱动下的电渗流微泵芯片电场分布进行分析，考察U形、V形、Ω形结构形式微电极以及3种布置方式的Ω形微电极在泵区流体微流道内所产生的电场分布情况，并以此证实前述分析Ω形微电极为集成型电渗流微泵用最佳结构形式的液态金属微电极。

液态金属微电极电渗流微泵的数值物理模型如图6.4和图6.5所示，其尺寸详见图6.2。电渗流微泵芯片材料为PDMS，芯片基底材料为玻璃，微泵泵送工作流体为去离子水。

泵区电渗流流速是衡量电渗流微泵驱动微流体性能的重要指标参数，在微泵设计过程中，需综合考虑影响电渗流流速性能的各方面因素，从而更加合理地确定最佳的微泵泵体结构及尺寸。在电渗流微泵中，泵区流体微流道固-液界面电渗流流速U_{wall}可由式(6-1)确定。

$$U_{wall}=\mu_{eo}E \tag{6-1}$$

式中E为沿泵区流体微流道壁面平行分布的电场强度，单位为V/cm；μ_{eo}为微流体在微流道壁面的电渗迁移率，单位为(μm/s)/(V/cm)。

电渗迁移率μ_{eo}为流体物性参数，与流体种类、微流道壁面材料、温度以及微流体pH、离子浓度有关，通常由实验测量确定。当微流体种类、芯片材料、温度以及微流体 pH、离子浓度确定时，式(6－1)中的电渗迁移率 μ_{eo} 就是一个恒定常数。此时，电渗流微泵泵速就由电场强度决定。沿泵区流体微流道壁面平行分布的电场是驱动微流道内固-液界壁面电双层获得均匀电渗流流速的最佳电场分布，且微流道壁面电渗流流速U_{wall}随着电场强度的增加而增加。

由此可知，在泵区流体微流道内设计合理的电场分布是至关重要的，而电场的分布及强度又与微电极的结构形式及布置方式直接相关。因此，需对液态金属微电极的结构形式及布置方式进行优化设计，以获得能够在泵区流体微流道内形成最佳电场分布的微电极结构形式和布置方式。

在 PDMS 微泵微流控芯片中，电势分布 $\vec{\psi}$ 情况可由式(6－2)表示，该式也称为泊松方程(Poisson equation)。

$$\nabla^2\vec{\psi}=-\frac{\rho}{\varepsilon_0\ \varepsilon_r} \tag{6-2}$$

式中 ρ 为芯片材料及流体介质内部自由电荷密度，单位为 C/m^3；ε_0 和 ε_r 分别为真空介电常数 (F/m) 和芯片材料及流体介质相对介电常数，其中 PDMS 相对介电常数 $\varepsilon_r=2.8$，去离子水相对介电常数 $\varepsilon_r=80$。

在大多数 PDMS 电渗流微泵应用中，泵区流体微流道壁面电双层的 zeta 电势(毫伏量级)是非常小的，通常为驱动电压(伏量级)的百分之几甚至千分之几。与此同时，电双层厚度(纳米量级)相比泵区微流道的宽度尺寸(微米量级)也是非常小的，可以忽略不计。因此，在 PDMS 微泵(驱动流体为去离子水)模型中，求解芯片电势分布可以不考虑电双层 zeta 电势及厚度的影响，将芯片局部自由电荷密度假定为零，即 $\rho\approx 0$。

因此，描述 PDMS 微泵芯片电势分布 $\vec{\psi}$ 的式(6－2)泊松方程可简化为式(6－3)的拉普拉斯方程。

$$\nabla^2\vec{\psi}=0 \tag{6-3}$$

PDMS 微泵芯片模型壁面边界条件为：

$$\left.\frac{\partial\vec{\psi}}{\partial n}\right|_{wall}=0 \tag{6-4}$$

式中 n 表示 PDMS 微泵芯片壁面的垂直方向。

模拟中，液态金属上、下游微电极分别加载 50 V 和 0 V 电势，驱动电压即为 50 V。U 形、V 形、Ω 形电极微流道宽度、高度相同，同时液态金属注射口在芯片中位置也相同。3 种微电极与泵区流体微流道之间的 PDMS 薄膜间隙均为 40 μm，泵区流体微流道长度为 1 cm。

图 6.4 所示为 U 形、V 形、Ω 形 3 种结构形式微电极驱动下 PDMS 微泵芯片电场分布(电极微流道中平面)情况。从图中可看出，3 种结构形式

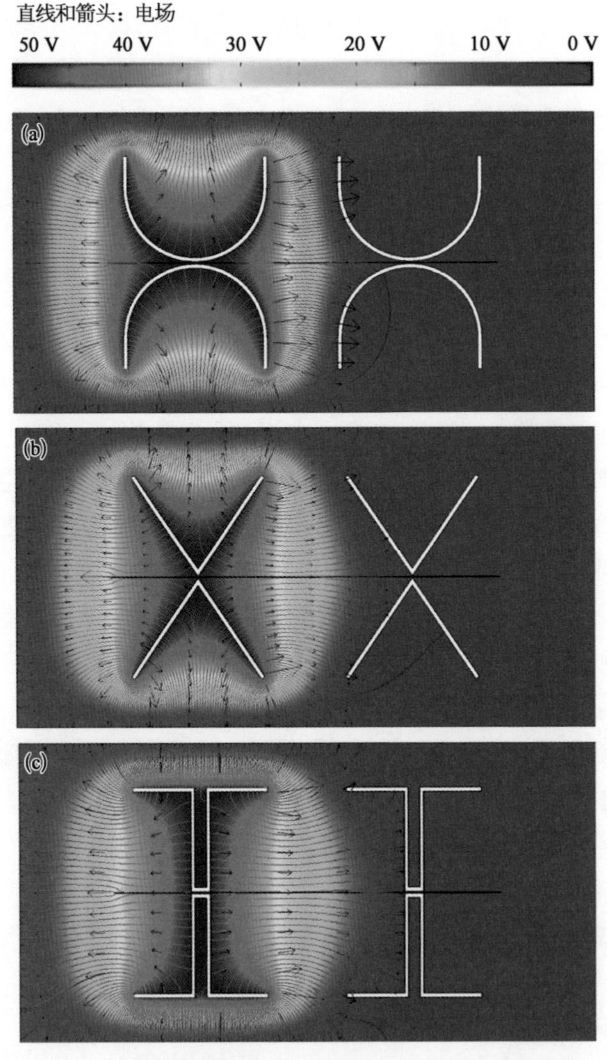

图 6.4　3 种结构形式微电极形成的电场分布(流道中平面)

(a) U 形；(b) V 形；(c) Ω 形。

的微电极均可在泵区流体微流道内产生平行于微流道壁面的均匀电场，这种均匀且平行分布的电场可对泵区流体微流道壁面与流体界面处的电双层产生电场驱动力，形成电渗流。在整个泵区流体微流道内，电渗驱动力的大小与流体微流道壁面上平行电场区域的有效长度及电场强度直接相关。

从图6.4可以清楚地看出，Ω形微电极几乎可以在整个泵区流体微流道内产生平行而均匀的电场分布[图6.4(c)所示]，V形微电极在微流道内产生的平行均匀电场长度略短[约为Ω形微电极的1/2，图6.4(b)所示]，U形微电极产生的平行均匀电场长度最短[约为Ω形微电极的1/4，图6.4(a)所示]。表明，3种结构形式中Ω形结构微电极最有利于在泵区流体微流道内产生平行而均匀分布的电势场。与此同时，在平行电场强度方面，U形微电极最高，分别是Ω形微电极和V形微电极的1.25倍和2.5倍。综合比较，在相同条件下，Ω形微电极在整个泵区流体微流道内产生的电渗流驱动力最大，即电压有效利用率最高，分别为U形微电极和V形微电极的约4倍和5倍。

另外，从实际应用角度分析，由于U形、V形结构微电极与PDMS薄膜间隙接触面积特别小(尖端状接触点)，在低电压或低强度电场工作条件下就有可能导致微流体内自由移动电荷在尖端状接触点堆积，形成高电流密度接触点，从而可能产生电迁移现象而击穿PDMS薄膜间隙，因此这两种结构形式的微电极在集成型电渗流微泵中应用就会受限，无法适用于高电压或高强度电场应用场合。而Ω形结构微电极由于与有效PDMS薄膜间隙接触面积比较大，不易产生电压击穿现象，即使在高电压或高强度电场工作条件下，也有可能使微流体内自由移动电荷快速通过PDMS薄膜间隙而不会破坏薄膜结构，从而使液态微电极保持结构稳定。

图6.5所示为在3种布置方式的Ω形微电极驱动下PDMS微泵芯片电场分布(电极微流道中平面)情况。图6.5(a)和图6.5(b)所示布置方式的Ω形微电极在泵区流体微流道内产生的电场方向与泵区流体微流道之间存在一定倾斜角(θ)，并不与泵区微流道壁面平行，用于驱动微流道与流体界面处电双层的有效电场强度仅为倾斜电场的$\cos\theta$倍。因此，这两种布置方式的Ω形微电极在泵区流体微流道内产生的电场有效利用率非常低，上、下游微电极加载高电压也可能无法驱动电双层而产生电渗流。

而图6.5(c)所示布置方式的Ω形微电极则可在整个泵区流体微流道内产

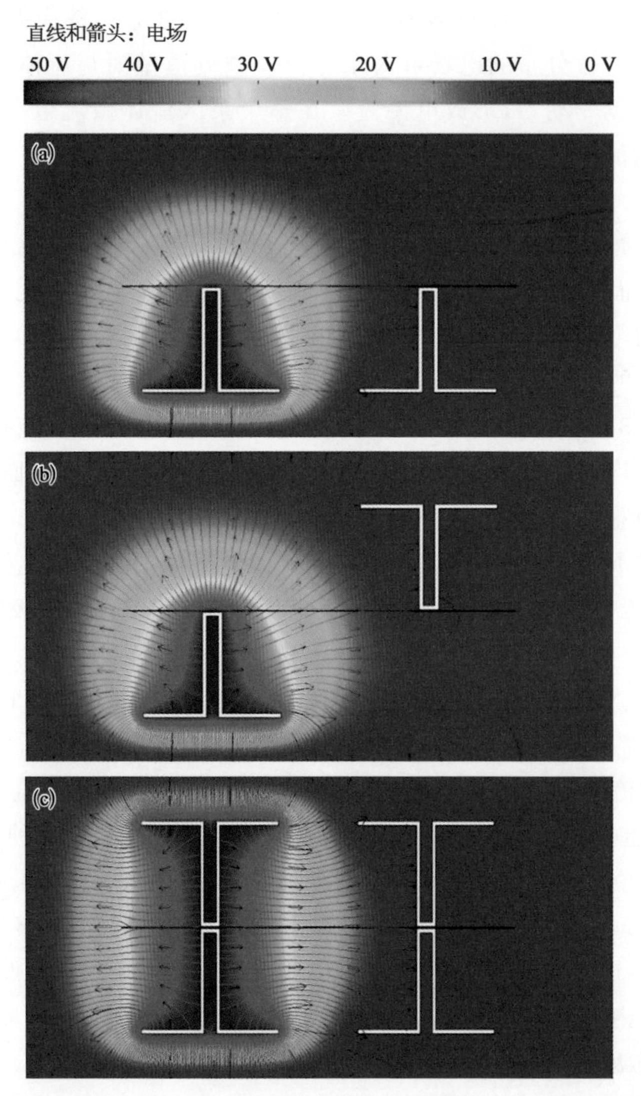

图 6.5　3 种布置方式的 Ω 形微电极形成的电场分布(流道中平面)

生平行于泵区流体微流道壁面的均匀电场，这种平行且均匀分布的电场可直接作用于泵区流体微流道壁面与流体界面处的电双层，产生电渗驱动力形成电渗流，电场有效利用率非常高(接近 100%，$\cos\theta \approx 0$)。

在荧光粒子追踪实验测试中发现，图 6.5(a)和图 6.5(b)所示电渗流微泵在 3 000 V 高电压条件下依然无法实现电渗驱动，而图 6.5(c)所示电渗流微泵在 25 V 加载电压条件下即可实现电渗驱动。表明，图 6.5(c)所示布置方式的Ω形微电极在泵区流体微流道内产生的电场分布非常适于产生电渗流。

6.4　液态金属微电极电渗流微泵驱动性能的实验测试

从前面的理论分析及数值模拟结果可知，图6.5(c)所示Ω形微电极是电渗流微泵用液态金属微电极中电压有效利用率最高的结构形式及布置方式，结构简单，且便于液态金属注射成形，因此微泵芯片采取Ω形微电极的方式。

6.4.1　电渗流微泵芯片的制作

集成型液态金属微电极电渗流微泵泵体的PDMS/玻璃微流控芯片采用标准软刻蚀技术制作，其制作工艺此处不再赘述。

50 μm高液态金属微电极流道和流体微流道倒模图形(凸图形)由SU-8 2050光刻胶在四寸单抛硅片表面上制作，并通过倒模过程转印在PDMS上(凹图形)。PDMS由基液和固化剂以10∶1的质量比均匀混合而成，烘烤固化时间为2 h。采用打孔器在PDMS微流道进出口(液态金属微流道注射口、流体微流道储液池进出口)处打孔，作为微流道封装后与外部流体泵送设备的连接口。PDMS微流道采用等离子键合方式与载玻片用玻璃进行永久性封装，形成PDMS/玻璃微流控芯片。

6.4.2　液态金属微电极的制作

PDMS/玻璃微流控芯片制作完成后，通过注射器手动操控注射方式在PDMS微流道内注射灌满镓铟锡($Ga_{66}In_{20.5}Sn_{13.5}$)合金，形成液态金属微电极。铜质细导线(外径150 μm)插入液态金属微流道灌注口作为液态金属微电极的外部引线，与芯片外部的电源设备进行连接。采用数字万用表(欧姆档)测量已插入液态金属微电极两个灌注口铜质细引线之间的电阻值，以检测液态金属微电极内部以及铜引线与液态金属微电极之间是否导通。若导通良好，采用705透明绝缘硅胶将铜质细导线与液态金属微电极接触部分快速封装密封，封胶过程中705胶要确保将灌注口处裸露在外的液态金属完全覆盖密封。如图6.6所示为制作完成的集成型液态金属微电极电渗流微泵的PDMS/玻璃微流控芯片[43]。

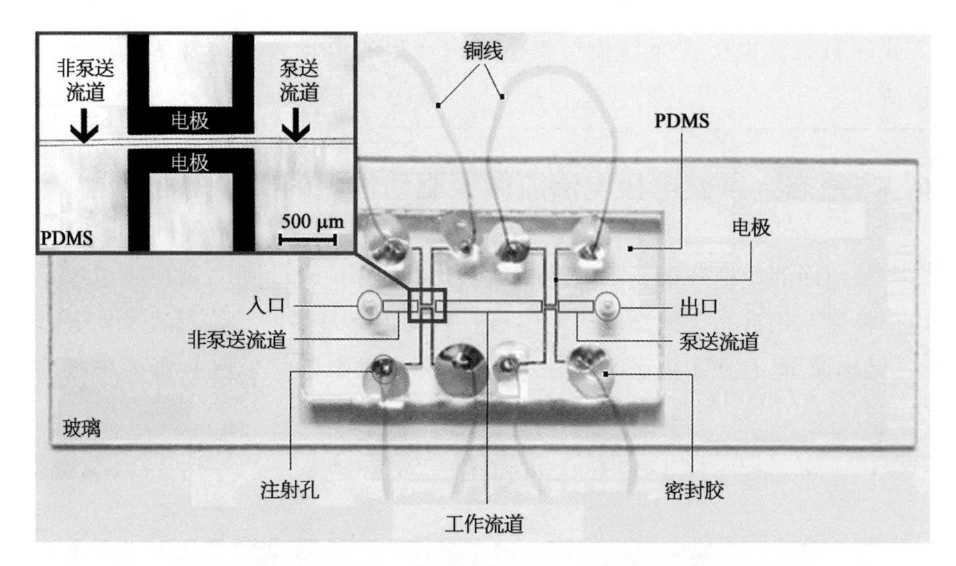

图 6.6　集成型液态金属微电极电渗流微泵的 PDMS/玻璃微流控芯片实物图

6.4.3　微泵驱动性能的测试方法及实验装置

经过等离子处理的 PDMS 微流道在润湿性能、电渗驱动性能等方面有很大提升，但当微流道暴露在空气中时，微流道壁面的润湿性能、电渗驱动性能会逐渐恢复到等离子处理前的状态。因此，在 PDMS 微流道等离子键合封装完成后，立即向微流道内灌注充满去离子水，隔离微流道壁面与空气，以使 PDMS 微流道壁面保持良好的润湿性和电渗驱动性能。这一处理措施在 PDMS 电渗流微泵芯片制作完成后是必不可少的，以确保电渗流微泵具有良好的驱动性能。

在电渗驱动测试中，高电压脉冲发生器为电渗流微泵上、下游微电极提供驱动电压。荧光示踪粒子采用外径为 0.5 μm 的聚苯乙烯荧光微球颗粒(Ex 542 nm，Em 612 nm，1%solids，Duke Scientific Corporation)，荧光微球颗粒基液密度为 1.05 g/cm^3。在荧光测试实验中，荧光基液与测试微流体，即去离子水与 0.9%氯化钠溶液(以下简称盐水)以 1∶1 000 的体积比例进行混合、稀释。荧光显微镜为荧光测试提供荧光激发光源、粒子荧光示踪图像。

荧光稀释溶液在手动操控注射器的注射压力作用下，经流体微流道储液池进口流入充满整个微流道，并从微流道储液池出口流出。荧光稀释溶液加载完成后，通过操控注射器分别在泵区流体微流道两端进、出口储液池上覆盖两个相同体积大小的荧光稀释溶液液滴，以使流体进、出保持静压平衡，如

图 6.7 所示。经过大约 30 min 的时间，泵区流体微流道两端进、出口储液池之间达到静压平衡状态，微流道内的荧光微球颗粒在微流体中处于静止状态。此时，可在上、下游微电极上加载驱动电压进行电渗流荧光粒子示踪测试。

6.5　液态金属微电极电渗流微泵驱动性能的测试结果

6.5.1　电渗流荧光示踪实时图

如图 6.7 所示为采用荧光微球颗粒示踪泵区流体微流道内连续流动电渗流的实时荧光图，荧光采集记录时间为 7 s。驱动微流体为去离子水，微泵上、下游液态金属微电极加载的驱动电压为 50 V。荧光显微镜物镜倍数为 40×，捕捉泵区流体微流道的区域如图所示。

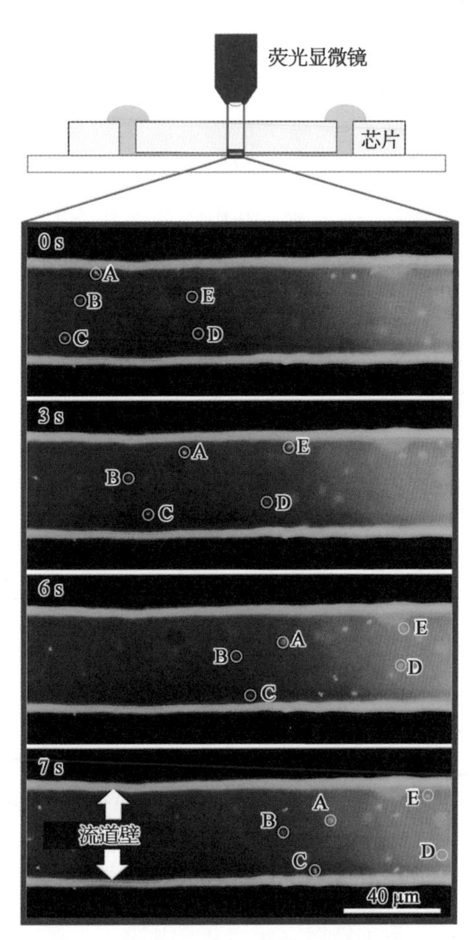

图 6.7　泵区微流道内去离子水电渗流荧光微球颗粒示踪实时图

为获得准确的荧光粒子示踪流速，在泵区流体微流道内随机选取 5 个不同位置的荧光微球颗粒（5 个微球与流体微流道壁面保持不同间距），以这 5 个随机选取荧光微球颗粒的示踪流速平均值作为泵区流体微流道内电渗流的平均流速。荧光粒子示踪流速定义为单位时间内粒子沿微流道方向的平行位移。图中所示，选取 A、B、C、D、E 5 个荧光微球颗粒（白色标记圆圈内）作为电渗流的示踪粒子。通过平均这 5 个荧光微球颗粒的示踪速度，得到图中所示泵区流体微流道内的电渗流平均流速为 12.34 μm/s。

另外，从实时图上还可以看出，相比 0 s，3 s 荧光图显示的荧光微球颗粒 A、C 示踪速度要远高于 B、D。这一现象表明，泵区流体微流道内电渗流流动并非活塞型流动，而是由活塞型流动与抛物型流动组成的复合型流动。产生这一现象的原因是，进、出口非泵区微流道内的流体在泵区微流道内电渗流的驱动作用下形成压力驱动流动(pressure-driven flow)，从而对泵区流体微流道内的电渗流速度矢量场产生影响。荧光微球颗粒 A、C 由于离泵区流体微流道壁面比较近，非常靠近泵区流体微流道壁面上剪切滑移的电双层，流动受非泵区流体微流道内的压力驱动流动影响较小。

6.5.2 微泵电渗流流速

如图 6.8 所示为去离子水和 0.9%盐水在液态金属微电极电渗流微泵中驱动流速随加载电压的变化曲线。可以看出在液态金属非接触微电极的作用下，PDMS 电渗流微泵能够驱动去离子水和 0.9%盐水。从图 6.8 可以看出，PDMS 电渗流微泵对去离子水的电渗驱动性能要明显好于 0.9%盐水。去离子水电渗驱动启动电压为 25 V，远低于 0.9%盐水(300 V)。在 300 V 驱动电压条件下，去离子水在电渗流微泵中可获得高达 98.06 μm/s 流速的电渗流，而 0.9%盐水仅获得 5.56 μm/s 流速的电渗流，两者相差近 20 倍。另外，去离子水和 0.9%盐水在电渗微泵中获得的电渗流流速均随着加载电压的增加而增加，其中去离子水电渗流流速增长率明显高于 0.9%盐水。

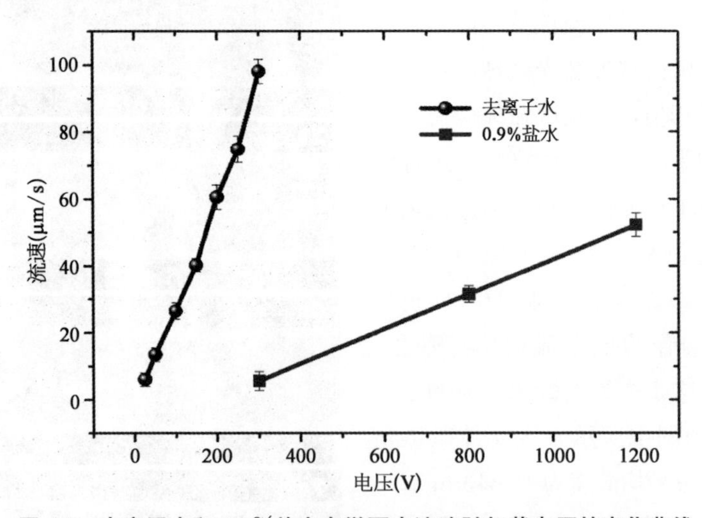

图 6.8 去离子水和 0.9%盐水在微泵中流速随加载电压的变化曲线

6.5.3 微泵功率

图 6.9 所示为去离子水和 0.9%盐水在电渗流微泵中驱动功耗随电渗流流速的变化曲线，功耗由驱动电压(V)×电渗流电流(μA)确定。驱动电压通过

高压脉冲发生器设定，电渗流电流为上、下游微电极之间的微弱电流，从高压脉冲发生器直接读取获得。

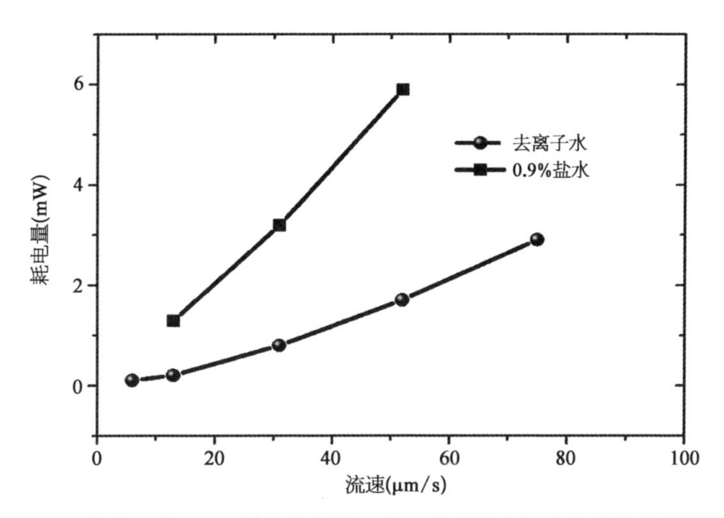

图6.9 去离子水和0.9%盐水在微泵中驱动所需功耗随流速的变化曲线

从图中可以明显看出，去离子水和0.9%盐水在电渗流微泵中驱动所需功耗随着电渗流流速的增加而增加。与此同时，电渗流微泵在获得相同驱动流速的条件下，驱动0.9%盐水所需功耗要远远大于去离子水，而且0.9%盐水在电渗流微泵中驱动所需功耗随着电渗流流速的增长率要明显高于去离子水。0.9%盐水在电渗流微泵中获得13 μm/s的电渗流流速所需功耗为1.3 mW，而去离子水仅需要0.3 mW。

产生上述现象的主要原因是：0.9%盐水中钠离子和氯离子的存在。一方面，钠离子和氯离子会使盐水在PDMS微流道壁面上形成的电双层厚度远小于去离子水，同时盐水在微流道壁面上的电双层zeta电势及电渗迁移率也远低于去离子水[38]。因此在相同结构、尺寸的电渗微泵中，盐水要获得与去离子水相同的驱动流速就需要更大的加载电压(如图6.8所示)，同时消耗更多的驱动功率(如图6.9所示)。另一方面，泵区流体微流道内主流盐水中的钠离子和氯离子会在电场力作用下分别流向负、正微电极，消耗一部分驱动功率。

6.5.4 微泵的启动电压和击穿电压

在液态金属非接触微电极电渗流微泵驱动过程中，泵区流体微流道内自由移动电荷(包括电双层自由电荷和微流体自由电荷)会在电场力作用下，流向微电极区域并穿过 PDMS 薄膜间隙进入液态金属微电极，经电源设备从另一对液态金属微电极流出，从而实现持续的电渗流流动。微流道内主流流体流动的驱动力是由电双层内自由移动电荷的黏性拖拽作用产生的，其大小取决于平行于微流道壁面的电场强度。当加载电压（电场强度）达到某一临界值（启动电压）时，微流道内产生的电渗流就具有足以克服整个流体微流道内流阻（主要为非泵区流体微流道壁面摩擦阻力）的驱动力，从而驱动流体微流道内的主流流体开始流动。

随着加载电压（电场强度）增加，微流道内电渗流流速会逐渐增加，伴随而来的是，单位时间内穿过 PDMS 薄膜间隙进入液态金属微电极的自由移动电荷也会随之增加，上、下游微电极间形成的电渗电流亦随之增加。当穿过 PDMS 薄膜间隙的电流密度超过薄膜所能承受极限时，PDMS 薄膜间隙就会被击穿损坏。在高电压击穿瞬间，微流体在自由移动电荷的黏性拖拽作用下会迅速流进液态金属微流道，与液态金属直接接触（电流瞬间增大），发生电解反应，产生气泡，从而彻底破坏液态金属微电极。图 6.10 所示为在电渗流驱动

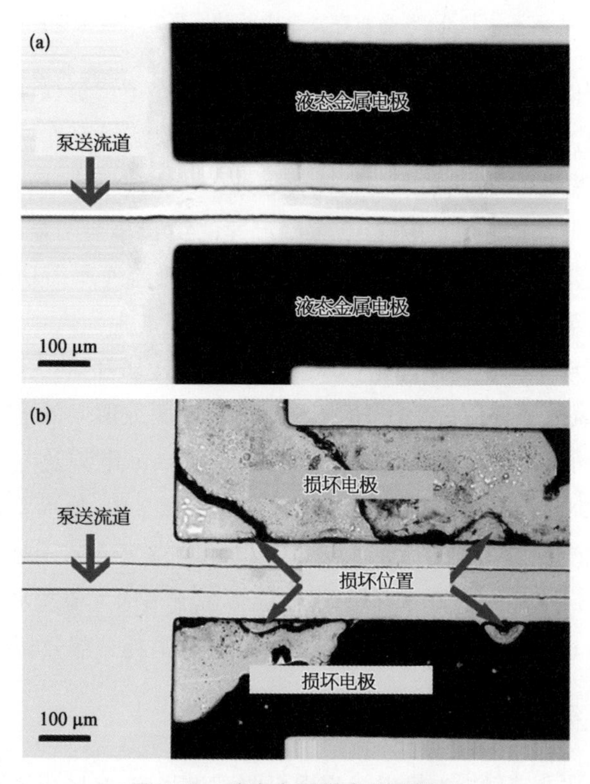

图 6.10　液态金属微电极显微图

(a) 高电压击穿前；(b) 高电压击穿后。

盐水过程中，PDMS 薄膜间隙被高电压击穿前、后液态金属微电极的显微图片，击穿电压为 1 200 V。从图 6.10 可以看出，PDMS 薄膜局部区域被击穿损坏形成贯穿流体微流道和液态金属微流道的微小孔洞。盐水通过 PDMS 薄膜微小孔洞渗入液态金属微流道，产生了电解反应、形成气泡。

由前述可知，电渗驱动启动电压和 PDMS 薄膜间隙击穿电压直接决定着液态金属电渗流微泵安全工作的电压下限值和上限值，另外击穿电压还决定着微泵驱动能力的最高上限值。因此，在微泵设计中需确定微泵的启动电压和击穿电压，以为电渗流微泵的设计、运行提供参考。如图 6.11 所示为电渗流微泵驱动去离子水和 0.9%盐水的启动电压和击穿电压，去离子水电渗启动电压和击穿电压分别为 25 V(6.16 μm/s 流速电渗流)和 2 200 V(约为 730 μm/s 流速电渗流)；而 0.9%盐水由于钠离子和氯离子的存在，电渗驱动力较弱，电渗启动电压和击穿电压分别为 300 V(5.56 μm/s 流速电渗流)和 1 200 V (52.13 μm/s 流速电渗流)。

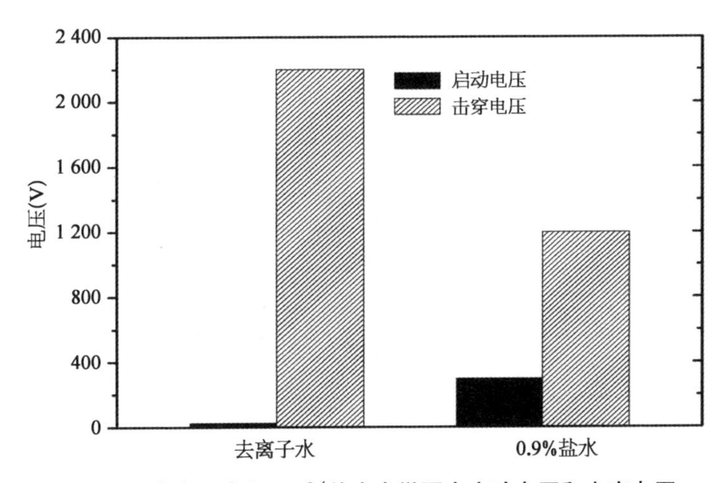

图 6.11　去离子水和 0.9%盐水在微泵中启动电压和击穿电压

6.6　液态金属电渗流微泵的扩展方法

在微泵的大部分应用中，对微泵的泵送流量都有一定要求，例如治疗青光眼的植入式房水引流微泵，流量需要达到 1～2.5 μL/min，以保证眼压的稳定[44]。为了提升液态金属电渗流微泵的流量，从增加流体流道个数的角度，对现有单层微泵结构进行扩展，就得到了可扩展的液态金属电渗流微泵结构。

6.6.1 液态金属电渗流微泵的扩展原理

现有微泵结构中，每个流体流道需要配有 4 个电极流道，在平面扩展流体流道个数后，整个微泵的体积会大幅增加。将现有微泵扩展为多层结构，就可以避免这个问题，设计原理如图 6.12。此类结构共有 3 层流道，2 层为电极流道层(简称电极层)，1 层为流体流道层(简称流体层)。每个电极层都包括 2 个平行的 U 形流道。流体流道为多平行流道并联的结构，所有流道共用出入口。纵向排布上，流体层位于 2 个电极层中间；每个电极层和流体层间都有 PDMS 薄膜，保证电极的非接触。当电极加电，就会在每个子流体流道内形成一个与流道平行的电场，从而驱动流体运动，如右侧图所示。这样的多层设计不仅保证了每个子流体流道与双侧电极的单泵等价，实现流道内电场最大化，也依然保留了非接触式电极设计。

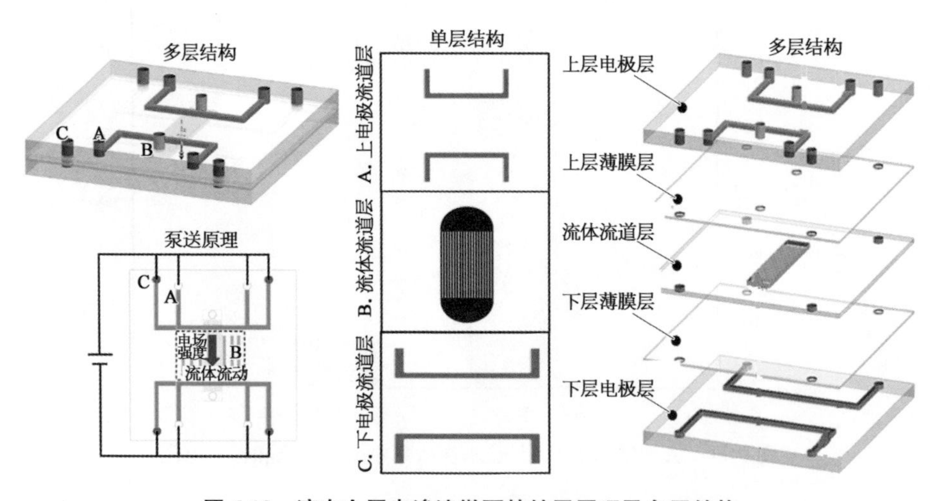

图 6.12 液态金属电渗流微泵的扩展原理及多层结构

在这个多层微泵中，流体流道为独立的一层，所以流道个数不受到限制，可以进行横向扩展；同时，在 3 层结构基础上，制作更多的电极层和流道层交错排列，可以实现纵向扩展。无论是横向还是纵向，扩展量理论上都不会受到限制。也就是说，这个设计可以带来的流量提升，不是单纯的单层流道并联带来的加法提升，而是横向和纵向两方向扩展带来的流量乘法提升。

6.6.2　液态金属电渗流微泵的横向扩展原理

多层微泵的横向扩展，是指增加流体流道中的流道个数。在这个设计中，流体流道在单独一层，只需要在设计中增加流道个数，并相应地增加电极流道的长度即可，理论上对并联流道的个数没有限制。由于流体流道宽度较小，增加流道个数仅会略微增加整个芯片的宽度，对整体结构的体积影响并不大，如图 6.13 所示。以单流道 100 μm，流道间距 50 μm 为例，流道数从 20 增加到 50，芯片厚度不变、长度不变，宽度仅增加 4 500 μm，但是流量提升了 2.5 倍；增加到 100，宽度增加 1.2 cm，流量则提升了 5 倍。只要设置好电极长度和流体流道的出入口，理论上来说，这个结构可以承受无限多个流道的设计。

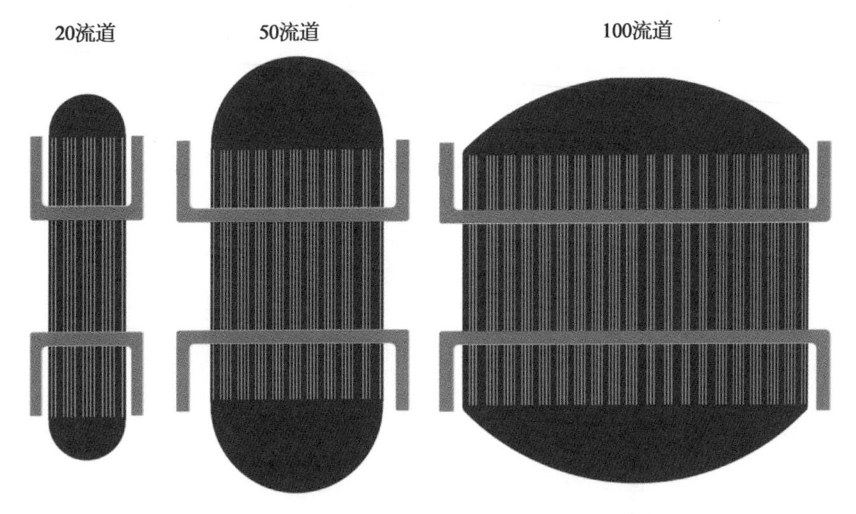

图 6.13　液态金属电渗流微泵的横向扩展原理

6.6.3　多层微泵的纵向扩展原理

多层微泵的纵向扩展，是指通过在纵向叠加，增加流体流道的层数，如图 6.14 所示。纵向扩展的原则，还是每个流体层的上下都存在 2 个电极层。在电极和流道交错排列的情况下，给不同层同向的电极通电，在每层流体流道内都会产生电场，驱动流体运动。在这种多层结构的制作过程中，经常会出现对准误差，导致左图中显示的电极流道错位情况。为了降低这种情况对流体流道内电场的影响，在相邻 2 个电极层之间，又增加了 1 层带有屏蔽结构的电极层；为了区别正常电极层，将该层称为屏蔽层。这样，在纵向堆叠中，每增加

1层流体流道，就会增加1个电极层、1个屏蔽层和1个流体层。在本节的多层微泵制作中，提出了“流道薄膜旋涂法”。利用这种方法可以制作超薄的流道层，单层厚度仅为70 μm。也就是说，流体流道每增加1层，芯片的总厚度仅增加210 μm，但流量却可以得到很大的提升。

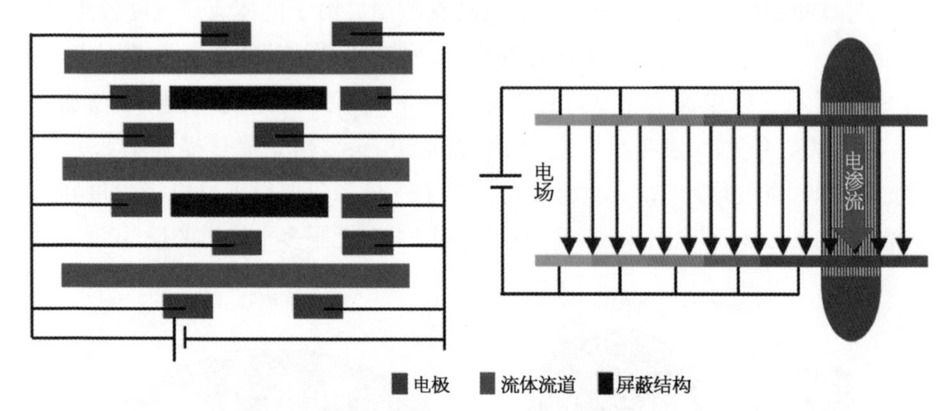

图6.14 液态金属电渗流微泵的纵向扩展原理

6.7 液态金属电渗流微泵的横向扩展

6.7.1 结构设计

以横向扩展流道个数20为例进行了设计。其中，单个流体流道宽度为100 μm，间距50 μm，长度为10 500 μm。电极层流道宽度为400 μm，正负电极间距为8 000 μm。上层电极长度为10 000 μm，下层流道长度为18 000 μm。设计图及参数如图6.15[45]。在多层横向扩展微泵中，电极和流道层间有两层薄膜。其中，流体流道上层旋涂薄膜厚度为43 μm，下层薄膜厚度为16 μm。

6.7.2 制作方法

如图6.12，多层电渗微泵共包括5层，由上至下分别为上电极层、上薄膜层、流体流道层、下薄膜层和下电极层，共包含3个流道层和2个薄膜层，最终完成的微泵如右图所示，蓝色为下层电极层，红色为上层电极层，绿色为流体层。

制作流程的第一步是准备2个电极流道层。用软光刻技术将流道模型刻在抛光硅片上，最后用PDMS倒模即可完成。

第二步是制作上层薄膜。上薄膜是将PDMS在空白硅片上旋涂而成，厚

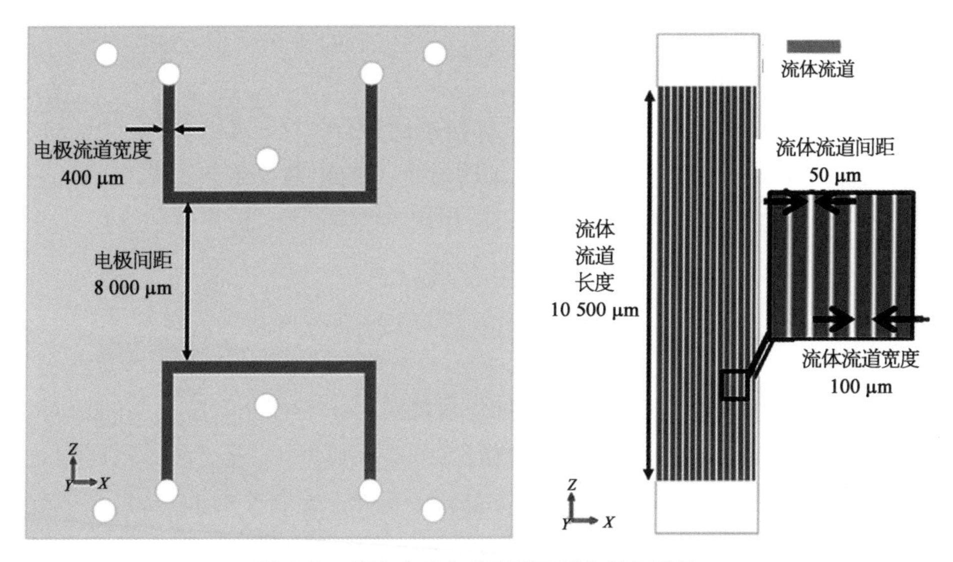

图 6.15　液态金属电渗流微泵横向扩展设计

度为 20 μm,旋涂时转速为 3 000 rpm。旋涂好后,在 75℃热板上烘烤至少 35 min 固化。

第三步是制作下层薄膜与流体流道。流体流道首先由软光刻技术在硅片上制作模具。然后在有流体流道的硅片上旋涂一层 PDMS。旋涂时转速为 1 000 rpm,对应的薄膜厚度为 70 μm。旋涂好后,将硅片放在 65℃热板上烘烤 2.5 h。在有流道结构的硅片上旋涂时,PDMS 会覆盖在流道上,但总厚度不变。也就是说,在流体流道硅片上,没有流道的位置,薄膜厚度为 70 μm;有流道的位置,薄膜厚度则为 40 μm。这样流道上覆盖的一层薄膜,就可以直接作为下层薄膜使用。

第四步是键合上层电极和上层薄膜。将上层电极流道的出入口用 12 mm 直径的打孔器打孔后,将有流道的一侧与硅片上旋涂的薄膜层用氧等离子体处理键合。键合后,将上层电极和上层薄膜一起从硅片上揭下,完成上两层结构。常规键合后,需要将 PDMS 放在 95℃烤板上烘烤至少 9 min 以提升键合效果;但这样会使 PDMS 表面的 Zeta 电势降低,所以在电渗流微泵制作中,跳过这个步骤。这样的操作达到的键合强度可以满足后续需求。

第五步是键合下层电极与流体流道。将电极层的流道与硅片上的流体流道用氧等离子体键合,然后两层一起从硅片上揭下,完成下两层结构。

在最终组合前,需要把所有流道的出入口都打在上表面。对于上两层来说,需要用 12 mm 直径打孔器在下层电极出入口、流体流道出入口位置打孔。

对于下两层来说，需要把下层电极出入口位置覆盖的薄膜，用尖头镊子和刀去除，以便和上层的出入口连接。

将上两层的薄膜面与下两层的流体流道面键合。这一步要将两层电极流道尽量对准，以保证流体流道内的电场均匀性。至此，微泵组装完成。

最后，按照6.4.2中介绍的方法，制作液态金属电极，即可完成多层液态金属电渗流微泵芯片的制作。

6.7.3 泵送能力测试

横向扩展液态金属电渗流微泵的流量测试方法与6.4.3中介绍的相同，均采用荧光颗粒示踪法：从录制视频的每个电压数据中，选择液体稳定流动的10 s数据，分别截图0 s、5 s和10 s的粒子位置。在每个时间点，每个子流道中选取3个清晰的粒子，记录10 s内粒子运动的轨迹和距离；结合显微镜的比例尺，计算出每个粒子的运动速率，最后将所有粒子的速率平均，作为该电压下的粒子运动速率。

经过统计得到的微泵流量与电压之间的关系如图6.16所示。结果展

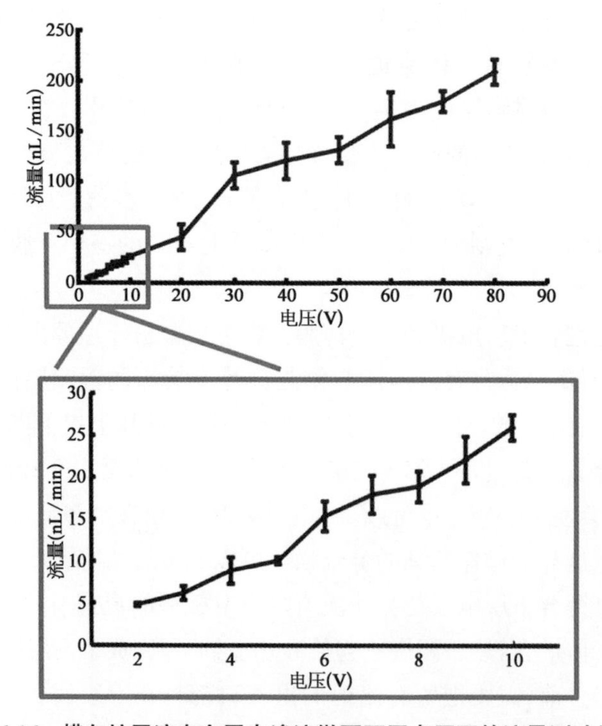

图6.16 横向扩展液态金属电渗流微泵不同电压下的流量测试结果

示了 2～80 V 的流量。微泵的最低驱动电压为 2 V，在 2 V 对应的流量为 5.69 nL/min。随着电压升高，流量也对应提升，到 80 V 电压时，流量达到了 248.18 nL/min。

6.8　液态金属电渗流微泵的纵向扩展

6.8.1　屏蔽层设计

屏蔽层结构为 3 个平行流道，且都灌注液态金属。使用时，中间的宽流道不加电，作为平行结构，两边的平行流道加电，作为正负电极，如图 6.17 所示。屏蔽层外侧的两个平行流道位置，比普通电极层的平行流道位置更靠外侧，在对准时，即使有较大误差，也不会产生正负电极交错情况，增加了对准的容错性；中间的宽流道不加电，作为屏蔽结构存在，使上下层电场不会相互影响。接下来，通过仿真计算，证明这种屏蔽层设计能在对准出现误差的情况下，也可以保证流体流道内的电场方向和电场强度。

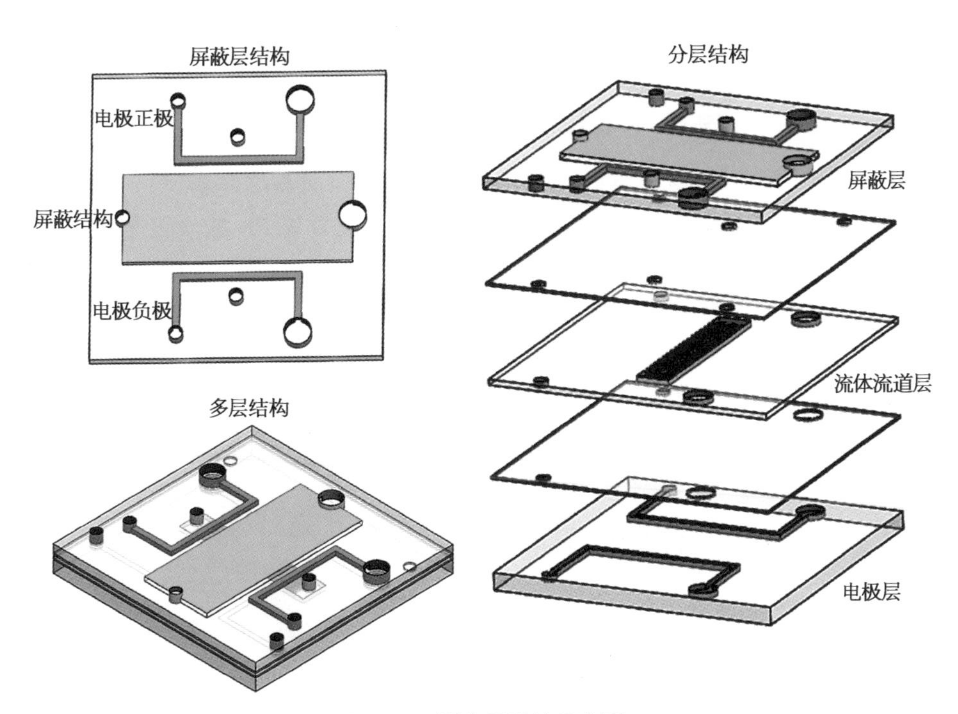

图 6.17　屏蔽层设计示意图

6.8.2 微泵结构设计

在纵向扩展液态金属电渗流微泵的设计中，每 3 层流道层为 1 组，每组包括 1 个电极层、1 个流体层和 1 个屏蔽层。其中，屏蔽流道为了防止塌陷，在中间的屏蔽结构中设计了长方形立柱。以两组微泵堆叠为例，从上到下，一共有 6 层流道结构，依次为：上层屏蔽层、上层流道、上层电极层、下层屏蔽层、下层流道、下层电极层。其中，每两层流道间都有薄膜结构，保证流道与电极的非接触。

流体流道下层流道数为 20，上层流道数为 10；子流道宽度 100 μm，相邻流道间隙为 50 μm，流道长度为 4 500 μm；所有子流体流道，包括不同组间的流道，都共用一对出入口。电极层为 2 个平行电极结构，宽度为 400 μm，间距为 3 000 μm。屏蔽层包括 3 个平行流道，外侧 2 个电极宽度为 400 μm，中间屏蔽结构总宽度为 2 000 μm，电极与屏蔽结构的距离均为 500 μm。为了简化设计，不同微泵结构中的所有屏蔽层，电极层的正、负电极分别共用一个直径为 2 000 μm 的圆形出口。

6.8.3 泵送能力测试

纵向扩展液态金属电渗流微泵的流量测试方法与 6.4.3 中介绍的相同，均采用荧光颗粒示踪法，得到电渗速率；通过逐渐增加电压，得到微泵的最低驱动电压；通过录像记录数据。有所差异的是，在纵向扩展微泵中，需要调节显微镜的焦距，以记录不同流体流道层中的流体运动结果，然后进行最终的统计。

实验中带有 2 个微泵结构的泵群，最低驱动电压为 100 V。在上下层流体流道中，均观察到了电渗流现象。其中，在上层流道，只有 3/10 个子流道观察到了粒子的运动；在下层流道，所有子流道内都观察到了电渗流现象。经计算，100 V 电压下，平均液体流速为 12.24 μm/s，流量为 51.09 nL/min。

6.9 液态金属电渗流微泵展望

在电渗流微泵应用中，液态金属通过注射方式在微流道内形成液态金属微电极，其中注射压力通过简单的手控注射器产生，易操作。液态金属微电极为 Ω 形结构，具有 2 个注射口(1 个进口和 1 个出口)，结构简单而且便于液态金属的微注射成形。液态金属微电极(1对上游微电极和1对下游微电极)沿流向平行布置在流体微流道两侧,并与流体微流道保持等高、非接触且在同一水平面上。液态金属微电极的最大特点是,液态金属微流道与流体微流道保持非接触,两者之间由PDMS薄膜间隙天然隔开。PDMS薄膜间隙对液态金属和驱动微流体均有非常好的保护作用,一方面可使两者保持不直接接触,避免交叉污染,避免产生电解、气泡等问题;另一方面可使液态金属微电极保持稳定的微结构。另外,液态金属微流道与流体微流道可进行同步设计、制作、封装,过程简单,易于操作。为满足泵体功能需要,液态金属微电极在电渗流微泵泵体中的结构形式及布置方式可在设计绘图阶段任意调整,设计方案修改方便、快捷。

这种低成本、易制作、自定位封装的液态金属微电极电渗流微泵在微流体输运方面具有非常好的应用潜力和发展前景,可驱动流体种类广泛,如细胞、大分子等颗粒悬浮溶液、药物试剂等。同时,液态金属电渗流微泵可以完全由柔性材料制造,制作出来的微泵也可以是全柔性,对于穿戴式或者植入式应用有着不可小觑的潜力。若微泵泵体结构尺寸能够大大减小,同时微泵启动电压大大降低,液态金属微电极电渗流微泵未来在医疗植入式微流体驱动控制方面同样具有非常好的应用前景。

参考文献

[1] Laser D J, Santiago J G. A review of micropumps. Journal of Micromechanics and Microengineering, 2004, 14(6): R35.

[2] Nguyen N T, Huang X, Chuan T K. MEMS-micropumps: A review. Journal of Fluids Engineering, 2002, 124(2): 384-392.

[3] Au A K, Lai H, Utela B R, *et al*. Microvalves and micropumps for BioMEMS. Micromachines, 2011, 2(2): 179-220.

[4] Watts P, Haswell S J. Microfluidic combinatorial chemistry. Current Opinion in Chemical Biology, 2003, 7(3): 380-387.

[5] Lin W Y, Wang Y, Wang S, *et al*. Tseng, Integrated microfluidic reactors. Nano Today, 2009, 4(6): 470-481.

[6] Spieth S, Schumacher A, Hdtzman T, *et al*. An intra-cerebral drug delivery system for freely moving animals. Biomedical Microdevices, 2012, 14(5): 799-809.

[7] Forouzandeh F, Zhu X X, Alfadhel A, *et al*. A nanoliter resolution implantable micropump for murine inner ear drug delivery. Journal of Controlled Release, 2019,

298: 27 - 37.

[8] Sheybani R, Cobo A, Meng E. Wireless programmable electrochemical drug delivery micropump with fully integrated electrochemical dosing sensors. Biomedical Microdevices, 2015, 17(4): 1 - 13.

[9] Ashraf M W, Tayyaba S, Afzulpurkar N. Micro Electromechanical Systems (MEMS) Based Microfluidic Devices for Biomedical Applications. International journal of molecular science, 2011, 12: 3648 - 3704.

[10] Litster S, Suss M E, Santiago J G. A two-liquid electroosmotic pump using low applied voltage and power. Sensors and Actuators A: Physical, 2010, 163(1): 311 - 314.

[11] Joshitha C, Sreeja B S, Radha S. A review on micropumps for drug delivery system. Proceedings of 2017 International Conference on Wireless Communications, Signal Processing and Networking, 2018: 186 - 190.

[12] Laser D J, Myers A M, Yao S H, *et al*. Silicon electroosmotic micropumps for integrated circuit thermal management. 12th International Conference on Transducers, Solid-State Sensors, Actuators and Microsystems, 2003, 151 - 154.

[13] Jiang L, Mikkelsen J, Koo J M, *et al*. Closed-loop electroosmotic microchannel cooling system for VLSI circuits. IEEE Transactions on Components and Packaging, 2002, 25(3), 347 - 355.

[14] Zhang C, Xing D, Li Y. Micropumps, microvalves, and micromixers within PCR microfluidic chips: Advances and trends. Biotechnology Advances, 2007, 25(5): 483 - 514.

[15] Amirouche F, Zhou Y, Johnson T. Current micropump technologies and their biomedical applications. Microsyst. Technol., 2009, 15(5): 647 - 666.

[16] Mohith S, Karanth P N, Kulkarni S M. Recent trends in mechanical micropumps and their applications: A review. Mechatronics, 2019, 60: 34 - 55.

[17] Das P K, Hasan A B M T. Mechanical micropumps and their applications: A review. AIP Conf. Proc., 2017, 1851.

[18] Al-Habahbeh O, Al-Saqqa M, Safi M, *et al*. Review of magnetohydrodynamic pump applications. Alexandria Engineering Journal, 2016, 55(2): 1347 - 1358.

[19] Jang J, Lee S S. Theoretical and experimental study of MHD (magnetohydrodynamic) micropump. Sensors and Actuators: A Physical, 2000, 80(1): 84 - 89.

[20] Mondal P K, Wongwises S. Magneto-hydrodynamic (MHD) micropump of nanofluids in a rotating microchannel under electrical double-layer effect. Proc. Inst. Mech. Eng. Part E J. Process Mech. Eng., 2020, 234(4): 318 - 330.

[21] Xuan X, Ye C, Li D. Near-wall electrophoretic motion of spherical particles in cylindrical capillaries. J. Colloid Interface Sci., 2005, 289(1): 286 - 290.

[22] Yu S, Lee S B, Martin C R. Electrophoretic protein transport in gold nanotube membranes. Anal. Chem., 2003, 75(6): 1239 - 1244.

[23] Zang F, Gerasopoulos K, Brown A D, *et al*. Capillary Microfluidics-Assembled Virus-like Particle Bionanoreceptor Interfaces for Label-Free Biosensing. ACS Appl. Mater. Interfaces, 2017, 9(10): 8471 - 8479.
[24] Chen X M, Li Y J, Han D, *et al*. A capillary-evaporation micropump for real-time sweat rate monitoring with an electrochemical sensor. Micromachines, 2019, 10(7): 457.
[25] Wang X, Cheng C, Wang S, *et al*. Electroosmotic pumps and their applications in microfluidic systems. Microfluidics and Nanofluidics, 2009, 6(2): 145 - 162.
[26] Zheng Y, Kang K, Xie F, *et al*. A Multichannel Electroosmotic Flow Pump Using Liquid Metal Electrodes. Biochip Journal, 2019, 13(3): 217 - 225.
[27] Gao M, Gui L. Development of a multi-stage electroosmotic flow pump using liquid metal electrodes. Micromachines, 2016, 7(9): 165.
[28] Pretorius V, Hopkins B J, Schieke J D. Electro-osmosis: A new concept for high-speed liquid chromatography. J. Chromatogr. A, 1974, 99: 23 - 30.
[29] Kirby B J, Hasselbrink E F. Zeta potential of microfluidic substrates: Theory, experimental techniques, and effects on separations. Electrophoresis, 2004, 25(2): 187 - 202.
[30] Wanga S C, Chen H P, Chang H C. AC Electroosmotic Pumping Induced By Noncontact External Electrodes. Biomicrofluidics, 2007, 1(3): 1 - 6.
[31] Snyder J L, Getpreecharsawas J, Fang D Z, *et al*. High-performance, low-voltage electroosmotic pumps with molecularly thin silicon nanomembranes. Proc. Natl. Acad. Sci., 2013, 110(46): 18425 - 18430.
[32] Glawdel T, Elbuken C, Lee L E J, *et al*. Microfluidic system with integrated electroosmotic pumps, concentration gradient generator and fish cell line (RTgill-W1)-towards water toxicity testing. Lab on a Chip, 2009, 22: 3243 - 3250.
[33] Nie F Q, Macka M, Paull B. Micro-flow injection analysis system: On-chip sample preconcentration, injection and delivery using coupled monolithic electroosmotic pumps. Lab on a Chip, 2007, 7(11): 1597 - 1599.
[34] Edwards J M, Hamblin M N, Fuentes H V, *et al*. Thin film electro-osmotic pumps for biomicrofluidic applications. Biomicrofluidics, 2007, 1(1): 1 - 11.
[35] Huang C C, Bazant M Z, Thorsen T. Ultrafast high-pressure AC electro-osmotic pumps for portable biomedical microfluidics. Lab on a Chip, 2010, 10(1): 80 - 85.
[36] Jahanshahi A, Axisa F, Vanfleteren J. Fabrication of a biocompatible flexible electroosmosis micropump. Microfluidics and Nanofluidics, 2012, 12(5): 771 - 777.
[37] Urbanski J P, Thorsen T, Levitan J A, *et al*. Fast ac electro-osmotic micropumps with nonplanar electrodes. Appl. Phys. Lett., 2006, 89(14): 2006 - 2008.
[38] Islam N, Askari D. Performance improvement of an AC electroosmotic micropump by hydrophobic surface modification. Microfluidics and Nanofluidics, 2013, 14(3 - 4): 627 - 635.

[39] McKnight T E, Culbertson C T, Jacobson S C, *et al*. Electroosmotically induced hydraulic pumping with integrated electrodes on microfluidic devices. Anal. Chem., 2001, 73(16): 4045 - 4049.
[40] Wang Q, Yu Y, Yang J, *et al*. Fast Fabrication of Flexible Functional Circuits Based on Liquid Metal. Dual-Trans Printing, Adv. Mater., 2015, 27(44): 7109 - 7116.
[41] Zheng Y, Zhang Q, Liu J. Pervasive liquid metal based direct writing electronics with roller-ball pen. AIP Adv., 2013, 3(11): 1 - 7.
[42] Khoshmanesh K, Tang S Y, Zhu J Y, *et al*. Liquid metal enabled microfluidics. Lab on a Chip, 2017, 17(6): 974 - 993.
[43] Gao M, Gui L. A handy liquid metal based electroosmotic flow pump. Lab on a Chip, 2014, 14 (11): 1866 - 1872.
[44] 孙乃学,崔丽珺,李涤尘.一种新型青光眼房水引流装置.中国发明专利,CN200510096186.6, 2005.
[45] Ye Z, Zhang R, Gao M, *et al*. Development of a high flow rate 3 - D electroosmotic flow pump. Micromachines, 2019, 10(2): 1 - 10.

第7章 液态金属辅助粒子电学微操控

7.1 引言

颗粒的操控在微流控芯片领域中很早就已经被探究、发展[1-3]，其中包括粒子的聚焦[4]、分选[5,6]、计数[7]，以及检测[8,9]等操控。在生物、医学、工业方面都发挥着重要的作用[10]，电子墨水屏就是粒子电学操控的一个典型应用[11]。1996年麻省理工学院的一项研究利用电泳技术通过对分别带负电的黑色粒子和带正电的白色粒子进行电学操控，实现了一张非常接近传统纸张的显示方式，并在第二年成立了E-Ink公司，将这种基于粒子操控的电子纸技术走向商业化[12,13]。而液态金属作为一种超微电极的材料，基于液态金属的粒子微流控片上操控不管是从理论研究还是从实际应用而言都有重要的价值。本章将介绍通过液态金属电极辅助下的粒子电学操控的微流控芯片。

7.2 液态金属辅助下的粒子群微操控

7.2.1 粒子群的筛选、捕获与分类设计

液态金属粒子群操控芯片采用通过示踪荧光粒子混入二甲基硅油注入基于液态金属的微流控芯片中的方式，通过液态金属电极加电来控制荧光粒子群在电场下的运动。

批量粒子操控微流控芯片分为两个部分，即粒子群的筛选与聚集，以及粒子群的定向分类。芯片与流道示意图如图7.1所示，图7.1(a)为粒子筛选与聚集的部分放大示意图，两对宽度为100 μm的液态金属微电极对称布置在中间流体流道两侧，此处微电极与流体流道之间间距为60 μm，中间的流

体流道宽度为 300 μm，在微电极所夹着的区域局部拓宽，形成上下两个“储粒槽”，深度为 140 μm，用于储存筛选出的同性粒子；图 7.1(b)为粒子群定向分类的部分放大示意图，中间宽度为 300 μm 的流体流道分裂为 3 条分支流道，上下两条分支流道宽度均为 200 μm，中间流道宽度为 300 μm。在上下两条分支流道外侧，沿着流道走向布置宽度为 100 μm 的液态金属微电极，微电极与流道之间的间距为 80 μm，用于引导收集的同性粒子定向分配到所需的流道中。

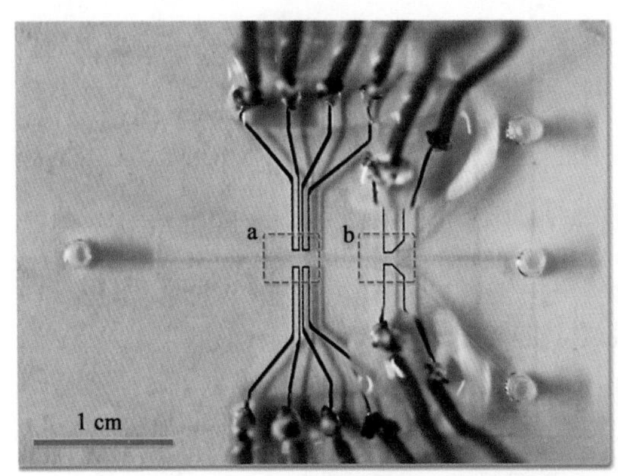

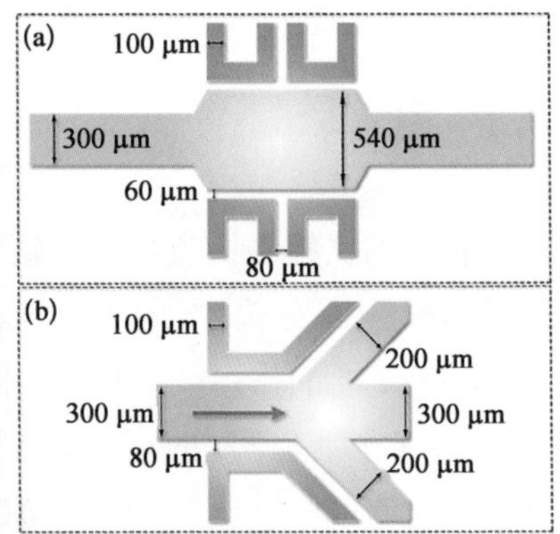

图 7.1 实验中所用的批量粒子操控微流控芯片图

(a) 粒子群筛选与聚集部分放大示意图；(b) 粒子群定向分类部分放大示意图。

采用标准软光刻制作工艺制作 PDMS/玻璃微流控芯片。使用打孔器在带有微通道的 PDMS 片上流体与微电极流道进、出口处打孔，这些孔道作为芯片内部流道与外部流体泵入设备的连接口。利用等离子体处理工艺将印有微通道的 PDMS 层与载玻片永久性键合到一起，由此 PDMS/玻璃微流控芯片制作完成。使用注射器将镓铟合金注入微通道，形成微电极。然后将直径为 200 μm 的镀银铜线插入液态金属通道两端的注射孔中。为了确保铜线与电极通道中液态金属之间的稳定连接，用黏结密封剂来密封接头。

样品溶液是将 40 μL 荧光颗粒(10^7 颗/mL，直径 10.5 μm)在 95℃热板干燥，然后将其均匀分散于 5 mL 二甲基硅油中，配置成样品溶液。样品溶液(二甲基硅油荧光颗粒悬浮液)是由一个微流进样系统驱动，相对于注射泵控制流体速度，它可以通过控制流体的驱动压力快速灵活地控制流体的速度、流量。实验中的直流电势是由高电压发生器加载在电极上产生的。

实验初期，需要对粒子的移动方向进行确定，通过在微电极上分别加载正、负电势，确认粒子的运动轨迹。首先，在单侧电极加上－1 500 V 时，绝大部分粒子产生明显的偏转；对侧电极加上正电势时，有助于对侧粒子的收集；同时证明对于此种粒子，在同等电势值时，负电势影响大于正电势的影响。由于样品处理过程中，以及与流体摩擦的过程中，会有个别粒子所带的电荷会改变，因此，为了收集同性粒子，需要对样品中的粒子进行筛选、聚集。如图 7.2 所示，在上下两侧电极分别加载－1 500 V 电压值，可见在两侧沟槽处分别得到选出的带正电荷的粒子。

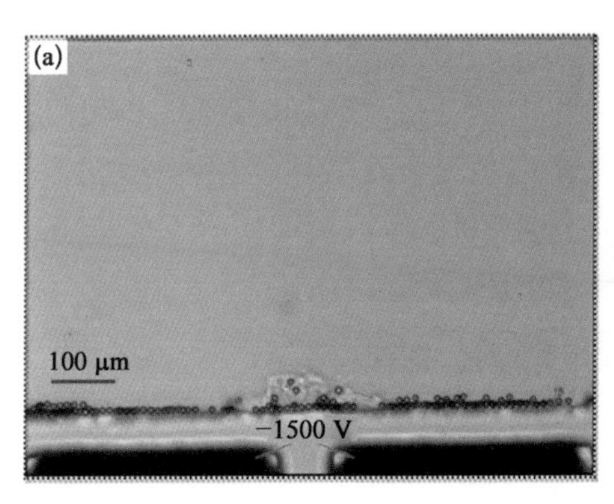

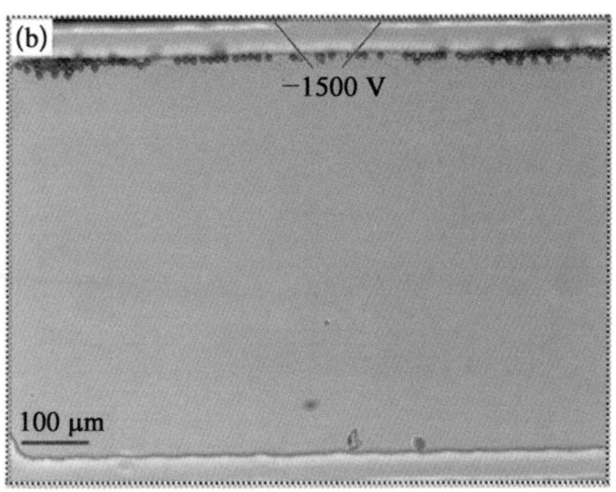

图 7.2　荧光粒子群的筛选与聚集结果

(a) 在下侧两个微电极上加载－1 500 V，对侧微电极为 0 V 电压，得到筛选出的荧光粒子；
(b) 在上侧两个微电极上加载－1 500 V，对侧电极为 0 V 电压，得到筛选出的荧光粒子。

在正式的实验中，先将流体流道下方微电极加载－1 500 V 电压电势，用于吸引带正电荷的粒子，上方微电极加载＋1 000 V 电压电势，帮助粒子偏转到下方电极处，并吸附带有相反电荷的粒子，“储粒槽”的边缘则很好地阻挡了被筛选出的粒子随流体流走。

在实验中发现，在流量过大时，被下方微电极吸引到的粒子会有明显随流体流动的现象，甚至出现被冲走的情况，因此，在液态金属微电极不被损坏的情况下，可以适当增大所加载的电势值，或者降低样品流体的驱动压力，就可以保持高效地筛选出同性粒子。

接下来，对筛选、聚集的粒子进行释放、定向分配。为了使所筛选出的粒子更便于集中操控，可先将上游微电极电势极性改变(＋500 V)，此时如图 7.3(a) 所示，可以观察到位于上游电极附近的粒子沿电场线的方向，呈弧线形移动到下游电极处，利用此方法就可以聚集所筛选出的粒子。再通过改变下方位于下游的电极上所加载的电势极性(＋500 V)即可释放这些粒子，如

图 7.3(b)。通过在出口处设置的引导电极,可以有效地引导粒子向指定方向移动,偏转效果明显,如图 7.3(c)所示;而且,在对侧加载反向电势,有助于粒子的偏转,但需要精确地控制,否则就会如图 7.3(d)所示,粒子容易贴壁,移动困难,导致无法流入出口流道。

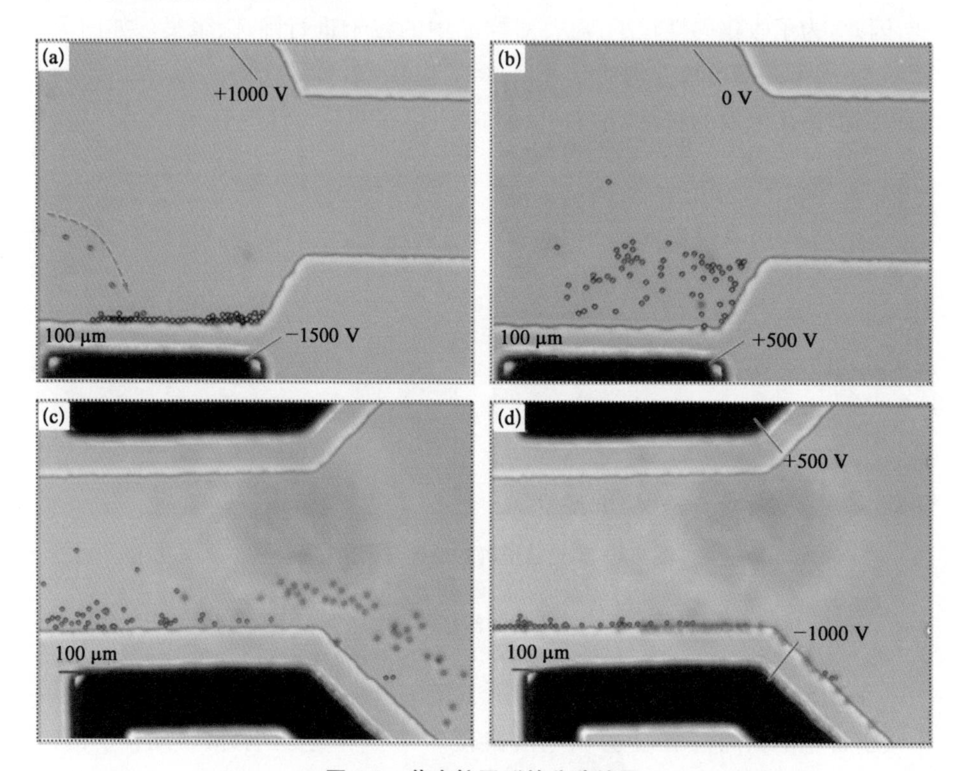

图 7.3 荧光粒子群的分选结果

(a) 将所筛选的粒子聚在下游筛选电极处,可见在改变上游筛选电极极性后,荧光粒子沿电场线方向移动到下游筛选电极处;(b) 筛选出的荧光粒子被释放;(c) 荧光粒子分选;(d) 引导电极电压设置失当导致荧光粒子贴壁,无法移动。

7.2.2 液态金属二维微电极荧光粒子显示微流控芯片

7.2.2.1 工作原理

图 7.4(a)为 PDMS 微流控芯片示意图,在电泳力作用下荧光粒子呈现"钟表式"圆周运动。芯片由 3 层 PDMS 片组成:最上层的 PDMS 片上印有液态金属微电极通道,宽度和高度均为 50 μm,共 12 条;中间层为厚度 30 μm 的 PDMS 膜,此层是在抛光的硅片上,经过 2 500 转/s 的转速旋涂液态 PDMS,

之后放置于 75℃加热板上，经 35 min 加热固化而得；最下层为带有流体流道的 PDMS 片，流道高度为 80 μm，主流道宽度为 200 μm，粒子控制区为半径 600 μm 的圆形区域。最上层的液态金属微电极中心与最下层的流体流道粒子控制区中心使用对准机相互重合对准，3 层 PDMS 层经过等离子处理进行永久性封装。使用注射器通过液态金属微电极注入口灌注液态金属形成微电极，对微电极加载电势，便可在位于下层的流体流道中粒子操控区域产生电场，中间的 PDMS 膜使得微电极与通道内的流体不直接接触，避免了交叉污染、腐蚀等现象发生。

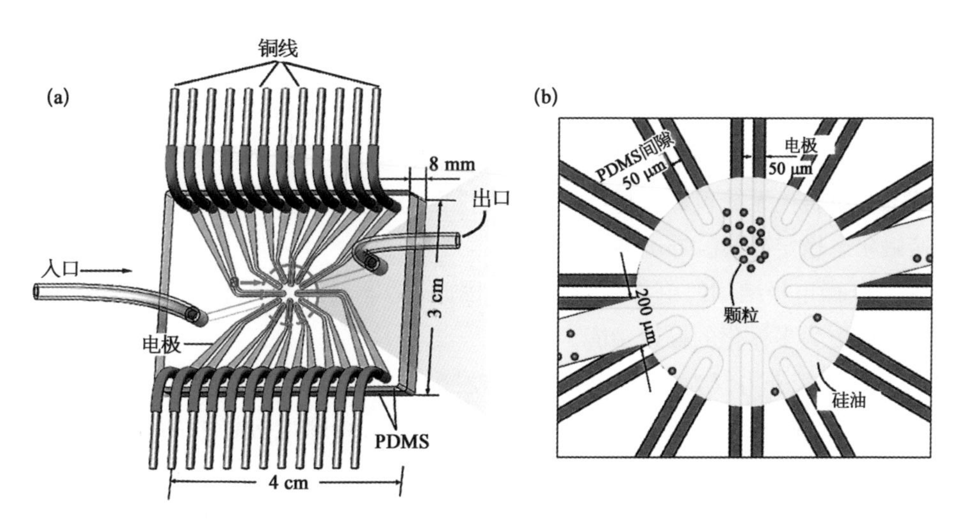

图 7.4　荧光粒子呈“钟表式”运动微流控芯片示意图

(a) PDMS 微流控芯片示意图；(b) 粒子被操控区域的放大示意图。

根据 7.2.1 中可知，粒子在电场中会产生定向移动，因此，为了更好地实现显示效果，需要在大批的粒子中筛选出具有相同移动方向的同性粒子进行操控。在进行实验时，首先需要将所有微电极施加同正或同负的电势，剔除中性或与所需电性相反的荧光粒子。本实验中，首先对所有电极加载＋700 V 的电势，筛选出会被正电极所吸引的荧光粒子，处理 20 min 后，就可以看到在粒子操控区域聚集了一批同性粒子。之后，对各个电极进行单个操控，先将分散分布的粒子聚集到一起，然后驱动粒子顺时针移动，在激发光下，可见这些粒子在圆形区域中，做“钟表式”圆周运动。图 7.4(b)显示了芯片中粒子被操控区域(a)中的放大图，并给出了在操作过程中粒子聚集在一处的微观图像。

7.2.2.2 液态金属微电极的特点及优势

对比通过化学沉积、溅射等方法制作微电极的方式，液态金属微电极荧光显示微流控芯片在荧光粒子显示方面具有以下几方面的特点及优势：

① 微电极的制作工艺操作简单，成本低廉，通过普通的注射器手动或利用压力装置即可灌注，也可通过真空吸入的方式填充。

② 所有微通道都可同时进行设计、制作、封装。

③ 液态金属微通道可以设计为任意形状、结构、尺寸，简单易得，实现微电极的功能多样化。

④ 液态金属微电极与流体流道内液体不直接接触，两者之间间隔 PDMS 层，避免交叉污染，在加电过程中，也不会发生电解反应、腐蚀等问题。

⑤ 由于用于连接供电设备的外接金属引线直接浸入到液态金属中，使得液态金属直接无缝包裹住导线，因此两者之间的接触电阻、热阻非常小，而且接触状态稳定，因此，导电性能稳定。

⑥ 微电极结构简单，占用空间小，因此，易于与其他功能元器件集成，以便完成更为多样化的操控功能。

⑦ 操控外力仅为电场，方式简单、便捷，无须其他大型、复杂辅助设备。

⑧ 三维“孤岛式”电极的提出，大大改善了二维微电极操控的局限性，提高了粒子主动操控的精准度。

7.2.2.3 设计与制作

采用标准软光刻制作工艺制作 PDMS 微流控芯片。使用打孔器在带有微电极通道的 PDMS 片上流体与微电极流道进、出口处打孔，这些孔道作为芯片内部流道与外部流体泵入设备的连接口。利用等离子体处理工艺将印有微电极通道的 PDMS 单片、PDMS 薄膜、印有流体流道的 PDMS 单片键合到一起，顺序为：带有微电极通道的 PDMS 层与 PDMS 膜键合，在 95℃的烤板上加热 10 min，此步骤可以增强键合效果；将键合后的带有 PDMS 膜的 PDMS 块从硅片上撕下，与带有流体流道的 PDMS 单片键合。其中，12 根微电极所处的中心区域与流体流道圆形拓宽操控区域对准键合。经过以上步骤，PDMS 微流控芯片便制作完成了。

使用注射器将镓铟合金注入微通道，形成微电极。然后将直径为 200 μm 的镀银铜线插入液态金属通道两端的注射孔中。为了确保铜线与电极通道中的液态金属之间的稳定连接,用黏结密封剂来密封接头。图 7.5 显示了实验中实际使用的微流控芯片的照片。

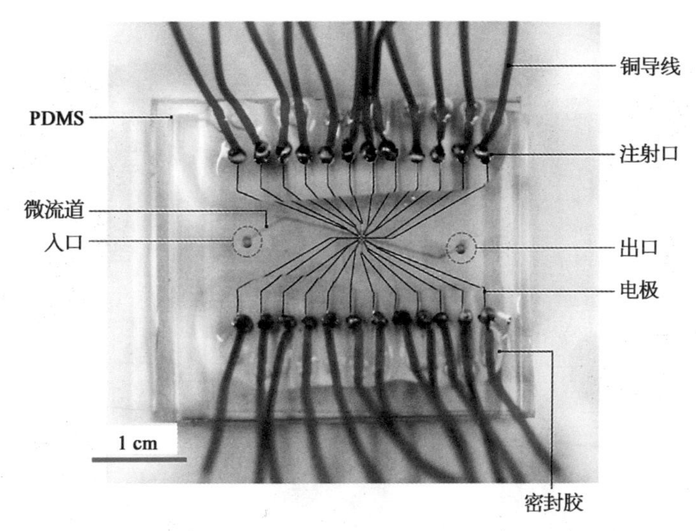

图 7.5　实际的芯片照片

样品溶液是将 40 μL 荧光颗粒(10^7 颗/mL,直径 10.5 μm)在 95℃热板干燥,然后将其均匀分散于 5 mL 二甲基硅油中,制备成样品溶液。样品溶液(硅油颗粒液)是由一个微流进样系统驱动,相对于注射泵控制流体速度,它可以通过控制流体的驱动压力快速灵活地控制流体的速度、流量。实验中的直流电势是由高电压发生器来加载在电极上。

7.2.2.4　液态金属微电极位于底部的粒子群操控芯片

根据荧光颗粒对于电极的正负变换会有相应的运动轨迹变化,进而将电极设计成钟表图样,通过大量筛选、聚集同种粒子,并通过对电极电势的设置,对这些粒子进行操控,实现荧光显示的效果。

在大量的粒子中,经过前期测试,选定正电势吸引的粒子作为主要操控目标来进行实验。首先,将所有电极电势全部设定为+700 V,用于筛选并聚集所需要的粒子。流体驱动的压力为 40 mbar,荧光粒子悬浮于硅油中,被注入流体流道中,经过电极区域受到吸引或排斥力后,所需粒子将会被吸引贴近电极区域,其他粒子则被排斥随流体流走。经过 20 min 的处理后,此时电极区域聚集了大量的荧光粒子。将流体驱动压力降为 0 mbar,停止其中流体的流动,准备进行粒子操控的操作,如图 7.6 所示,在明场下被吸引的粒子分布在操控区域中,其中图 7.6(a)显示了在荧光粒子筛选时,操控区域内荧光粒子的分布情况。

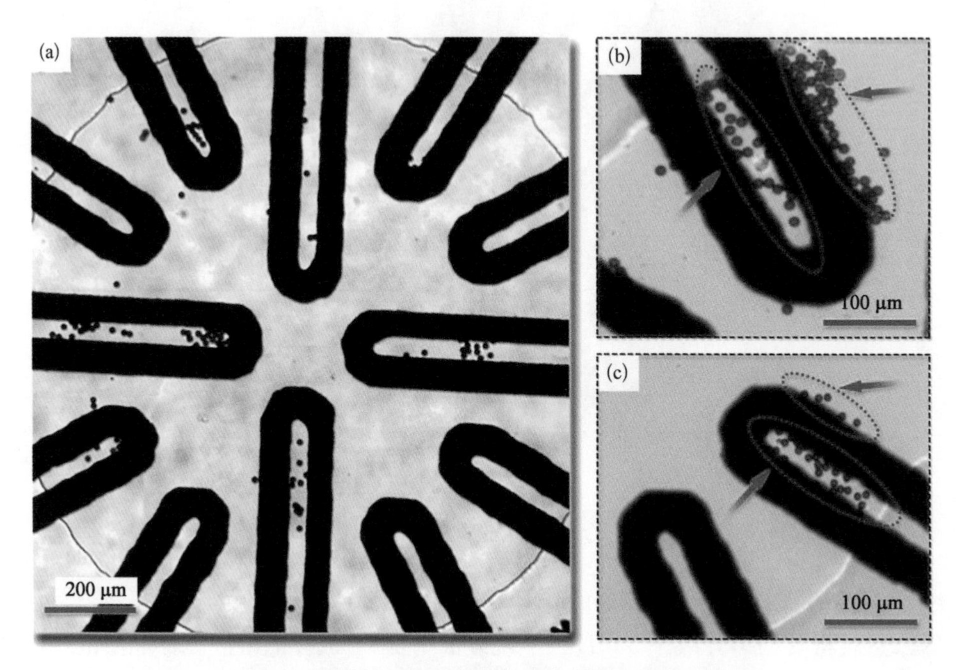

图 7.6 显微镜明场下荧光粒子在操控区域的分布

(a) 同极性电势+700 V 下荧光粒子群的筛选,粒子群中带负电荷的粒子被筛选出来;(b)、(c) 粒子群操控过程中,粒子滑移聚集至电极外侧边缘。

在操控的过程中,相邻的同性电极具有竞争现象;粒子在同性电极之间也会有所移动,根据各个周围电极电势环境的变化而做出相应的移动。

实验中还发现,会有粒子在两个相反电性的电极之间做往复运动,而且速度很快,最初的猜测是粒子通过 PDMS 与电极交换电荷造成的。于是,将电极与流道间的 PDMS 膜变为厚度 100 μm 的盖玻片,重新制作芯片,并进行实验。实验过程中,仍发现有粒子在相反电极之间进行往复运动,可见,粒子并不能与电极通过 PDMS 膜进行电荷交换。因此,推测是粒子在运动过程中,与流体或是中间膜的摩擦导致粒子所带电荷发生改变,并在运动过程中消耗电荷所致。整个运动过程中,是电荷不断积攒与释放的过程。

此外,在实验中,粒子在被吸引至电极边缘时,会产生粒子滑移聚集至电极外侧边缘,或是同一个电极的间隔处的情况,如图7.6(b)、7.6(c)所示;或者在不加电时,粒子会主动偏移至电极区域,这是由于流道表面不平整的原因。流体流道与下方的液态金属微电极之间相隔一层厚度为30 μm的PDMS膜,这层膜不仅很薄,而且具有柔性,下方微电极流道中在灌注液态金属后,薄膜会因为电极通道内部液态金属的量而产生凸起或向下凹陷,当微电极处于流体流道下方时,粒子在流过此区域时,就会受到下表面的影响而改变运动轨迹。因此,改变流体流道与微电极通道的上下位置,将微电极变为流体流道的上方,这种方式不仅可以更好地筛选出所需要的粒子,排除因为重力、下表面不平所导致误被留住的粒子,而且由于荧光的激发光方向为从下至上,这种形式的芯片也可以使荧光粒子在荧光场下更加明显地显示出位置分布,而不会被电极挡住。因此,接下来实验所用芯片,均为液态金属微电极在上、流体流道在下的形式。

7.2.2.5 液态金属微电极位于顶层的粒子群操控芯片

操作方式与前一部分相同,首先,将所有电极电势全部设定为+700 V,用于筛选并聚集所需要的粒子。流体驱动的压力为40 mbar,荧光粒子悬浮于硅油中,并被注入流体流道中。经过电极区域受到吸引或排斥力后,所需粒子将会被吸引贴近电极区域,其他粒子则被排斥随流体流走。经过20 min的处理后,此时电极区域聚集了大量的荧光粒子。将流体驱动压力降为0 mbar,停止其中流体的流动,准备进行粒子操控的操作。

如图7.7所示,电极的设置步骤为先从"9点"处指针开始按照逆时针方向,逐个从正电势+700 V变为−700 V。此时,变为−700 V的电极将会排斥之前所吸引的粒子,这些被排斥的粒子将由两侧电势为+700 V的电极所吸引。通过荧光显微镜的观察,发现此时该"指针"将消失亮度,而两旁的电极因为接收了额外的粒子而变亮。接下来将"8点"处的指针电势由+700 V变为−700 V,此时,由于"9点"处的电极电势已经变为−700 V,起到排斥粒子的作用,所以,原被"8点"处的电极所吸引的粒子将全部被"7点"处的电极所吸引。根据这样的现象,经过顺时针地改变电极极性,粒子最终将聚集到"10点"处的电极区域中。

再继续顺时针变换电极的极性,使得12个指针中,只有一个指针为负电势。可以看到积攒下来的荧光粒子会很规则地做顺时针的圆周运动,从而实现了"钟表式"的圆周运动。

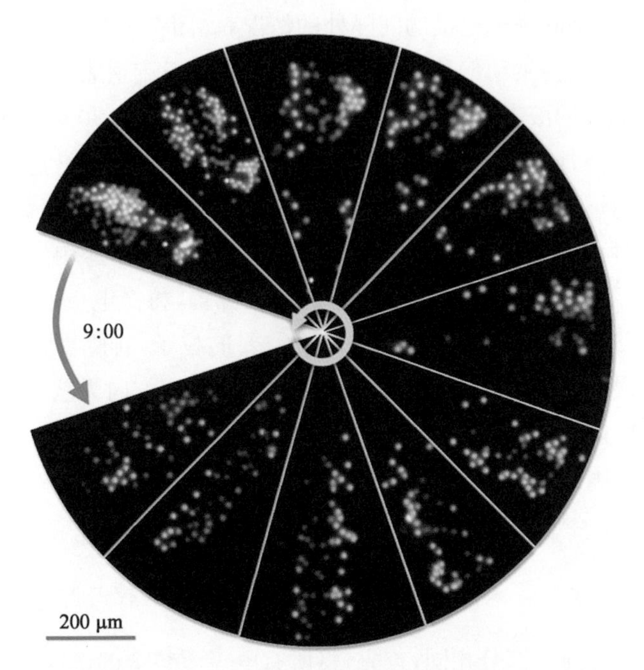

图 7.7 荧光显微镜下,荧光粒子群的"钟表式"圆周运动:从"9 点"位置开始,按顺序沿逆时针旋转一周,所得到的所有步骤叠加图

7.2.2.6 等长度液态金属微电极的粒子群操控芯片

为了更方便展示荧光粒子的操控过程,将所有电极、流道的尺寸调整为荧光显微镜可以记录的范围内。电极宽度为 30 μm,共 12 条,其中每条折返的通道间隔为 20 μm,并将所有电极调整为同样长度。流体流道同样位于电极下方,高度为 80 μm,粒子操控区调整为半径 300 μm 的圆形区域。电极与通道内的流体无直接接触。其中上方电极通道与下方流体流道之间为厚度 30 μm 的 PDMS 膜,如图 7.8(a)所示,为实际实验中所用的芯片照片。

通过对比两种钟表图样图 7.4(a)、图 7.8(b)的电极可以看出,由于图 7.4(a)中展示的钟表 A 的电极长度不同,电极的覆盖区域比例会比图 7.8(a)展示的钟表 B 中更多一些;钟表 B 中电极所能深入的区域只有圆形的边缘部分。由实验结果可以看出,在粒子收集的过程中,会有更多的粒子在钟表 A 中汇聚,而在钟表 B 中,由于中间区域没有电极覆盖,很多粒子还没有来得及被电极束缚住,就已经随流体流走。而且当电势加载到电极上时,荧光粒子基本都聚于圆形区域边缘处,如图 7.9 所示。

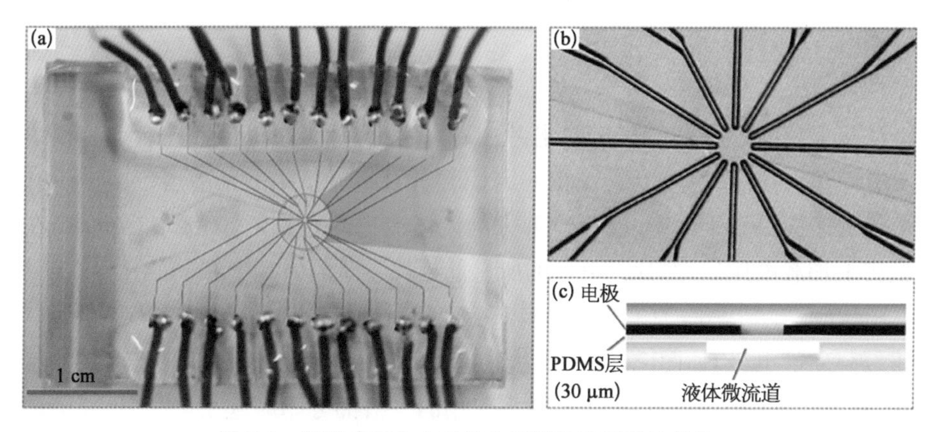

图 7.8　等长度液态金属微电极的粒子群操控芯片

(a) 实际实验所用到的芯片；(b) 微流控芯片中粒子控制区域放大图；
(c) 微流控芯片中，液态金属微电极与流体流道位置结构示意图。

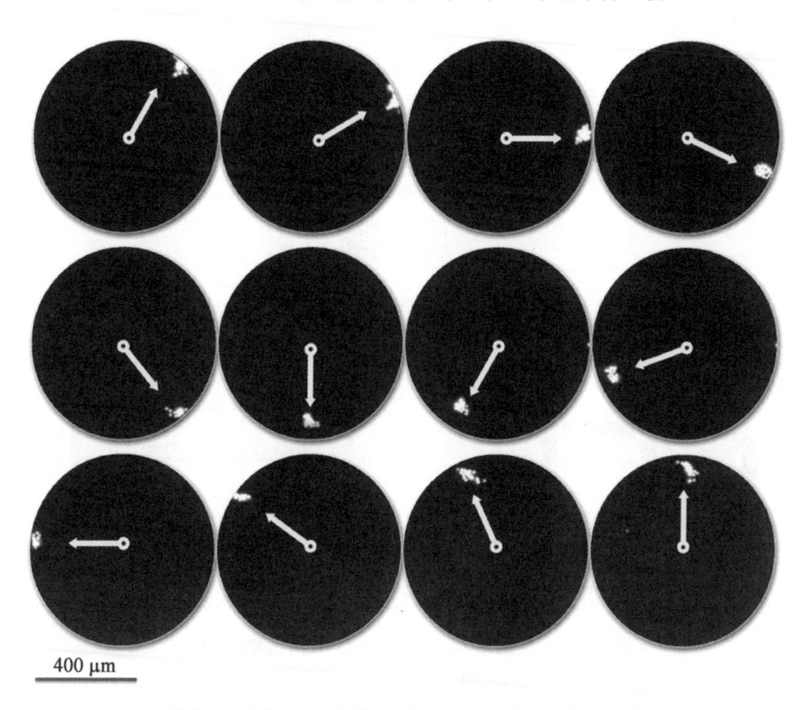

图 7.9　等长度液态金属微电极的粒子群操控芯片荧光粒子显示

由于平面电极的制作方式，导致电极与流道的重叠部分都会对处于流体中粒子起到操控作用。所以，在圆形区域的两端，流体的进出口部分，电极与流道部分重叠，当粒子随着电极电势的设定，做“钟表式”圆周运动时，路过进出口时，一部分粒子会进入其中，在接下来的绕行运动中，被排除了出去。

7.2.3 液态金属微电极荧光粒子三维电极显示芯片的设计

从上述的钟表A与钟表B芯片中可以看出，二维电极虽然在制造过程中具有简单方便的优势，但是也在一定程度上限制了控制的精准度。由于所有电极处于同一水平面中，电极与下方的流体流道的垂直距离相同，因此，当在电极上加载电压后，芯片中电极的所有部分都会对流体产生相同的作用，如图7.10(a)所示。因此，为了实现电极部分区间对流体的精准操控，我们提出了三维“孤岛式”电极，如图7.10(b)所示。这种电极可以在所需区间与所需操控区域进行近距离接触，而将不需要发挥作用的电极部分隐藏起来，使其远离流体流道，成为“隐藏”电极，这个“隐藏”电极可以连接“孤岛式”电极，并与外接线路、电压设备等进行连接。由此，设计更具显示功能的电极形式，来进行荧光粒子的显示芯片。

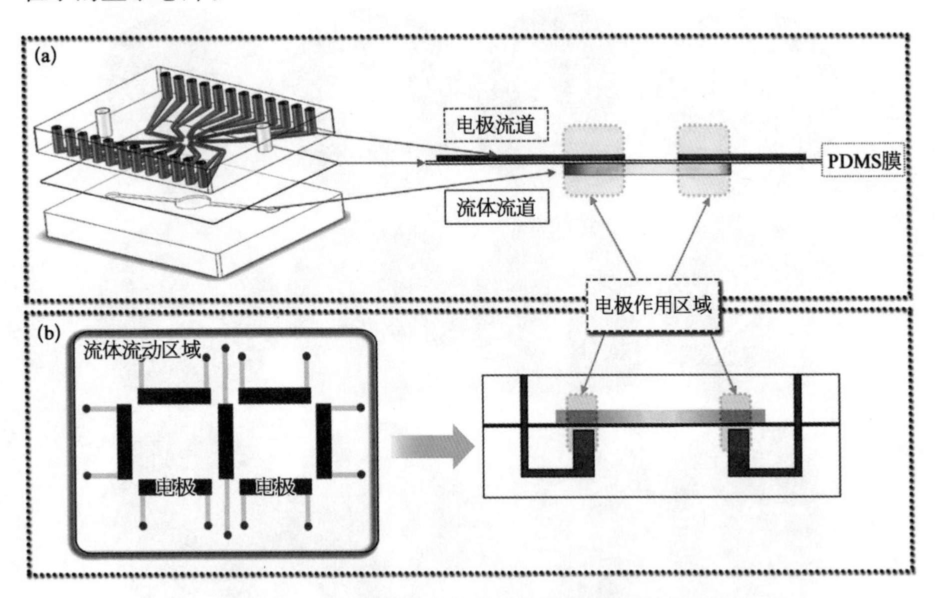

图7.10 二维电极与三维电极作用区域的比较

(a) 位于流道上方的二维电极作用区域；(b) 三维“孤岛式”电极。

7.2.3.1 混合型单/双通道微电极粒子操控芯片

混合型单/双通道微电极粒子操控芯片示意图如图7.11所示，包含3层结构：“隐藏”电极层、“孤岛式”电极块层，以及样品流道层。其中，“隐藏”电极层与“孤岛式”电极层为“面对面”键合，只在需要连通处进行重合，使得在灌注液态金属作为电极时，液态金属可以通过连通处灌入。在电极灌注方式方面，也同时设计了两种方案，分别为：同时具备"隐藏"电极入口与出口的双通道式，以及只有"隐藏"电极入口的单通道式。由于 PDMS 为多空透气结构，在灌注电极的过程中，没有出口流道的条件下，气体可以透过电极流道与流体流道之间的 PDMS 膜，进入流体流道，最终通过流体流道出口排出。

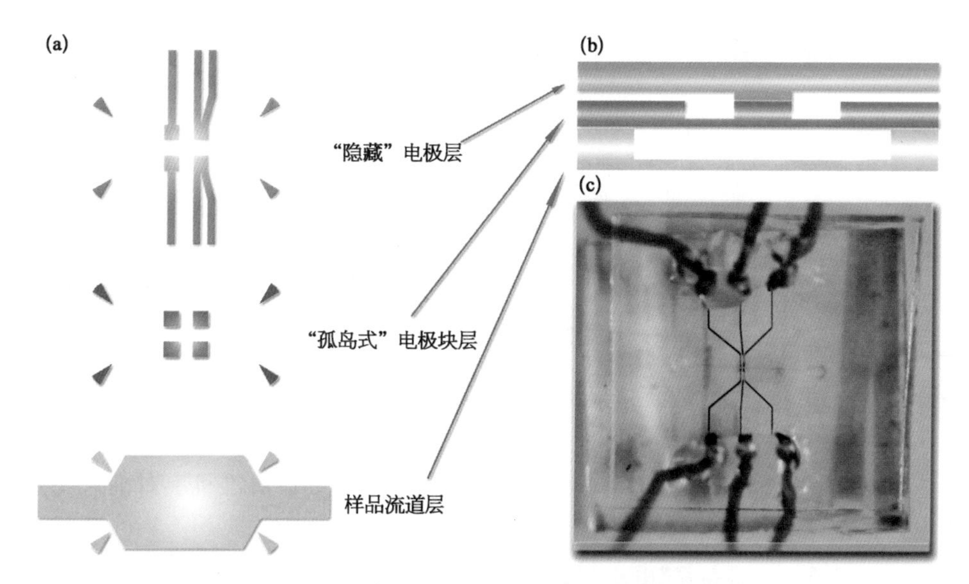

图 7.11　混合型单/双通道微电极粒子操控芯片

(a) 3 层 PDMS 微流道图样；(b) 面对面键合示意图；(c) 实际制作出的芯片照片。

通过实验证明，单通道式的电极式是可行的，而且 PDMS 膜依旧完好，如图 7.12(A)所示。同时，在灌注过程中，也会存在一些问题：

① 无法实时观测单通道式电极顶端的"孤岛式"电极部分是否已经填充满。

② 利用注射器灌注流道后，将注射针头拔出注入口的过程中，电极通道中会有负压产生，会发生空气倒吸的现象，导致电极流道出现空洞，如图 7.12(B)、图 7.12(C)a 所示。

③ 双通道微电极在灌注过程中，由于存在灌注的出口，液态金属在从入口灌注时，会直接从出口流出，此时会在"孤岛式"电极块凸出部分出现无法灌注满的情况，如图 7.12(C)b 所示。

以上问题可能会影响实验结果。因此对这些问题可进行改善：

① 通过设置小型可移动显微镜可以进行实时观测电极的灌注情况。

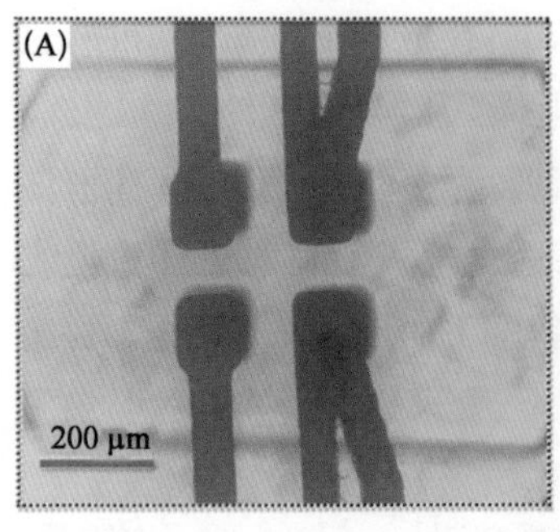

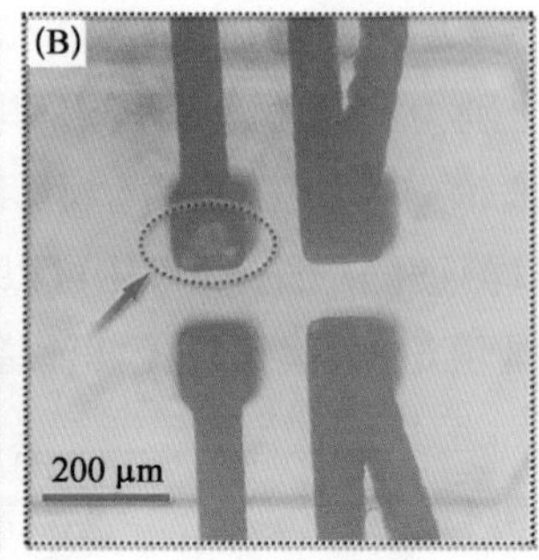

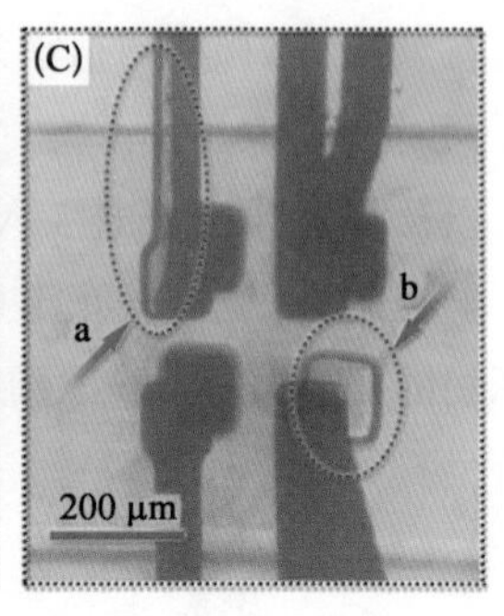

图 7.12 “孤岛式”电极单/双通道灌注结果

(A) 灌注完好的“孤岛式”电极图片；(B) 单通道电极在灌注后带有气泡空洞的情况；(C) 电极灌注不完全，a. 单通道电极出现空洞，b. 双通道电极无法灌注完全。

② 单通道微电极在发现空洞后，可以再次进行液体金属的加压灌注，并同时缩短注射针头插入注入口内的长度，尽量将空洞排出。

③ 在上下两层电极未对准的情况下，可能会出现双通道电极“孤岛式”部分(向上凸起的部分)被液态金属未被填满的情况，在此方面，单通道电极具备一定的优势。

④ 在将 PDMS 单片放入等离子机处理后，再次放在对准机上对准时，会有偏差，对准的质量仍需提高。

⑤ 在制作“孤岛式”电极时，尽量采用单通道电极，这种方式不仅可以实现电极的精确分布，还可以保证“孤岛式”电极块凸出部分充满液态金属。

通过对制作过程的探索与改善，最终得到较为满意的灌注结果，如图 7.12(A) 所示。

但是，单通道的电极仍具有一个不方便的地方，就是无法检验电极的导通性，此时，需要在显微镜下反复仔细检查电极通道中的灌注情况，保证电极通道是填充满液态金属的状态，从而确认电极的完整与其导通性。

7.2.3.2 “8”字形单通道微电极粒子操控芯片

为了减少不必要的对粒子产生作用的电极面积，下面采用全部为单通道形式的电极来制作粒子群操控芯片。

具体微电极图样如图 7.13 所示，上层为厚度 4.0 mm 的 PDMS 单片，印有“隐藏电极”图样，共有 7 条宽度为 30 μm、高度为 30 μm 的微通道；中层为厚度 100 μm 的 PDMS 膜，上面印有 7 块长 140 μm、宽 70 μm、高 80 μm 的“孤岛式”电极块，呈现为“8”字状分布；下层为厚度 4.0 mm 的 PDMS 单片，印有样品流体流道，流道高度均为 100 μm，其中，主流道宽度为 200 μm，与电极相对应的为直径 600 μm 的圆形区域，此区域作为粒子的集中操控区域。其中上层的“隐藏”电极微通道一端，均与中层“孤岛式”电极块对应相接，以便液态金属能顺利被灌注。3 层结构均通过等离子处理后进行永久性键合封装，顺序为：① 带有流体流道的 PDMS 层与带有“孤岛式”电极块的 PDMS 膜对准键合，并在 95℃的烤板上加热 10 min，此步骤可以增强键合效果；② 将键合后带有 PDMS 膜的 PDMS 块小心缓慢地从硅片上撕下，与带有微电极通道的 PDMS 单片键合。其中，这 3 层结构每次键合均需要精确对准，首先要保证 7 个“孤岛式”电极块处于流体流道圆形区域中心，使得 7 个电极块全部能够对上方流道中的样品流体发挥作用。此外，7 根单通微电极的顶端也需要分别与中间层上 7 个电极块精准对准，确保液态金属可以被顺利灌注进去。经过以上步骤，PDMS 微流控芯片便制作完成了。

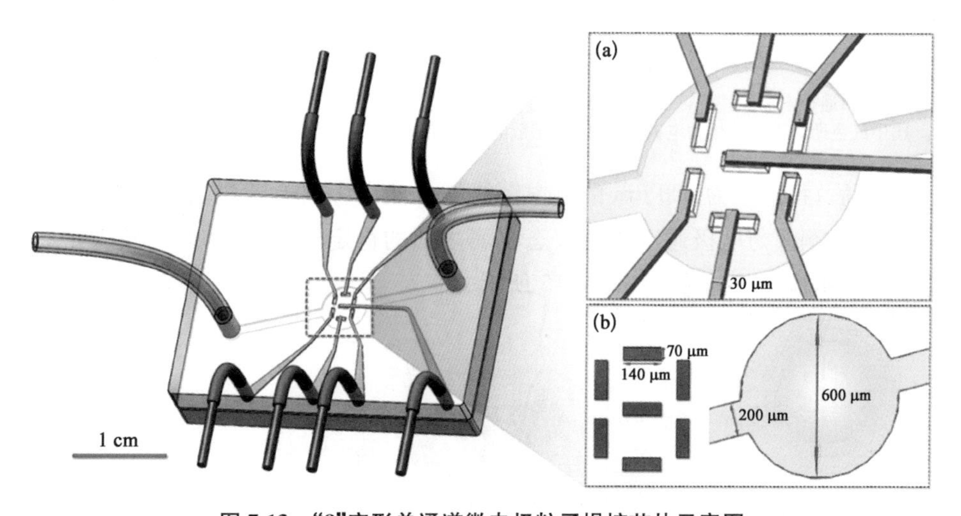

图 7.13　“8”字形单通道微电极粒子操控芯片示意图

(a) 粒子操控区域结构放大示意图，带有“隐藏”电极的宽度；(b) 电极块与流体流道尺寸标注。

使用注射器将镓铟合金注入微通道，形成电极。由于微电极通道为单向导通，没有出口，因此，需控制注入压力，以防电极顶端的 PDMS 膜被冲破。

在灌注过程中发现，当单通道电极顶端所连接的电极块间隔过小时，会出现如图 7.14(A)所示的情况：在电极 a 灌注满后，接下来灌注电极 b，此时，由于 PDMS 的透气性，电极微通道 b 中的空气会扩散到其他通道中，导致原本灌注完全的微电极通道中出现空洞。因此，在灌注完所有电极微通道后，再继续将液态金属补充到微通道中，将所有电极微通道填满。最终，得到如图 7.14(B)所示的“孤岛式”单通道电极。

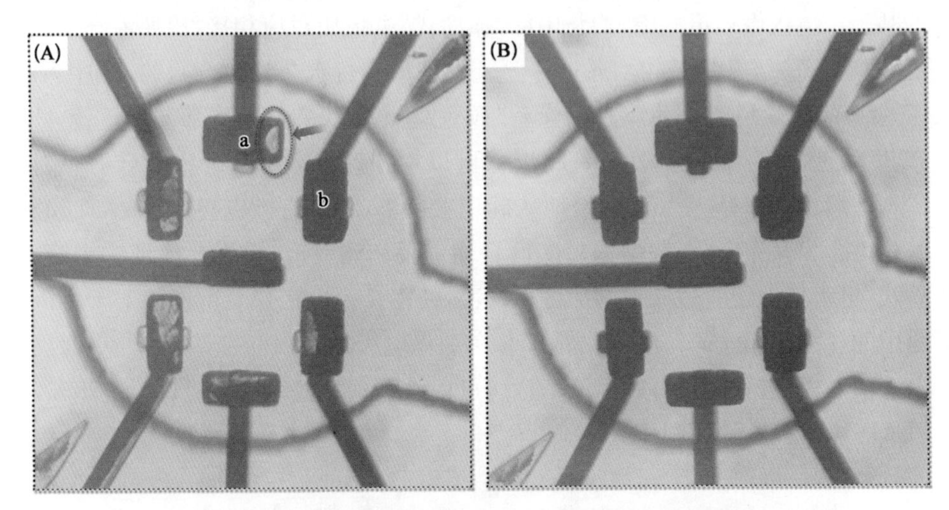

图 7.14 显微镜下所示的“8”字形“孤岛式”电极灌注结果

(A) 单通道电极灌注时，后灌注的微通道中的空气会扩散到旁边流道中，影响整体的灌注效果，图中红色所圈出的区域为电极 b 灌注时，扩散的空气导致出现了空洞；(B) 完成后的电极灌注图。

最后，将直径为 200 μm 的镀银铜线插入液态金属通道两端的注射孔中。为了确保铜线与电极通道中的液态金属之间的稳定连接，用 705 硅胶来密封接口处，制作完成的芯片如图 7.15 所示。

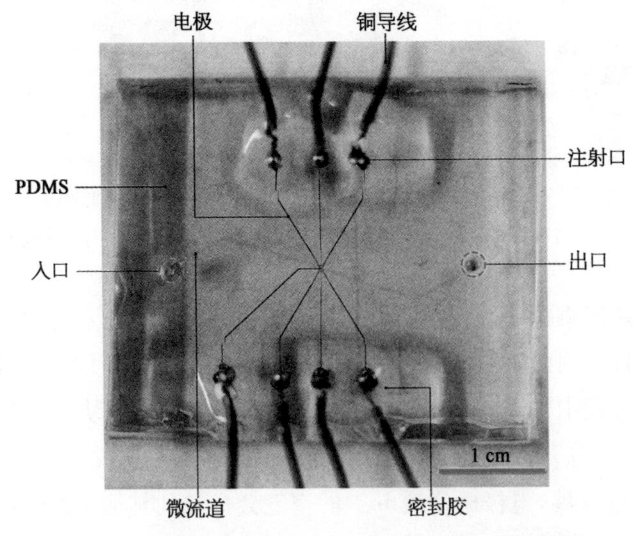

图 7.15 “8”字形“孤岛式”单通道微电极粒子操控芯片实物照片

实验步骤与"钟表式"电极芯片类似。首先，通过对粒子进行电势的正负极性、电势大小进行测试，观察在何种电极设定下，流过的多数粒子会有较快的响应时间与相应速度。经过实验前的测试，将所有电极电势全部设定为 −700 V，用于筛选并聚集所需要的粒子。本次实验中选取负电极可以吸引的粒子作为操控目标。流体驱动的压力设定为 40 mbar，荧光粒子悬浮于硅油中，随着流体被注入到流体流道中，经过电极区域受到吸引或排斥力后，所需粒子将会被吸引贴近电极区域，其他粒子则被排斥随流体流走。经过 20 min 处理后，此时电极区域聚集了一些荧光粒子，如图 7.16(a)所示，这些粒子多数分布于电极附近。此时，将流体驱动压力降为 0 mbar，停止其中流体的流动，准备进行粒子操控的操作。

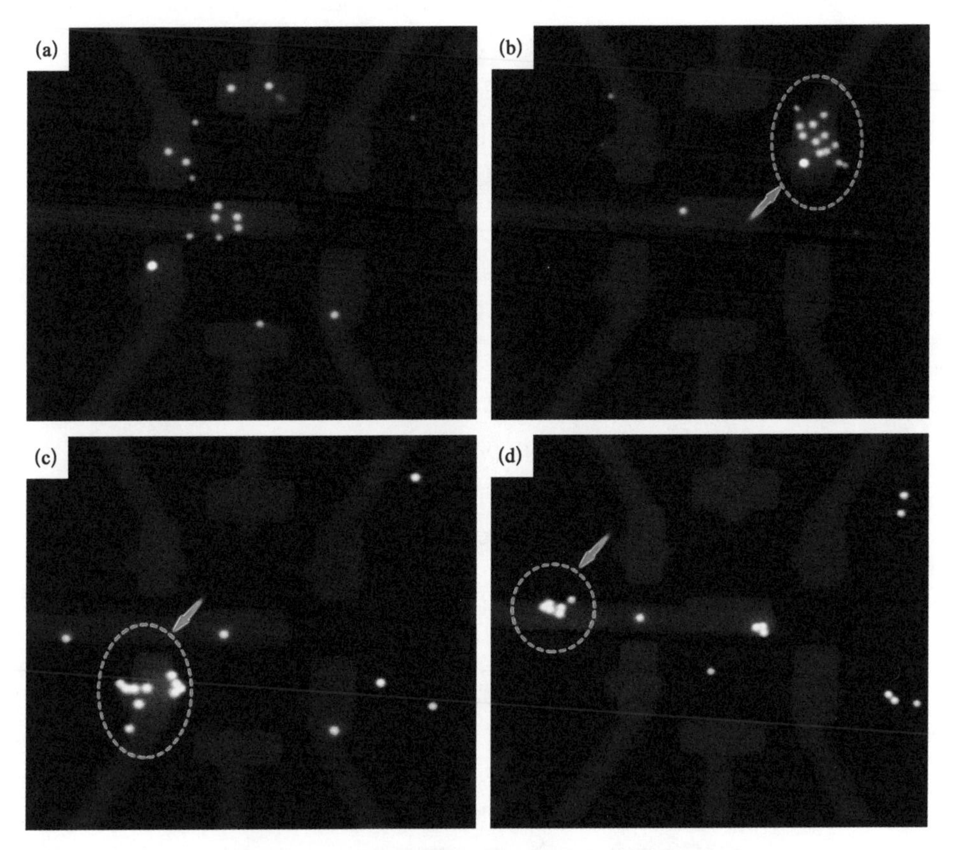

图 7.16　"8"字形"孤岛式"电极粒子群操控芯片

(a) 荧光粒子群的筛选与聚集；(b) ～(c) 粒子群的集中操控，分别聚集于单个电极的位置；(d) "隐藏"电极对荧光粒子的吸引作用。注：此图中的(a)～(d)均为荧光场下利用荧光显微镜拍摄的照片与明场下拍摄的电极照片叠加而成。

将一个电极上加载的电势电性保持为－700 V，其他 6 个电极块上的电势电性逐渐变为＋700 V，此时，荧光粒子集中于一个电极上，如图 7.16(b)、图 7.16(c)所示。从图中也可以看到，在同性电极吸引下所选出的荧光粒子在接下来的操控过程中，一些粒子所带的电荷会改变，不再受负电极的吸引，可能是由于粒子在移动过程中，与流体硅油、流体流道的 PDMS 壁面产生摩擦，导致所带电荷发生变化；或者在与其他粒子碰撞过程中，粒子之间交换了电荷。此外，同性电极之间会有竞争，由于电极本身的结构不完全相同，PDMS 层的厚度不均匀，以及粒子在流体中所处的位置不同，导致电极对粒子施加的电泳力会有所差异，因此，即使是同性的电极，粒子也会在不同的电极之间发生移动。

从图 7.16(a)～(c)中可以看到，粒子大部分都被“凸起”的电极块吸引，说明将一部分电极“隐藏”起来的这种芯片制作方式起到了一定的效果，增加了电极控制区域的精确性。但是，从图 7.16(d)中也可以看到，正中间的电极块所连接的“隐藏”电极部分，在粒子操控中还是吸引了一小部分粒子，由于这种“面对面”的 PDMS 层键合方式，使得“隐藏”电极层与“凸起”电极块层的垂直距离较短，当电极电势加载到一定临界值时，“隐藏”电极部分也会对下层流体流道中的粒子产生吸引或排斥的作用。因此，需要继续将“孤岛式”电极块的深度增加，抬高“隐藏”电极层的位置；或者在“隐藏”电极层与“孤岛式”电极块层的中间增加一层 PDMS 等材料的绝缘层，但是这种方式需要将这层绝缘层精准贯穿，使得“隐藏”电极层与“孤岛式”电极块层在电极部分联通，以便液态金属能被顺利灌注，工艺精度要求较高。

通过实验看出，这种“孤岛式”电极结构还有待改良，以便达到更精准、便捷的操控粒子实现显示等功能。这项工作可为柔性显示器件的进一步探索研究提供基础，接下来的工作将设计更便于显示、操控、程序化的微流控柔性显示芯片。

7.3 液态金属辅助下的单个粒子微操控

目前对于单个粒子、液滴与细胞的操控在微流控分析方面已经成了很重要的工具，在传统意义上，粒子、液滴和细胞通常以“群”为单位，一群为一个整体，而不是一个个的，但是单个的粒子、液滴与细胞有时会显现出异常的状态或特征，而这些特征会为粒子、液滴、细胞的研究提供更加独特的信息。下面介绍一种依靠液态金属电极辅助的单粒子操控阱。

7.3.1 芯片的设计与制作

图 7.17(a)是双侧微电极电位粒子阱微流控芯片的示意图。此芯片由上、下两层厚度均为 4.0 mm 的 PDMS 单片组成,分别为带有微流道图样(凹图样)的 PDMS 片与空白 PDMS 片,两层 PDMS 单片经过等离子处理进行永久性键合封装。所有微电极以及流体的微通道位于同一层面上,将液态金属通过注射口灌注充满微电极通道,形成液态金属微电极,3 对宽度为 20 μm、高度为 30 μm 的微电极对称分布在 40 μm 宽的流体流道两侧,微电极通道与流体流道之间为厚度 20 μm 的 PDMS 隔层,使得微电极与通道内的流体不直接接触。对微电极加载电势,从而产生电场。3 对微电极均可单独加载不同的电势值,通过设定这 6 个微电极上所加载的电势值,就可以在中间的流体流道区域产生不同的电场分布,从而构成"门"功能的电势场,实现对粒子的捕获与释放过程。图 7.17(b)显示了芯片中陷阱区 a 区域的放大图,标注了实验所用芯片中各个部分的实际尺寸,并给出了在操作过程中粒子阱的微观图像示意图。

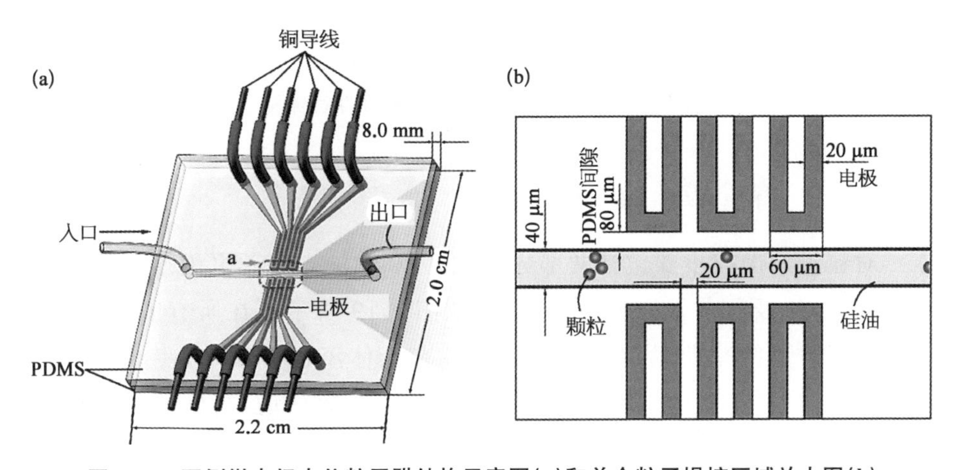

图 7.17　双侧微电极电位粒子阱结构示意图(a)和单个粒子操控区域放大图(b)

7.3.2 制作细节

采用标准软光刻制作工艺制作 PDMS/PDMS 微流控芯片。使用 SU8 2050 负光刻胶制作高度为 30 μm 的流体流道和液态金属微电极通道,并将凸图样印在 PDMS 单片上。使用打孔器在带有微通道的 PDMS 片上流体通道与微电极通道的进、出口处打孔，这些孔道作为芯片内部流道与外部流体泵入设备的连接口。利用等离子体处理工艺，将印有微通道的 PDMS 层与空白的 PDMS 层(2.2 cm×2.0 cm×4.0 mm)永久性键合到一起。微电极是由液态金金属灌注而成，再插入直径为 200 μm 的镀银铜丝，其中铜丝是作为连接芯片内部微电极与外加高压供电设备的连接线。最后，用 705 硅胶进行封装，由此 PDMS/PDMS 芯片便制作完成，实物图见图 7.18。

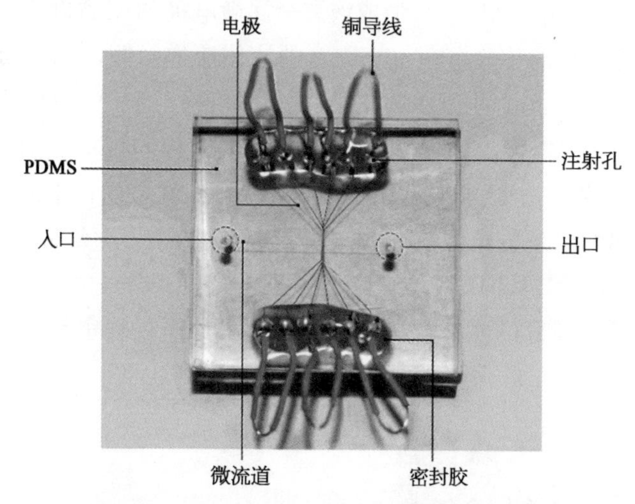

图 7.18　实验中所使用的双侧微电极电位粒子阱微流控芯片实物图

7.3.3　单个粒子的捕获与释放

对粒子的操控步骤包括两部分，分别为利用液态金属电极捕获目标粒子的过程，以及释放目标粒子的过程，如图 7.19 所示。在所有的实验中，由微流进样系统来驱动混合颗粒的硅油在流体流道中流动，驱动压力为 60 mbar。悬浮在硅油中的颗粒随着流体的流动而移动，与硅油的流动速度相同。

图 7.19 展示了电极上电势的设置与粒子的操控过程。当目标粒子移动至靠近陷阱时，门 A 打开(− 700 V)和门 B 关闭(700 V)[如图 7.19(a)所示]。在这种电势的分布情况下，上、下两侧电极共同作用，使这一目标粒子向流体流道的上侧壁面偏转，并被推着贴近上侧壁面。然后，目标粒子的流速减慢。当门 A 和门 B 同时被打开时，目标粒子被吸引到陷阱中[如图 7.19(b)所示]。同时，门 C 和 D 被关闭，以防止目标粒子随着持续流动的流体流动穿过陷阱。

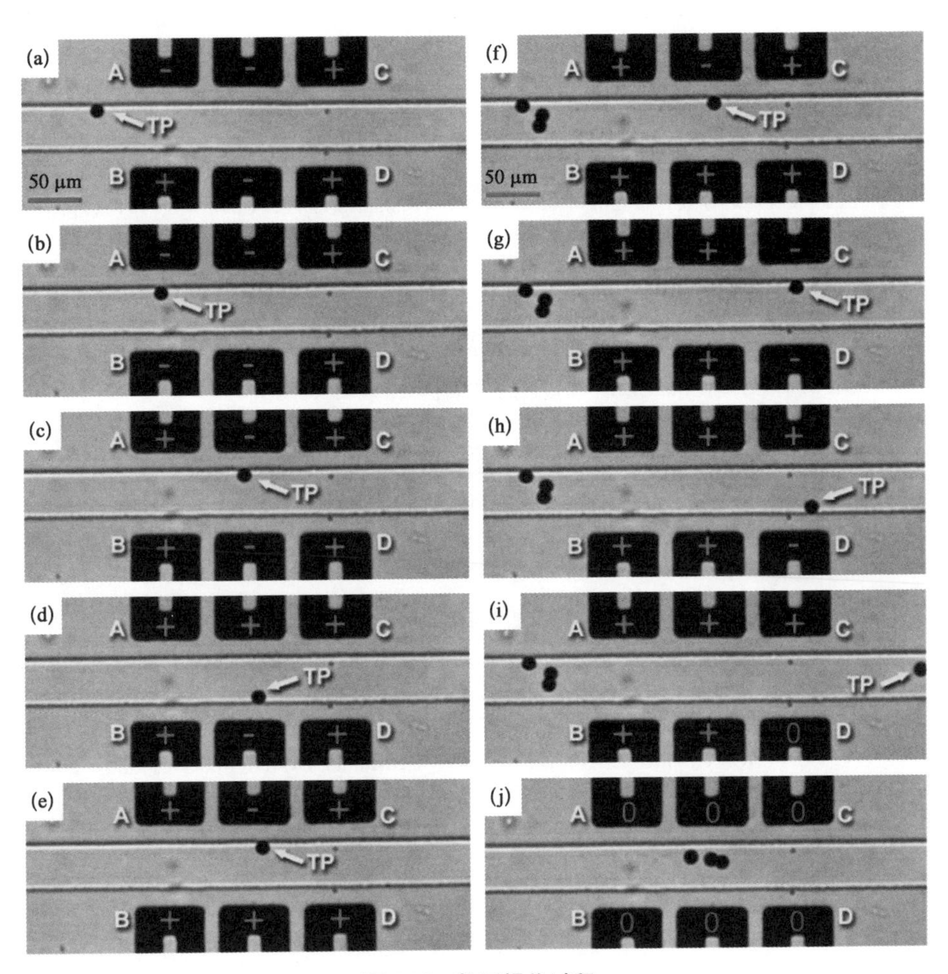

图 7.19　粒子操作过程

(a)～(c) 捕获目标粒子(TP)；(d)～(e) 操纵陷阱中的目标粒子；(f)～(i) 目标粒子的释放；(j) 其他粒子的释放。其中，施加在正电极上的电位值为 700 V，负电极为－700 V。

然后在目标粒子被陷阱捕获后，门 A 和 B 同时被关闭[如图 7.19(c)所示]，以阻止随后的其他非目标粒子进入陷阱中。图 7.19(d)和图 7.19(e)展示出在这个电势阱中可以通过改变阱内电极的极性灵活地操控被捕获的粒子。当门 A 和 B 在关闭的情况下，如图 7.19(f)所示，随后流过的这 3 个粒子不能进入陷阱当中，被挡在了陷阱的外面。图 7.19(g)、图 7.19(h)表明，可以单独释放出目标粒子而保持其他粒子静止在陷阱的外面。当所有的电极都变成中性时[如图 7.19(j)所示]，被阻止在陷阱外的粒子就可以随着流体流动被释放了。

参考文献

[1] Zhang C, Khoshmanesh K, Mitchell A, *et al*. Dielectrophoresis for manipulation of micro/nano particles in microfluidic systems. Anal. Bioanal. Chem., 2010, 396(1): 401 - 420.

[2] Nilsson J, Evander M, Hammarström B, *et al*. Review of cell and particle trapping in microfluidic systems. Anal. Chim. Acta, 2009, 649(2): 141 - 157.

[3] Lu X, Liu C, Hu G, *et al*. Particle manipulations in non-Newtonian microfluidics: A review. J. Colloid Interface Sci., 2017, 500: 182 - 201.

[4] Xuan X, Zhu J, Church C. Particle focusing in microfluidic devices. Microfluid. Nanofluidics, 2010, 9(1): 1 - 16.

[5] Shi J, Huang H, Stratton Z, *et al*. Continuous particle separation in a microfluidic channel via standing surface acoustic waves (SSAW). Lab on a Chip, 2009, 9(23): 3354 - 3359.

[6] Sajeesh P, Sen A K. Particle separation and sorting in microfluidic devices: A review. Microfluid. Nanofluidics, 2014, 17(1): 1 - 52.

[7] Zhang H, Chon C H, Pan X, *et al*. Methods for counting particles in microfluidic applications. Microfluid. Nanofluidics, 2009, 7(6): 739 - 749.

[8] Dittrich P S, Schwille P. An Integrated Microfluidic System for Reaction, High-Sensitivity Detection, and Sorting of Fluorescent Cells and Particles, Anal. Chem., 2003, 75(21): 5767 - 5774.

[9] Huh D, Gu W, Kamotani Y, *et al*. Microfluidics for flow cytometric analysis of cells and particles. Physiol. Meas., 2005, 26(3): R73 - 98.

[10] Novo P, Janasek D. Current advances and challenges in microfluidic free-flow electrophoresis — A critical review, Anal. Chim. Acta, 2017, 991: 9 - 29.

[11] Shui L G, Hayes R A, Jin M L, *et al*. Microfluidics for electronic paper-like displays. Lab on a Chip, 2014, 14(14): 2374 - 2384.

[12] Jacobson J, Comiskey B, Turner C, *et al*. The last book. IBM Syst. J., 1997, 36(3): 457 - 463.

[13] Hebner T R, Wu C C, Marcy D, *et al*. Ink-jet printing of doped polymers for organic light emitting devices. Appl. Phys. Lett., 1998, 72(5): 519 - 521.

第8章 液态金属微液滴的生成及应用

8.1 引言

连续流微流控系统一直是早期微流控芯片研究的主要方向,后来,在传统的单相微流控芯片技术的基础上,出现了微液滴芯片。2003年,芝加哥大学的Ismagilov教授提出了三入口T型微液滴芯片,随后,微液滴芯片得到了广泛关注和应用。与传统的连续流微流控系统相比,这种新型的液滴微流控系统采用了互不相溶的两种流体在其交界面处剪切形成液滴,液滴体积小(通常在纳升至皮升,即$10^{-9}\sim10^{-12}$ L),扩散性低,生成速度快,无交叉污染,适用于高通量分析,调节液滴的大小和生成频率也较为灵活方便,可以通过对微流控芯片中微流道的几何结构、表面的化学性质,以及流道内流体的流速等条件来进行液滴生成的控制。

近年来,液滴的制备、筛选、混合、分裂、存储以及编码等操控技术也有了进一步发展。日趋成熟的液滴微流控技术使其在化学、生物化学,以及生物医学等领域的应用上展现出了更大的潜力。

通过前面的章节我们已经知道,常用的液态金属材料,如镓铟合金和镓铟锡合金等,由于同时兼具液体的流动特性和金属的高导电率和高导热率,在传热传质、电子电路乃至生物医学领域都有着许多独特的应用,例如用于可拉伸电子器件[1]、传感器和执行器[2,3]、肿瘤治疗[4,5]、抗菌抑菌[6]等。而液态金属微液滴,往往成为基于液态金属的各种功能系统的关键组成部分和功能实现的核心,其典型应用包括液态金属马达[7]、电润湿混合器[8]、电化学可控执行器[9]、液滴传感器[10]等。在本章中,我们首先简要回顾各类微液滴生成方法,然后介绍一些生成液态金属微液滴的方法,最后介绍一种开放式液滴操控微流控芯片,即利用灌注了液态金属的微流道制作出的微电极对开放式芯片上的液态金属液滴进行电场下的操控。

8.2 微液滴的生成

各类微液滴生成方法大多可用于生成液态金属微液滴。传统的液滴生成方法主要有高速搅拌法[11]、逐层组装法[12]、膜乳化法[13]和界面聚合法[14]等，至今仍在材料、化工、生物医药等领域有着广泛的应用。近年来，科学家们也在研究新的微液滴制备的方法和平台，例如微流控芯片，这是近年来新兴的一个制备微液滴的平台，其生成的液滴尺寸可控、扩散性低、生成速度快、不易交叉污染。根据是否有外力驱动，基于微流控芯片的液滴生成方法可分为被动法和主动法两类。

8.2.1 被动法

被动法主要包括T型通道法(T-junction)、流动聚焦法(flow-focusing)和共轴聚焦法(co-axial flow)等结构形式，依靠流体流动的剪切力和界面张力，通过利用微管道结构并调节连续相和分散相的流速值及比例来控制液滴生成。

8.2.1.1 T型通道法

T型通道法是使分散相流体的前端在T型通道交叉处转弯时，因受到连续相的剪切力而发生动量变化并失稳，从而生成液滴。Thorsen等[15]最早使用T型通道芯片制得了油包水(O/W)液滴。Okushima等[16]利用双T型结构的芯片分别制备了水包油包水(W/O/W)型和油包水包油(O/W/O)型的双重包裹液滴乳液。Nisisako等[17]利用T型通道制备了直径范围在100～380 μm的水包油(W/O)液滴。Ju等[18]对T型微流体装置进行改装，以硫酸溶液为分散相、溶有糠醇的生物柴油为连续相，生成了平均尺寸为0.7～1.2 μm的炭微球。该课题组还采用两个串联的T型微通道，以TEOS和正己烷的混合液为分散相，以壳聚糖水溶液和液体石蜡分别作为第一个和第二个T型通道的连续相，制得了O/W乳液和O/W/O乳液。T型通道只有两个入口，是液滴微流控芯片中结构最为简单的，便于控制及分析流体参数。

8.2.1.2　流动聚焦法

流动聚焦法的十字交叉结构可看作是两个 T 型结构的结合，它利用通道交叉处的结构，使连续相流体从两侧“挤压”分散相液体的前端，造成分散相液体前端收缩变形并失稳，从而形成液滴。Anna 等[19]使用流动聚焦芯片，率先进行了液-液体系液滴生成的研究，并制备了单分散和多分散的液滴乳液。Takeuchi 等[20]利用轴对称的流动聚焦芯片获得了高度均一的聚合物包裹液滴。Ganan-Calvo 等[21]利用水、甘油和表面活性剂制备了 50～80 μm 大小的微气泡，其均匀稳定的特点使得该方法在制备新轻质材料、新质地食品等方面有很大潜力。

8.2.1.3　共轴聚焦法

共轴聚焦法在微通道中嵌入毛细管，毛细管中通入分散相，微通道中通入连续相，通过连续相环绕“挤压”分散相，从而生成液滴。Cramer 等[22]最先在微流控系统中采用共轴聚焦法制备液滴。Panizza 等[23]将多个共轴流模块集成在一起来获得大小、形状和结构层次不同的乳液和颗粒。共轴聚焦系统可以很好地控制液滴大小，并能周期性地产生相同大小的液滴。

8.2.2　主动法

主动法一般通过施加外力来驱动和控制液滴的生成，特点是可以实现对单个液滴的操控。常用方式有电湿润法(electro wetting on dielectric, EWOD)、气动法(pneumatic pressure)、热驱动法(thermal method)等。

8.2.2.1　电湿润法

电湿润法采用电场来减小导电液体与通道之间的接触角，通过控制电场，即控制通道的湿润性，使得分散相液体展开或收缩，从而形成液滴。杜克大学的 Fair 和加州大学洛杉矶分校的 Kim 等最早在芯片实验室方面开展电湿润法的应用研究[24]。电湿润法可用于液滴的快速分配、混合、裂分和输送，为微流控系统实现功能集成以及提高系统灵活性提供了重要的手段。

8.2.2.2 气动法

气动法利用气体压力(正压或负压)对分散相产生的剪切力和驱动力来操控液滴。该方法产生的微液滴有部分会与气体接触,因此不适用于含有易挥发性成分的微液滴。1999 年时,Hosokawa 等[25]就利用空气压力在微通道中获得了体积为 600 pL 的液滴。Handique 等[26]将疏水模式运用到微通道里,与气动法结合生成液滴。该方法不但可以控制微通道网络内液滴的位置,还可以对纳升到微升级的液滴体积进行高精度的计量。

8.2.2.3 热驱动法

热驱动法是指对液体局部加热使之形成热梯度,利用热力性质随温度变化而改变的性质,实现对液体的操控。Darhuber 等[27]研究了液体黏度和表面张力随温度变化的规律,并证明了可以利用温度很好地控制液滴的状态和尺寸。Nguyen 等[28]设计了一种微加热器阵列装置,将这种装置集成在固相表面,并通过编程控制,实现了微液滴的传输、混合和反应。

上述常见的微流控芯片生成微液滴方法比较见表 8.1。主动法的根本原理是借助外在条件,不论是电场力、气压还是热梯度,使液体两端产生压差,从

表 8.1 常见的微流控芯片生成微液滴的方法比较

	方法名称	示意图	液滴大小	液滴类型
被动法	T 型通道法	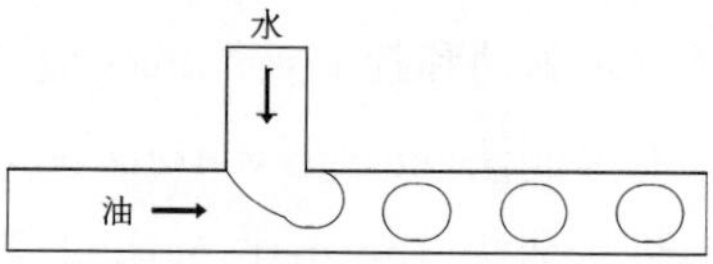 水、油	几微米到几百微米	W/O O/W O/W/O W/O/W
	流动聚焦法	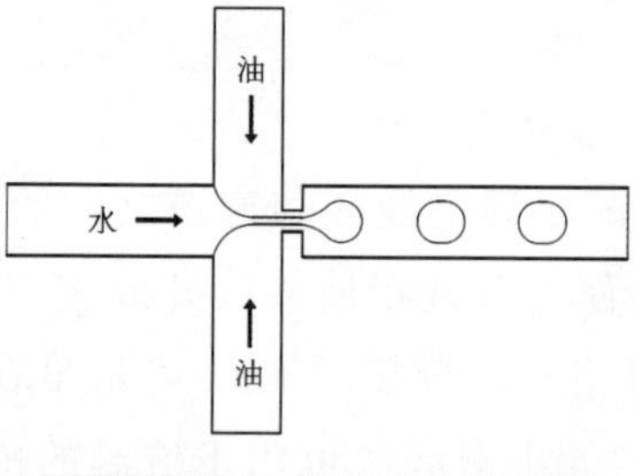 油、水、油	纳米到几十微米	W/O
	共轴聚焦法	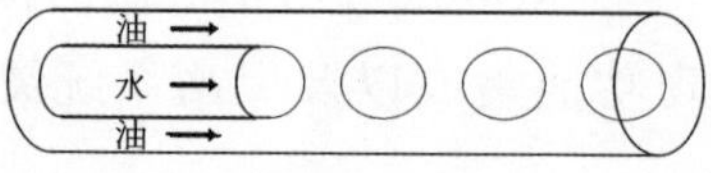 油、水、油	几微米	O/W

（续表）

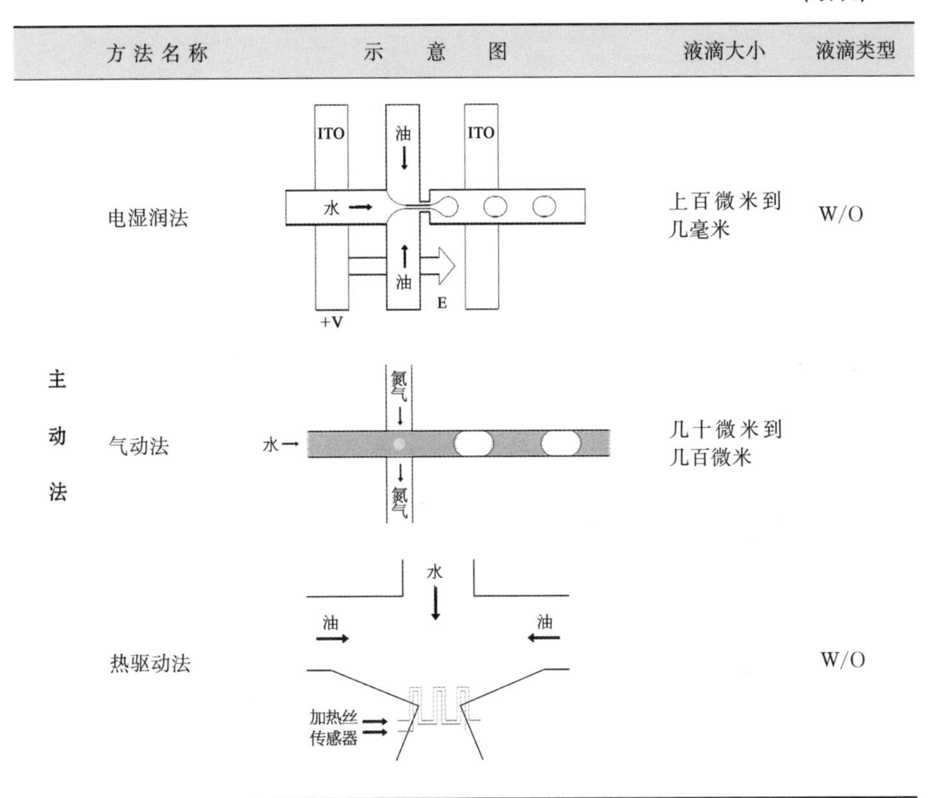

	方法名称	示意图	液滴大小	液滴类型
主动法	电湿润法		上百微米到几毫米	W/O
	气动法		几十微米到几百微米	
	热驱动法			W/O

而驱动液体，之后在微流道交叉口处利用液体的剪切力及表面张力使之形成液滴。除前面介绍的电湿润法、气动法和热驱动法外，还有利用光控、磁场、机械等手段作为外部条件驱动控制液滴生成的方法，其基本原理一致，只是驱动方式不同。相对而言，主动法的系统和芯片加工比较复杂，这增加了实验的难度及成本；但其在液滴操控方面存在很大优势，可根据需要对单个液滴进行控制。被动法系统简单，操作方便，适合单纯需要大量液滴快速生成的场合。

以上介绍的是基于微流控芯片的微液滴生成主要方法，除此之外，近几年还出现了一些新的液滴制备方法，如滑动芯片法[29]、旋转毛细管法[30]、顺序操作液滴阵列法[31]、液滴裂分法[32]、超疏水吸液器法[33]、界面打印液滴生成法[34]等。这些方法的出现，为更加方便快捷地生成微液滴提供了更多可能，相关参考文献见[35]，这里不再赘述。一些主要的液滴生成方法见图 8.1。

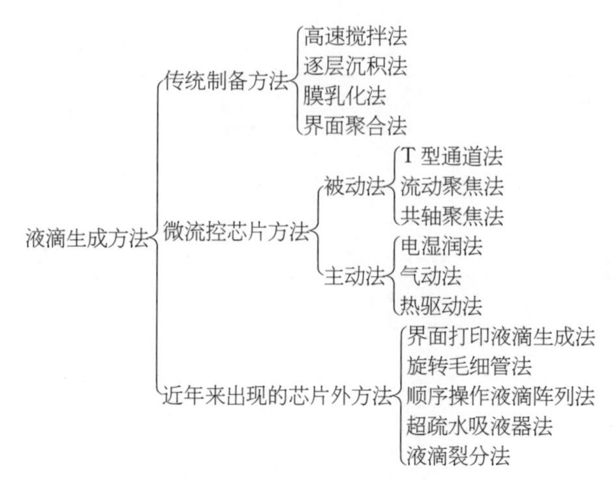

图 8.1　液滴生成的主要方法

8.3　液态金属微液滴的生成

液态金属微液滴的生成可以利用手动沉积单个金属液滴或连续的液态金属流。然而，许多应用需要的是方便且高速生成单分散液滴，例如，传感器、导电油墨和复合材料等。泵、阀、混合器等可能只使用少量的液滴，但也希望能够控制液滴的直径。模塑法和超声法已被验证是能够形成微米级和纳米级液滴的有效手段，但模塑法不能连续产生微米级液滴，而超声法不能精确控制产生的液滴的尺寸。

借鉴微流控芯片生成油包水液滴的方法，采用流动聚焦法能够连续产生微米级的液态金属液滴，与传统的基于超声或溶液中的反应等方法相比，流动聚焦法生成的液态金属微液滴尺寸可控、直径稳定均一、单分散性好。镓基液态金属合金(如 EGaIn)作为分散相从芯片的中间入口注入，水溶液作为连续相从两侧的入口注入，也可以使用其他液体(比如硅油)作为连续相。室温下，镓基合金在空气中容易被氧化，形成薄的氧化镓“皮肤”，这有助于在微通道内形成性质稳定的液滴，这层氧化膜非常薄，不会改变液滴的电学性能。在水相中使用添加剂，例如甘油或聚乙二醇(PEG)，能够增加黏度，从而在三股流体流过公共区域时增加了“挤压”液滴所需的剪切速率。此外，还有一些研究通过对流体壁面进行表面处理来防止金属黏附，或者是在加入金属之前将水相注入通道，在金属和壁面之间形成滑动层，从而研究液态金属与壁面的相互作用对液滴生成的影响。

如图 8.2 所示，在经典 T 型流道微流控芯片中，以硅油为连续相，液态金属为分散相所产生的液滴表面由于空气或硅油中溶有一定量的氧气，导致液滴形状不规则。因此，Tian 等[36]设计新的流道，在原有的 T 型流道结构中增加一条分支流道，尺寸为：① K 型：三相流道交于一点，如图 8.3(a)所示；② F_1型流道：分支流道与液态金属流道相交，距主交叉口 200 μm，如图 8.3(b) 所示；③ F_2型流道：分支流道与液态金属流道相交，距主交叉口 5.0 mm，如图 8.3(c)所示。向分支流道注入氢氧化钠溶液，可以及时除去液态金属表面氧化层，并隔离硅油中的氧气与液态金属直接接触，保持液滴边缘光滑、形状规则。其中，分支流道与液态金属流道相接触的流道出口宽度拓宽为 300 μm，目的是增大氢氧化钠溶液与液态金属的接触面积，以便更好地除去其表面的氧化膜。

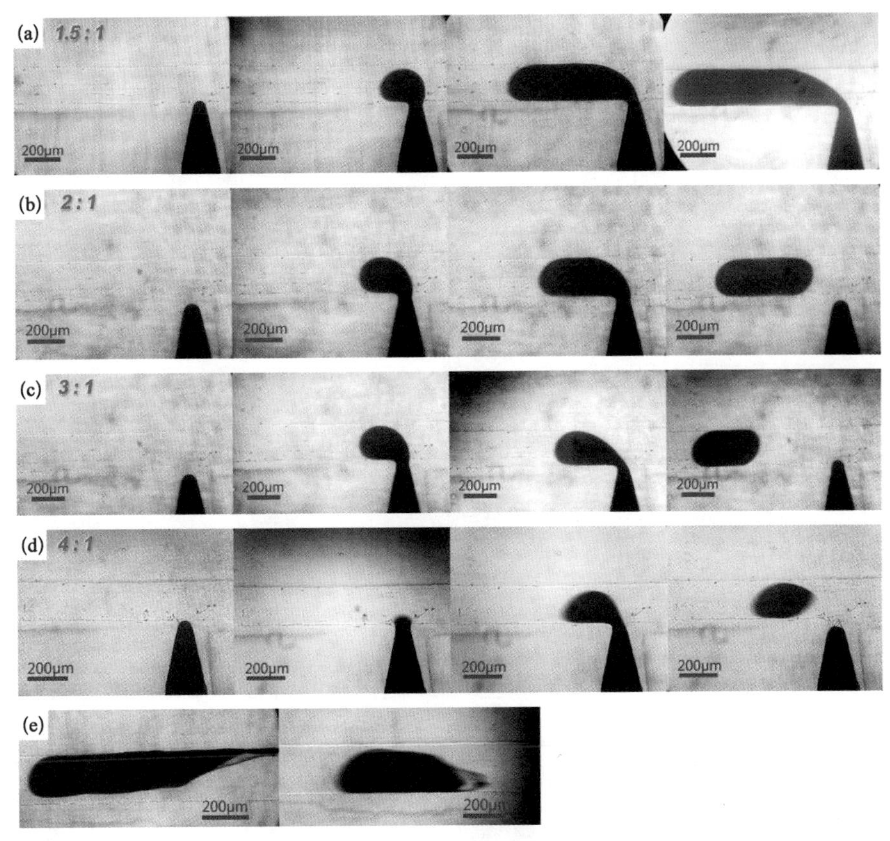

图 8.2　不同速度比下，T 型流道微流控芯片液态金属液滴产生过程

(a) ν(二甲基硅油)∶ν(液态金属)= 1.5∶1；(b) ν(二甲基硅油)∶ν(液态金属)= 2∶1；
(c) ν(二甲基硅油)∶ν(液态金属)= 3∶1；(d) ν(二甲基硅油)∶ν(液态金属)= 4∶1；
(e) 产生的液滴在流道中发生拖尾现象。

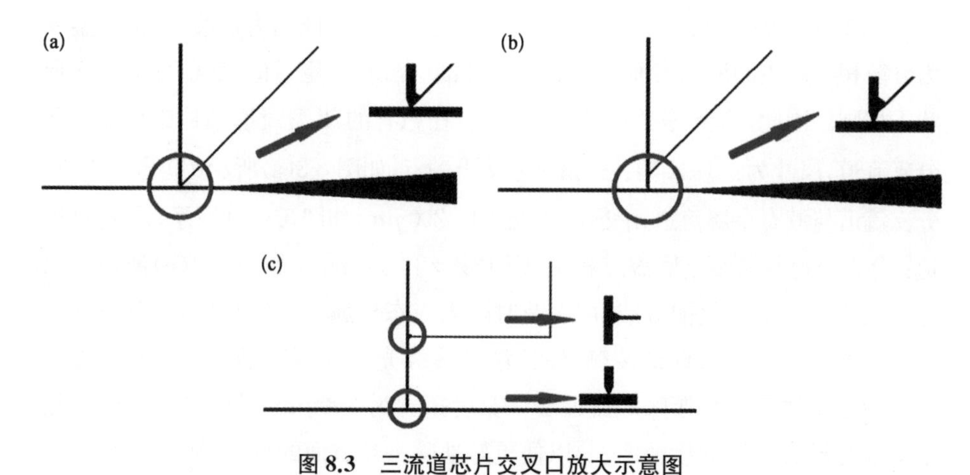

图 8.3 三流道芯片交叉口放大示意图

(a) K 型流道，分散相流道、分支流道和连续相流道交于一点；
(b) F_1型流道，分支流道先与分散相流道相交，交点距离主交叉点 200 μm；
(c) F_2型流道，分支流道与液态金属流道相交，距主交叉口 5.0 mm。

如图 8.4(a)所示，实验表明，K 型流道可以用于改善液态金属液滴的形状。这种流道可以除去液滴表面的氧化膜，使液态金属液滴与周围的硅油隔离，呈现边缘光滑的规则形状。但实验中发现，在产生液滴的过程中，流道中三相交叉于一处，由于液态金属的表面张力较大，使流道中的液体波动较大，

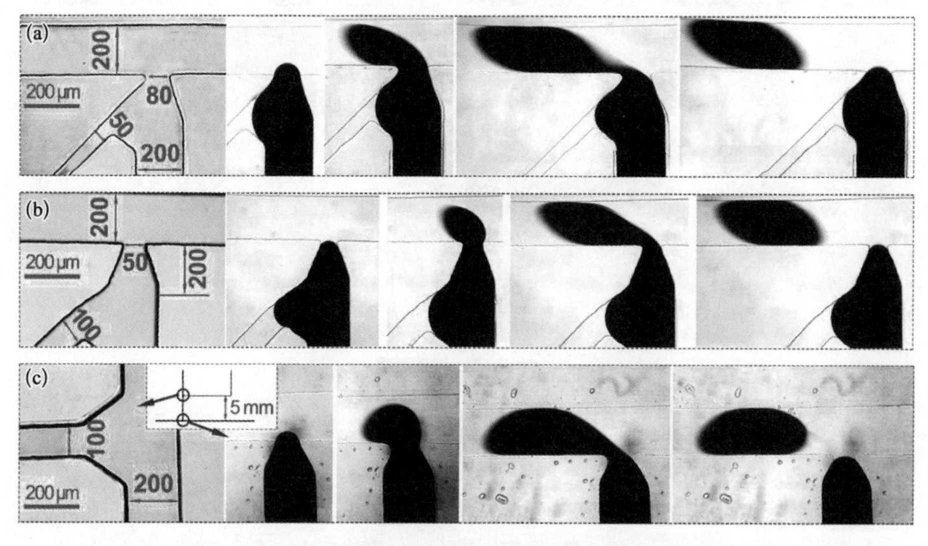

图 8.4 三流道芯片液态金属液滴产生过程

(a) K 型流道液滴产生过程；(b) F_1型流道液滴产生过程；(c) F_2型流道液滴产生过程。

产生液滴后，液态金属相回缩严重，有时还会倒灌入氢氧化钠溶液流道中，氢氧化钠溶液流速不易控制。

因此，对于 K 型流道的分支流道的位置做出一些调整，在 F 型流道中，氢氧化钠溶液相先与液态金属相相交，达到平衡后氢氧化钠溶液包裹着液态金属共同流出，并与连续相硅油相交产生液滴，实验过程中倒灌的现象减少，三相流速较易控制。K 型流道有三个相的界面，F 型流道只有两个相的界面，大大减少了流动的复杂程度，系统的稳定性也因此大大增加。

8.4　液态金属微液滴的操控

通过改变微流道的几何形状，对上一小节中通过 F 型流道产生的液态金属液滴进行被动操控。如图 8.5 所示的 3 种流道结构，均由宽度为 400 μm 的主流道，与两条宽度为 200 μm 的分支流道构成，所有流道高度均为 100 μm，通过标准软光刻制作工艺制作而成，通过等离子处理将带有微流道的 PDMS 单片与玻璃基底进行永久性键合，成为 PDMS/玻璃微流控芯片，并采用微流进样系统对流体施加压力驱动，实现以下 3 种在微流控芯片中的液态金属微液滴的被动操控。

(1) 液滴的分裂

设置楔形柱以及分支流道，使得体积较大的液态金属液滴在流体的推动力下，在主流道中前进，到达楔形柱刀口处被切开，分成两个小液滴，并继续在流体的推动力下，分别流入两条分支流道。如图 8.5(b)所示。

(2) 液滴的融合

设置汇聚流道的结构形式，当两颗较小的液态金属液滴在分支流道中流体推动力的作用下，沿着分支流道向前流动，并在分支流道的汇聚点相遇，最终融合为一个较大体积的液滴，继续在流道中流体的推动力下向出口移动。

(3) 液滴的选择性流向

通过设置分支流道与液态金属微液滴流经的主流道的夹角角度，实现对液滴的被动控制。图 8.5(c)中所示的分支流道与水平主流道的夹角分别为 20°、70°，由于液滴的惯性，迎面而来的液滴会优先选择流入与主流道的夹角较小的下方分支流道中。只有当下方流道中液滴未流出分支流道，导致该流道中流体阻力增大、流速较慢时，才会选择流入上方的与主流道夹角较大的分支流道中。

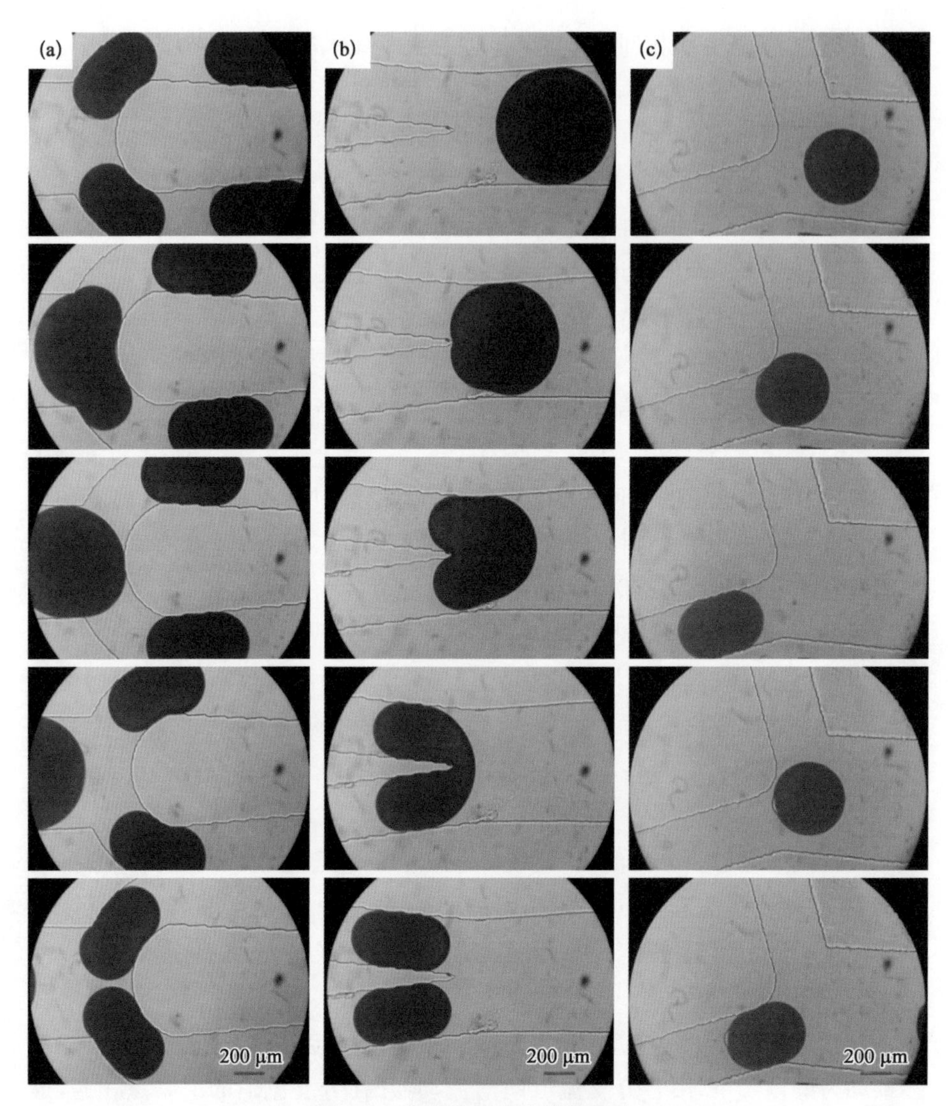

图 8.5 液态金属微液滴的操控

(a) 液滴融合;(b) 液滴分裂;(c) 液滴的选择性流向。

8.5 开放式液滴操控微流控芯片

Tian 等[36]设计并制作了一种开放式的液滴操控微流控芯片,如图 8.6 所示,包括电极通道层、电极封装层和液滴流道层,这项工作为绝缘的流体中中性液态金属微液滴的操控提供了较为简单的途径。与常规的全封闭式微流控芯片对比，开放式的液滴操控芯片具有以下几个方面的特点及优势：

① 开放式的微流控芯片具有开放的平面结构，常规的内部微通道式芯片，其内部微流道空间狭小，流体流动阻力较大，而较大的驱动力又会使芯片内部微流道中压力较大，微流道易受破坏，而开放式芯片中，操控空间较大，流体的流动黏滞力更小。

② 开放式微流控芯片的制作技术更为简单，而常规的封闭式微流控芯片其内部微流道尺寸一般在微米或纳米级别，微通道的模板制作工艺本身就比较复杂，再加上芯片各层的键合封装、与外部驱动设备的连接部分等均需要保证密封性非常好，这些都增加了芯片制作的难度。

③ 开放式微流控芯片内部流体的驱动方式更加灵活，对比封闭式的通道结构，由于操作空间有限，使得常规的微流控芯片内部流体驱动的灵活性与多样性受到限制，而开放式的芯片操作空间更加开阔，因此，允许更多的驱动方式运用其中。

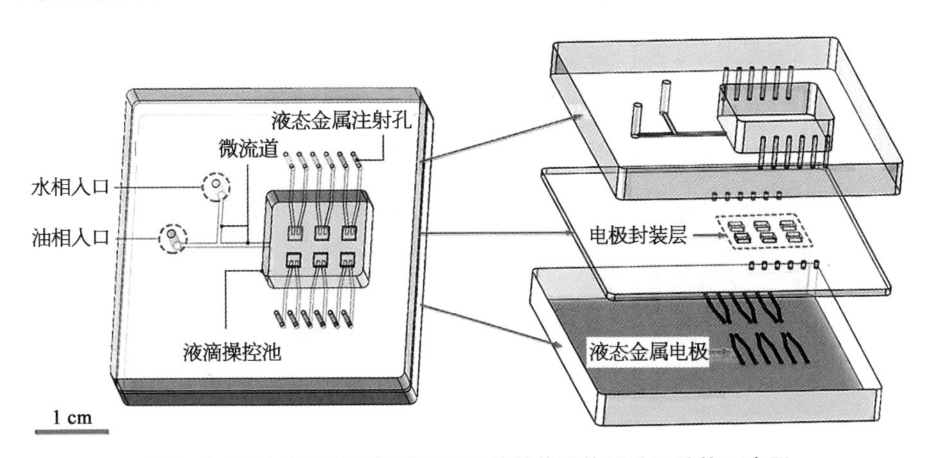

图 8.6　开放式液滴操控微流控芯片整体结构及分层结构示意图

选取适量体积(俯视图液滴直径约为 2.0 mm)的液态金属微液滴放入“操控池”中，在布置于“操控池”底层的电极上加载电压，观察液态金属液滴在电场下的运动行为，实验中观察到，液态金属液滴会被负电极所吸引，并迅速移动到负电极处。根据这个实验现象，可以通过设置电极分布，使液态金属微液滴按照设定，以“S”形路线分别移动到 6 个电极处，如图 8.7(a)～(f)所示，液态金属微液滴移动的速度约为 0.5 mm/s。此外，在液态金属液滴移动的过程中，观察到液滴会发生有趣的“滚动”现象，这是由于液态金属液滴在电场中上下表面受力不均所导致的。在底部电极分别带有正负极性的时候，液态金属液滴会感应出负电荷，在液滴距离电极较近的地方会有吸引力，但是在远离电极的地方，液滴所具有的正电荷，以及感应出的正电荷，会对正电极产生排斥作用，因此，液态金属液滴会以底部的接触点为轴，沿电场线方向发生转动，从而产生“滚动”移动的方式。

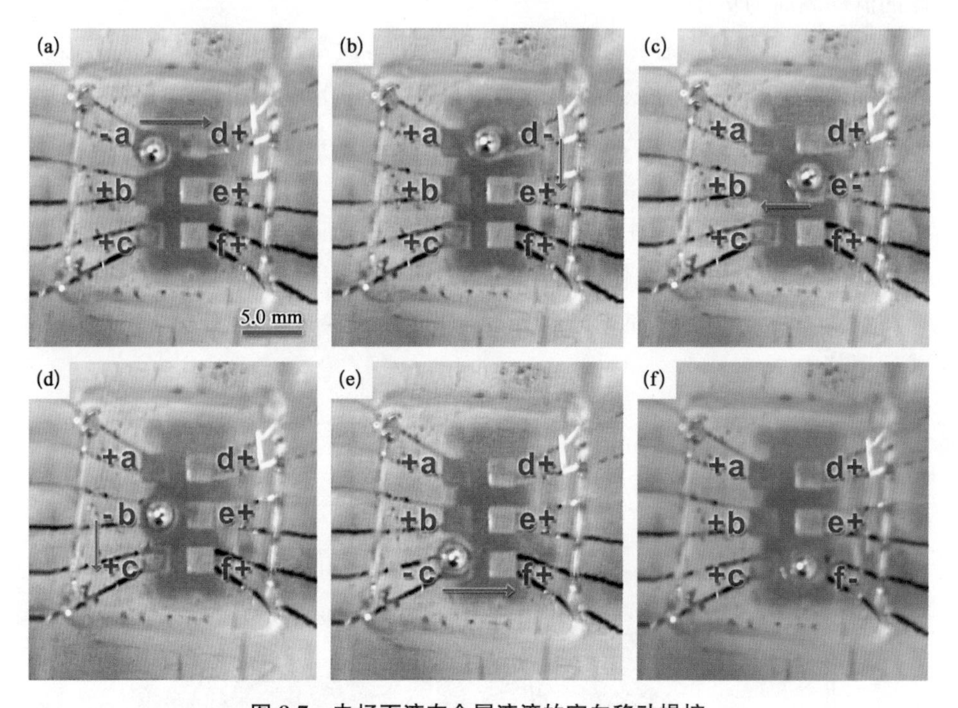

图 8.7　电场下液态金属液滴的定向移动操控

(a) ～(f) 通过设置电场分布使液态金属液滴按照“S”形的路线移动。

8.6　小结与展望

液态金属微液滴结合了液态金属与微液滴系统两者的优势，在微流控芯片中的 PCR 过程、药物传递、热探针等方面将具有广泛的应用前景。一方面，未来将尝试将液态金属微液滴作为载体，携带需要加热、反应、搬运等的样品，以便通过电场操控实现更多的功能；另一方面，基于液态金属的微液滴、粒子的操控平台还需要进一步整合集成，从微液滴、微粒子的产生、分散、筛选，到分类、聚集、分离、加热、反应等功能的实现，从而建立更加完整、全面的操控系统。

参考文献

[1] Zheng R m, Wu Y h, Xu Y h, *et al*. Advanced stretchable characteristic of liquid metal for fabricating extremely stable electronics. Materials Letters, 2019, 235: 133 - 136.

[2] Bu T, Yang H, Liu W, *et al*. Triboelectric Effect-Driven Liquid Metal Actuators. Soft Robot, 2019, 6(5): 664 - 670.

[3] Kim T, Kim D M, Lee B J, *et al*. Soft and Deformable Sensors Based on Liquid Metals. Sensors (Basel), 2019, 19(19): 4250.

[4] Wang X, Fan L, Zhang J, *et al*. Printed Conformable Liquid Metal e-Skin-Enabled Spatiotemporally Controlled Bioelectromagnetics for Wireless Multisite Tumor Therapy. Advanced Functional Materials, 2019, 29(51): 1907063.

[5] Sun X, Sun M, Liu M, *et al*. Shape tunable gallium nanorods mediated tumor enhanced ablation through near-infrared photothermal therapy. Nanoscale, 2019, 11 (6): 2655 - 2667.

[6] Elbourne A, Cheeseman S, Atkin P, *et al*. Antibacterial Liquid Metals: Biofilm Treatment via Magnetic Activation. ACS Nano, 2020, 14(1): 802 - 817.

[7] Zhang J, Yao Y, Sheng L, *et al*. Self-fueled biomimetic liquid metal mollusk. Adv Mater, 2015, 27(16): 2648 - 2655.

[8] Hu Q, Ren Y, Liu W, *et al*. Fluid Flow and Mixing Induced by AC Continuous Electrowetting of Liquid Metal Droplet. Micromachines, 2017, 8(4): 119.

[9] Li G, Du J, Zhang A, *et al*. Electrochemically controllable actuation of liquid metal droplets based on Marangoni effect. Journal of Applied Physics, 2019, 126(8): 084505.

[10] Zhang R, Ye Z, Gao M, *et al*. Liquid metal electrode-enabled flexible microdroplet sensor. Lab on a Chip, 2019, 20(3).

[11] Xu Q, Nakajima M, Ichikawa S, *et al*. A comparative study of microbubble generation by mechanical agitation and sonication. Innovative Food Science & Emerging Technologies, 2008, 9(4): 489 - 494.

[12] Zhao Q, Han B, Wang Z, *et al*. Hollow chitosan-alginate multilayer microcapsules as drug delivery vehicle: doxorubicin loading and in vitro and in vivo studies. Nanomedicine, 2007, 3(1): 63 - 74.

[13] Ma G H, Chen A Y, Su Z G, *et al*. Preparation of uniform hollow polystyrene particles with large voids by a glass-membrane emulsification technique and a subsequent suspension polymerization. Journal of Applied Polymer Science, 2003, 87 (2): 244 - 251.

[14] Freger V. Nanoscale Heterogeneity of Polyamide Membranes Formed by Interfacial

Polymerization. Langmuir, 2003, 19(11): 4791 - 4797.
[15] Thorsen T, Roberts R W, Arnold F H, *et al*. Dynamic pattern formation in a vesicle-generating microfluidic device. Phys Rev Lett, 2001, 86(18): 4163 - 4166.
[16] Okushima S, Nisisako T, Torii T, *et al*. Controlled production of monodisperse double emulsions by two-step droplet breakup in microfluidic devices. Langmuir, 2004, 20(23): 9905 - 9908.
[17] Nisisako T, Torii T, Higuchi T. Droplet formation in a microchannel network. Lab on a Chip, 2002, 2(1): 24 - 26.
[18] Ju M, Zeng C, Wang C, *et al*. Preparation of Ultrafine Carbon Spheres by Controlled Polymerization of Furfuryl Alcohol in Microdroplets. Industrial & Engineering Chemistry Research, 2014, 53(8): 3084 - 3090.
[19] Anna S L, Bontoux N, Stone H A. Formation of dispersions using "flow focusing" in microchannels. Applied Physics Letters, 2003, 82(3): 364 - 366.
[20] Takeuchi S, Garstecki P, Weibel D B, *et al*. An Axisymmetric Flow-Focusing Microfluidic Device. Advanced Materials, 2005, 17(8): 1067 - 1072.
[21] Gañán-Calvo A M, Fernández J M, Oliver A M, *et al*. Coarsening of monodisperse wet microfoams. Applied Physics Letters, 2004, 84(24): 4989 - 4991.
[22] Cramer C, Fischer P, Windhab E J. Drop formation in a co-flowing ambient fluid. Chemical Engineering Science, 2004, 59(15): 3045 - 3058.
[23] Panizza P, Engl W, Hany C, *et al*. Controlled production of hierarchically organized large emulsions and particles using assemblies on line of co-axial flow devices. Colloids and Surfaces A: Physicochemical and Engineering Aspects, 2008, 312(1): 24 - 31.
[24] Pollack M G, Fair R B, Shenderov A D. Electrowetting-based actuation of liquid droplets for microfluidic applications. Applied Physics Letters, 2000, 77(11): 1725 - 1726.
[25] Hosokawa K, Fujii T, Endo I. Handling of Picoliter Liquid Samples in a Poly (dimethylsiloxane)-Based Microfluidic Device. Analytical Chemistry, 1999, 71(20): 4781 - 4785.
[26] Handique K, Burke D T, Mastrangelo C H, *et al*. Nanoliter Liquid Metering in Microchannels Using Hydrophobic Patterns. Analytical Chemistry, 2000, 72(17): 4100 - 4109.
[27] Darhuber A A, Valentino J P, Troian S M, *et al*. Thermocapillary actuation of droplets on chemically patterned surfaces by programmable microheater arrays. Journal of Microelectromechanical Systems, 2003, 12(6): 873 - 879.
[28] Nguyen N T, Ting T H, Yap Y F, *et al*. Thermally mediated droplet formation in microchannels. Applied Physics Letters, 2007, 91(8): 084102.
[29] Du W, Li L, Nichols K P, *et al*. SlipChip. Lab on a Chip, 2009, 9(16): 2286 - 2292.
[30] Chen Z, Fu Y, Zhang F, *et al*. Spinning micropipette liquid emulsion generator for single cell whole genome amplification. Lab on a Chip, 2016, 16(23): 4512 - 4516.

[31] Zhu Y, Zhang Y X, Cai L F, *et al*. Sequential Operation Droplet Array: An Automated Microfluidic Platform for Picoliter-Scale Liquid Handling, Analysis, and Screening. Analytical Chemistry, 2013, 85(14): 6723 - 6731.
[32] Li H, Yang Q, Li G, *et al*. Splitting a Droplet for Femtoliter Liquid Patterns and Single Cell Isolation. ACS Applied Materials & Interfaces, 2015, 7(17): 9060 - 9065.
[33] Guo D, Xiao J, Chen J, *et al*. Superhydrophobic "Aspirator": Toward Dispersion and Manipulation of Micro/Nanoliter Droplets. Small, 2015, 11(35): 4491 - 4496.
[34] Xu P, Zheng X, Tao Y, *et al*. Cross-Interface Emulsification for Generating Size-Tunable Droplets. Analytical Chemistry, 2016, 88(6): 3171 - 3177.
[35] Wei Y Y, Sun Z Q, Ren H H, *et al*. Advances in Microdroplet Generation Methods. Chinese Journal of Analytical Chemistry, 2019, 47(6): 795 - 804.
[36] Tian L, Gao M, Gui L. A Microfluidic Chip for Liquid Metal Droplet Generation and Sorting. Micromachines, 2017, 8(2): 39.

索　引